高职高专电子类专业工学结合规划教材

数字电子技术

主　编　赵玉铃

副主编　陈国强　徐君燕

ZHEJIANG UNIVERSITY PRESS
浙江大学出版社

图书在版编目（CIP）数据

数字电子技术 / 赵玉铃主编. —杭州:浙江大学出版社，
2010.1(2025.7 重印)
高职高专应用电子专业工学结合规划教材
ISBN 978-7-308-07296-0

Ⅰ.数…　Ⅱ.赵…　Ⅲ.数字电路－电子技术－高等学校：
技术学校－教材　Ⅳ.TN79

中国版本图书馆 CIP 数据核字（2010）第 003343 号

数字电子技术

赵玉铃　主　编

陈国强　徐君燕　副主编

丛书策划	王　波　樊晓燕
责任编辑	王　波
封面设计	俞亚彤
出版发行	浙江大学出版社
	（杭州市天目山路 148 号　邮政编码 310028）
	（网址:http://www.zjupress.com）
排　　版	杭州青翊图文设计有限公司
印　　刷	杭州钱江彩色印务有限公司
开　　本	787mm×1092mm　1/16
印　　张	15.5
字　　数	358 千
版 印 次	2010 年 1 月第 1 版　2025 年 7 月第 7 次印刷
书　　号	ISBN 978-7-308-07296-0
定　　价	34.00 元

前　言

根据教育部教高[2006]16号文件精神,结合数字电子技术课程特点,依据工学结合的教学理念,以项目为载体,以工作任务为导向的教学形式,编写此教材。

编者在编写过程中充分依据数字电子技术的实际应用情况,并本着为后续课程的知识需要打下扎实基础的目标,综合提炼了8个项目共22个典型工作任务,涉及了数字电子技术的所有基本内容,包括逻辑电路基础、组合逻辑电路、触发器、时序逻辑电路、脉冲信号的产生与整形、A/D与D/A及可编程逻辑器件等,既保留了传统教材知识系统性的优点,又符合目前项目化教学的需要,适合作为高职高专电类各专业的数字电子技术课程工学结合教学参考用书。项目一、二、四、六部分的编写由赵玉铃负责,项目三、五部分的编写由陈国强负责,项目七部分由钟晨负责,项目八部分由徐君燕负责。在本书的编写过程中,还得到了浙江水利水电专科学校、杭州职业技术学院、浙江工业职业技术学院、湖州职业技术学院、金华职业技术学院、浙江交通职业技术学院等相关任课教师的大力支持,在此一并表示衷心的感谢。

由于编者水平和精力有限,书中难免存在一些不妥之处,肯请读者批评指正。

编　者
于 2009 年 10 月

目　录

表决器

本项目典型工作任务

▲ 典型工作任务一：表决器逻辑关系的建立

▲ 典型工作任务二：表决器最简逻辑表达式的获取

▲ 典型工作任务三：表决器所用门电路的测试

▲ 典型工作任务四：表决器的制作与调试

本项目配套知识

▲ 常用数制和码

▲ 逻辑函数及其化简

▲ 正负逻辑问题

▲ 分立元件门电路

▲ 集成门电路

▲ 集成门电路实用技术

本项目建议学时数

▲ 14 学时

本项目的任务及目标

▲ 掌握常用数制和编码方式，熟悉逻辑关系的描述方法，建立表决器的逻辑关系。

▲ 掌握逻辑函数的化简方法，熟悉无关项的概念，写出表决器的最简表达式。

▲ 了解分立元件门电路的功能及特点。

▲ 熟悉 TTL、MOS 门电路的功能及特点，掌握门电路主要参数及功能的测试。

▲ 利用所选门电路实现表决器的逻辑功能。

1.1 典型工作任务

1.1.1 典型工作任务一:表决器逻辑关系的建立

一、所需知识

1. 常用数制,常用的编码方式,详见 1.2.1 小节。

2. 逻辑关系的建立方法,逻辑关系的描述,选择合适的编码方式描述表决器的逻辑关系,详见 1.2.2 小节。

二、所需能力

1. 分析逻辑问题的能力。

2. 为实际逻辑问题选择合适编码方法的能力。

3. 根据实际逻辑关系列真值表的能力。

三、参考工作过程

1. 资料及知识预备:教师下发典型工作任务书,讲解常用数制和码、逻辑关系描述等。

2. 计划与方案的制订:学生人员分工,明确职责,制订工作计划;教师审核工作计划与实施方案,引导学生确定可行的最终工作计划与实施方案。

3. 实施:学生进行工作方案论证,列真值表。

4. 汇报与评估:

① 学生汇报计划与方案的实施过程,回答同学与教师的相关提问。

② 教师与学生共同分析评价工作任务的计划与实施过程,重点检查根据逻辑问题列真值表的能力。

③ 自评、互评、教师点评相结合:本组学生在汇报前先进行自评,并把自评小结进行全班汇报;以小组为单位分别对其他组的工作计划、过程与结果进行评价,并提出建议;教师对自评和互评结果进行评价,指出每个小组成员完成计划、方案及所得结果的优点,并提出改进意见。

四、参考任务方案简介

任务目标:建立一个实用表决器的逻辑关系——有 5 个董事会成员,分别是董事长 A、副董事长 B 和 C、董事 D 和 E。要求当董事长否决时决议不能通过,2 个副董事长同时否决时决议也不能通过,其他要求多数通过时决议通过,否则被否决。

根据逻辑关系,设 Y 是表决结果,1 表示通过,0 表示被否决,真值表见表 1-1-1。

表 1-1-1 表决器真值表

A	B	C	D	E	Y
0	$\times$	$\times$	$\times$	$\times$	0
1	0	0	$\times$	$\times$	0
1	0	1	0	0	0
1	0	1	0	1	1
1	0	1	1	0	1
1	0	1	1	1	1
1	1	0	0	0	0
1	1	0	0	1	1
1	1	0	1	0	1
1	1	0	1	1	1
1	1	1	$\times$	$\times$	1

1.1.2　典型工作任务二：表决器最简逻辑表达式的获取

一、所需知识

1. 从真值表写逻辑表达式的方法，无关项，详见 1.2.2 小节。
2. 逻辑函数的化简方法，详见 1.2.2 小节。

二、所需能力

1. 逻辑函数的化简。
2. 无关项的利用。

三、参考工作过程

1. 资料及知识预备：教师下发典型工作任务书，讲解逻辑函数的 2 种化简方法、无关项及利用无关项进行逻辑函数化简的方法、逻辑表达式的不同形式等。

2. 计划与方案的制订：学生人员分工，明确职责，制订工作计划，列出最简表达式的不同形式；教师审核工作计划与实施方案，引导学生确定可行的最终工作计划与实施方案。

3. 实施：学生进行表决器逻辑表达式的化简，并用不同形式表示，分析不同形式的实际意义。

4. 汇报与评估：

① 学生汇报计划与方案的实施过程，回答同学与教师的相关提问。

② 教师与同学共同分析评价工作任务的计划与实施过程，重点在逻辑函数的化简能力和无关项的应用情况。

③ 自评、互评、教师点评相结合：本组学生在汇报前先进行自评，并把自评小结进行全班汇报；以小组为单位分别对其他组的工作计划、过程与结果进行评价，并提出建议；教师对自评和互评结果进行评价，指出每个小组成员完成计划、方案及所得结果的优点，并提出改进意见。

四、参考任务方案简介

任务目标：根据 1.1.1 小节中得到的表决器真值表进行逻辑函数的化简，要求得到最简表达，并用与非的形式表示。

结论：根据真值表写表达式、化简；或根据真值表直接填卡诺图、化简得：

$$Y = A(BC + BE + BD + CE + CD) = \overline{\overline{ABC} \cdot \overline{ABD} \cdot \overline{ABE} \cdot \overline{ACD} \cdot \overline{ACE}}$$

1.1.3　典型工作任务三：表决器所用门电路的测试

一、所需知识

1. 常用门电路的逻辑功能，详见 1.2.4、1.2.5 小节。
2. 门电路的主要参数，门电路的测试，详见 1.2.5 小节。

二、所需能力

1. 熟悉常用集成门电路的逻辑功能及特点。

2.掌握门电路逻辑功能及主要参数的测试方法。

三、参考工作过程

1.资料及知识预备:教师下发典型工作任务书,讲解分立元件门电路的逻辑功能与特点、集成门电路的结构和功能特点、门电路的主要参数及测试方法、TTL 门电路及CMOS 门电路的主要特点等。

2.计划与方案的制订:学生人员分工,制订工作计划,列出门电路主要测试内容和测试方法、预期结果等;教师审核工作计划与实施方案,引导学生确定可行的最终工作计划与实施方案。

3.实施:学生进行门电路逻辑功能及主要参数的测试,分析测试结果并得出结论。

4.汇报与评估:

① 学生汇报计划与方案的实施过程,回答同学与教师的相关提问。

② 教师与同学共同分析评价工作任务的计划与实施过程,重点是集成门电路逻辑功能的验证及多余输入端的处理能力。

③ 自评、互评、教师点评相结合:本组学生在汇报前先进行自评,并把自评小结进行全班汇报;以小组为单位分别对其他组的工作计划、过程与结果进行评价,并提出建议;教师对自评和互评结果进行评价,指出每个小组成员完成计划、方案及所得结果的优点,并提出改进意见。

四、参考任务方案简介

任务目标:测试 74LS00 的逻辑功能;测试 74LS20 的逻辑功能及主要参数(I_{CCL}、I_{CCH}、I_{IL}、I_{IH}、U_{OH}、U_{OL}、N_O、t_{pd}),分析测试结果,总结集成与非门的使用。

分析及测试参考图如图 1-1-1。

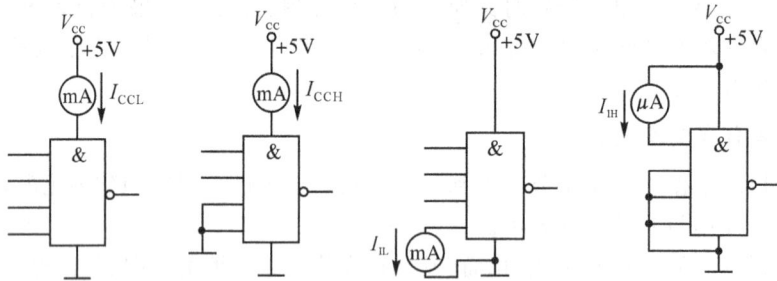

图 1-1-1　与非门主要参数的测试

74LS20 主要电参数规范如表 1-1-2 所示。

表 1-1-2　74LS20 主要电参数

参数名称和符号		规范值	单位	测 试 条 件
直流参数	通导电源电流 I_{CCL}	<14	mA	$V_{CC}=5V$,输入端悬空,输出端空载
	截止电源电流 I_{CCH}	<7	mA	$V_{CC}=5V$,输入端接地,输出端空载
	低电平输入电流 I_{IL}	≤1.4	mA	$V_{CC}=5V$,被测输入端接地,其他输入端悬空,输出端空载
	高电平输入电流 I_{IH}	<50	μA	$V_{CC}=5V$,被测输入端 $U_{in}=2.4V$,其他输入端接地,输出端空载
		<1	mA	$V_{CC}=5V$,被测输入端 $U_{in}=5V$,其他输入端接地,输出端空载
	输出高电平 U_{OH}	≥3.4	V	$V_{CC}=5V$,被测输入端 $U_{in}=0.8V$,其他输入端悬空,$I_{OH}=400\mu A$
	输出低电平 U_{OL}	<0.3	V	$V_{CC}=5V$,输入端 $U_{in}=2.4V$,$I_{OL}=12.8mA$
	扇出系数 N_O	4~8	个	同 U_{OH} 和 U_{OL}
交流参数	平均传输延迟时间 t_{pd}	≤20	ns	$V_{CC}=5V$,被测输入端输入信号:$U_{in}=3.0V$,$f=2MHz$

1.1.4　典型工作任务四:表决器的制作与调试

一、所需知识

1.集成门电路的逻辑功能及主要参数,详见 1.2.4、1.2.5 小节。

2.集成门电路的实用技术,详见 1.2.6 小节。

二、所需能力

1.门电路多余输入端的处理能力。

2.门电路的驱动。

三、参考工作过程

1.资料及知识预备:教师下发典型工作任务书,讲解门电路多余输入端的处理方法、门电路之间的驱动、门电路与负载之间的驱动等。

2.计划与方案的制订:学生人员分工,制订工作计划,列出所需材料,包括工具、电路板、元器件、仪器、仪表等清单,画出安装布线图,列出制作与调试步骤等;教师审核工作计划与实施方案,引导学生确定可行的最终工作计划与实施方案。

3. 实施:学生进行表决信号产生电路的试验、表决器的安装与逻辑功能的调试,分析故障现象并排除故障,总结制作与调试经验并得出结论。

4. 汇报与评估:

① 学生汇报计划与方案的实施过程,回答同学与教师的相关提问。

② 教师与同学共同分析评价工作任务的计划与实施过程,重点是表决信号的产生方法及集成门电路多余输入端的处理、表决结果的指示。

③ 自评、互评、教师点评相结合:本组学生在汇报前先进行自评,并把自评小结进行全班汇报;以小组为单位分别对其他组的工作计划、过程与结果进行评价,并提出建议;教师对自评和互评结果进行评价,指出每个小组成员完成计划、方案及所得结果的优点,并提出改进意见。

四、参考任务方案简介

任务目标:用 74LS00 和 74LS20,或只用 74LS20 实现表决器的逻辑功能,分析制作调试结果,总结集成与非门的使用及组合逻辑电路的制作要领。

步骤:根据设计要求构建表决信号的产生电路;根据 1.1.3 小节得到的最简逻辑表达式,选择合适的集成门电路,画出接线图;按图接线、通电试验,记录试验结果。

电路图:略。

1.2 相关配套知识

1.2.1 常用数制和码

一、常用数制

计数进位的规则称为计数体制,即数制,是人们对数量计数的一种规律。常用的数制有十进制、二进制、十六进制等。

1. 十进制

在十进制中有 0、1、2、3、4、5、6、7、8、9 共 10 个数码,基数为 10。相邻两位的关系是:"逢十进一"和"借一当十"。任何十进制数均可用多项式表示,例如:

$$35.647 = 3 \times 10^1 + 5 \times 10^0 + 6 \times 10^{-1} + 4 \times 10^{-2} + 7 \times 10^{-3}$$

一般地,任意一个十进制数的多项式展开为:

$$
\begin{aligned}
(N)_{10} &= D_{n-1}D_{n-2}\cdots D_1 D_0 . D_{-1}D_{-2}\cdots D_{-m} \\
&= D_{n-1} \times 10^{n-1} + \cdots + D_1 \times 10^1 + D_0 \times 10^0 + D_{-1} \times 10^{-1} \\
&\quad + D_{-2} \times 10^{-2} + \cdots + D_{-m} \times 10^{-m} \\
&= \sum_{i=-m}^{n-1} D_i \times 10^i
\end{aligned}
\tag{1-2-1}
$$

式中:D_i 为第 i 位的数码,取值范围为 0、1、2、3、4、5、6、7、8、9;n 表示整数部分的位数;m 表示小数部分的位数,10 为基数,10^i 为第 i 位的权。式(1-2-1)也称为十进制的按权展开式。

十进制数虽然在日常生活中普遍使用,为人们所熟悉,但在数字电路中却无法直接使用,因为要用十个不同的电路稳定状态来分别代表十进制的十个不同数码是很难做到的。

2. 二进制

二进制中只有两个数码,即 0 和 1,基数为 2,进位规则是"逢二进一"。任意一个二进制数的多项式展开为:

$$(N)_2 = D_{n-1}D_{n-2}\cdots D_1 D_0. D_{-1}D_{-2}\cdots D_{-m}$$
$$= D_{n-1} \times 2^{n-1} + \cdots + D_1 \times 2^1 + D_0 \times 2^0 + D_{-1} \times 2^{-1} + D_{-2} \times 2^{-2} + \cdots$$
$$+ D_{-m} \times 2^{-m}$$
$$= \sum_{i=-m}^{n-1} D_i \times 2^i \tag{1-2-2}$$

上式也称为二进制的按权展开式。例如,二进制数 101101.0101 的按权展开式为

$$(101101.0101)_2 = 1 \times 2^5 + 0 \times 2^4 + 1 \times 2^3 + 1 \times 2^2 + 0 \times 2^1 + 1 \times 2^0 + 0 \times 2^{-1}$$
$$+ 1 \times 2^{-2} + 0 \times 2^{-3} + 1 \times 2^{-4}$$

用二进制计数的主要优点是容易实现,运算简单,存储和传递方便可靠。例如,二极管的截止与导通、三极管的饱和与截止、继电器触点的闭合与断开、灯泡的亮与灭等均可用来表示二进制数码 0 和 1。但用二进制计数的缺点也很明显,即所计的数较大时,位数较多,给书写和阅读(识别)带来不便。

为了克服二进制计数的缺点,推出了十六进制计数体制。

3. 十六进制

十六进制计数体制中有十六个不同的数码:0、1、2、3、4、5、6、7、8、9、A、B、C、D、E、F,其基数为 $(16)_{10}$,进位规则为"逢十六进一"。与前述相似,任意一个十六进制数的按权展开式可写成

$$(N)_{16} = D_{n-1}D_{n-2}\cdots D_1 D_0. D_{-1}D_{-2}\cdots D_{-m}$$
$$= D_{n-1} \times 16^{n-1} + \cdots + D_1 \times 16^1 + D_0 \times 16^0 + D_{-1} \times 16^{-1} + D_{-2} \times 16^{-2}$$
$$+ \cdots + D_{-m} \times 16^{-m}$$
$$= \sum_{i=-m}^{n-1} D_i \times 16^i \tag{1-2-3}$$

例 1-2-1　试写出十六进制数 7AF.5ED 的按权展开式。

解　$(7AF.5ED)_{16} = 7 \times 16^2 + A \times 16^1 + F \times 16^0 + 5 \times 16^{-1} + E \times 16^{-2}$
$$+ D \times 16^{-3}$$
$$= 7 \times 16^2 + 10 \times 16^1 + 15 \times 16^0 + 5 \times 16^{-1} + 14 \times 16^{-2}$$
$$+ 13 \times 16^{-3}$$

除以上介绍的数制以外,还有八进制等,这里从略。

4. 数制之间的互相转换

不同数制只不过是按一定规律对数进行描述的不同方式,即同一个数可以用不同

的数制表示,所以它们之间是可以互换的。

(1)二进制数转换为十六进制数

在数字电路及计算机中,常用两种不同的电路状态来表示二进制数的两个数码,但由于二进制数的书写和阅读比较麻烦,所以在用文字记录时常写成十六进制数。因为四位二进制数正好代表一位十六进制数,见表 1-2-1 所示,由此可得,将二进制数转化为十六进制数的方法为:

表 1-2-1　几种常用数制之间关系

十进制数	二进制数	十六进制数
0	0 0 0 0	0
1	0 0 0 1	1
2	0 0 1 0	2
3	0 0 1 1	3
4	0 1 0 0	4
5	0 1 0 1	5
6	0 1 1 0	6
7	0 1 1 1	7
8	1 0 0 0	8
9	1 0 0 1	9
10	1 0 1 0	A
11	1 0 1 1	B
12	1 1 0 0	C
13	1 1 0 1	D
14	1 1 1 0	E
15	1 1 1 1	F

①将二进制数分组:整数部分从最低位起每 4 位划为一个组(最左边一组不足 4 位时可在有效位前添 0 补齐);小数部分从最高位起每 4 位划为一个组(最右边一组不足 4 位时可在有效位之后添 0 补齐)。

②然后将每组二进制数用对应的十六进制数表示,即得所对应的十六进制数。

例 1-2-2　将二进制数 110101011.101101 转换为十六进制数。

解　$(110101011.101101)_2 = (0001\ 1010\ 1011.1011\ 0100)_2$

$$= (1AB.B4)_{16}$$

(2)十六进制数转换为二进制数

将十六进制数转换为二进制数,只要将每位十六进制数用 4 位对应的二进制数表示,便可得相应的二进制数。

例 1-2-3　将十六进制数 AF3.7B 转换为二进制数。

解　$(AF3.7B)_{16} = (101011110011.01111011)_2$

（3）二进制数转换为十进制数

将二进制数转换为十进制数的方法很简单,只要把二进制数按权展开后相加,即可得到相应的十进制数。

例 1-2-4　把二进制数 10110.101 转换为十进制数。

解　$(10110.101)_2 = 1 \times 2^4 + 0 \times 2^3 + 1 \times 2^2 + 1 \times 2^1 + 0 \times 2^0 + 1 \times 2^{-1} + 0 \times 2^{-2}$
$$+ 1 \times 2^{-3}$$
$$= (22.625)_{10}$$

（4）十进制数转换为二进制数

要将十进制数转换为二进制数,需要将十进制数分成整数和小数两部分分别转换,然后再将转换结果合成一个对应的二进制数。

从上分析可知,将二进制数按权展开后相加,即得对应的十进制数,故可设十进制整数部分 $(N)_{10}$ 对应的二进制数为 $(Q_{n-1}Q_{n-2}\cdots Q_2Q_1Q_0)_2$,有

$$(N)_{10} = Q_{n-1} \times 2^{n-1} + Q_{n-2} \times 2^{n-2} + \cdots + Q_2 \times 2^2 + Q_1 \times 2^1 + Q_0 \times 2^0$$

若将上式两边同除以 2,则等号右边部分的商为 $Q_{n-1} \times 2^{n-2} + Q_{n-2} \times 2^{n-3} + \cdots + Q_1 \times 2^0$,余数为 Q_0。由于是等式,所以两边的商和余数分别相等,故左边余数也应为 Q_0。也就是说,把十进制数（整数）除以 2 后,余数即为对应二进制数的最低位。依次类推,可分别得到二进制数的其他各位,直到商为 0。

例 1-2-5　将十进制数 75 转换为二进制数。

解

2	75	余数	对应位
2	37	1	Q_0
2	18	1	Q_1
2	9	0	Q_2
2	4	1	Q_3
2	2	0	Q_4
2	1	0	Q_5
	0	1	Q_6

故 $(75)_{10} = (1001011)_2$。

设十进制数的小数部分为 $(N')_{10}$,对应的二进制小数部分为 $(0.Q_{-1}Q_{-2}\cdots Q_{-m})_2$,则

$$(N')_{10} = Q_{-1} \times 2^{-1} + Q_{-2} \times 2^{-2} + \cdots + Q_{-m} \times 2^{-m}$$

若在等式两边同乘以 2,则可得

$$2(N')_{10} = Q_{-1} + Q_{-2} \times 2^{-1} + \cdots + Q_{-m} \times 2^{-m+1}$$

可见等式右边部分的整数为 Q_{-1},小数部分为 $Q_{-2} \times 2^{-1} + \cdots + Q_{-m} \times 2^{-m+1}$。由于等

式两边整数和小数部分应分别相等,所以十进制小数部分乘以 2 后的整数部分即为 Q_{-1}。

再将上式小数部分乘以 2,即得:

$$Q_{-2}+Q_{-3}\times 2^{-1}+\cdots+Q_{-m}\times 2^{-m+2}$$

可得整数部分为 Q_{-2}。依次可得出小数部分各位。

例 1-2-6　将十进制数 0.6725 转换为二进制数,要求取小数点后六位。

解　$0.6725\times 2=1.345$　　　　　　整数部分为　$1(Q_{-1})$

　　　$0.345\times 2=0.69$　　　　　　　　　　　　$0(Q_{-2})$

　　　$0.69\times 2=1.38$　　　　　　　　　　　　$1(Q_{-3})$

　　　$0.38\times 2=0.76$　　　　　　　　　　　　$0(Q_{-4})$

　　　$0.76\times 2=1.52$　　　　　　　　　　　　$1(Q_{-5})$

　　　$0.52\times 2=1.04$　　　　　　　　　　　　$1(Q_{-6})$

则 $(0.6725)_{10}\approx(0.101011)_2$

二、二—十进制码(BCD 码)

由于计算机和数字电路只能识别二进制数,所以常用一定位数的二进制数码表示十进制数、字符等,这个一定位数的二进制数码叫做代码;把表示 1 位十进制数的二进制代码称为二—十进制码(Binary-Coded-Decimal),简称 BCD 码。

由于十进制数有 10 个不同的数码,所以至少需用 4 位二进制数码才能表示 1 位十进制数。而 4 位二进制数码可以有 $2^4=16$ 种组合,选择 10 种组合来表示 10 个十进制数就可以有不同的方法,即有不同的 BCD 码。常见的 BCD 码有 8421BCD 码、2421(A)BCD 码、2421(B)BCD 码、余 3 码、格雷码等,见表 1-2-2。BCD 码还可分为有权码和无权码。有权码中代码的每一位都有确定的权,把代码按权展开相加便得相应的十进制数。无权码中每一位都没有确定的权,即不能通过运算得到相应的十进制数。

表 1-2-2　常用的 BCD 码

十进制数＼类别	8421 码	2421(A)码	2421(B)码	余 3 码	格雷码
0	0 0 0 0	0 0 0 0	0 0 0 0	0 0 1 1	0 0 0 0
1	0 0 0 1	0 0 0 1	0 0 0 1	0 1 0 0	0 0 0 1
2	0 0 1 0	0 0 1 0	0 0 1 0	0 1 0 1	0 0 1 1
3	0 0 1 1	0 0 1 1	0 0 1 1	0 1 1 0	0 0 1 0
4	0 1 0 0	0 1 0 0	0 1 0 0	0 1 1 1	0 1 1 0
5	0 1 0 1	0 1 0 1	1 0 1 1	1 0 0 0	0 1 1 1
6	0 1 1 0	0 1 1 0	1 1 0 0	1 0 0 1	0 1 0 1
7	0 1 1 1	0 1 1 1	1 1 0 1	1 0 1 0	0 1 0 0
8	1 0 0 0	1 1 1 0	1 1 1 0	1 0 1 1	1 1 0 0
9	1 0 0 1	1 1 1 1	1 1 1 1	1 1 0 0	1 1 0 1
权	8 4 2 1	2 4 2 1	2 4 2 1	(无权码)	(无权码)

1. 8421BCD 码

8421BCD 码用 4 位二进制码的前 10 种组合分别表示十进制数的 10 个数码,是一种有权码,从最高位到最低位的权依次为 8、4、2、1。由于 8421BCD 码各位的权和 4 位自然二进制数的权 2^3、2^2、2^1、2^0 完全相同,所以又称为自然权 BCD 码。8421BCD 码具有以下特征:

(1)具有奇偶对称性,即当十进制数为奇数时,其 8421BCD 码的最低位为 1,反之则为 0。

(2)转换方便。要把十进制数用 8421BCD 码表示时,只需按顺序把每位十进制数用 4 位 8421BCD 码表示即可。例如,十进制数 89 的 8421BCD 码表示为 10001001。而当把 8421BCD 码转换为十进制数时,只需按顺序把 8421BCD 码用对应的十进制数代替即可。

(3)有 6 种多余的组合 1010、1011、1100、1101、1110 和 1111。8421BCD 码只用了 4 位二进制码所能出现的 16 种组合中的前 10 种组合,后 6 种组合不使用,在正常工作时应禁止其出现。

2. 2421BCD 码

2421BCD 码为一种有权码,各位的权依次为 2、4、2、1。由于 4 位二进制代码中有两位的权一样,所以有两种编码方式:一种取 4 位二进制数码的前 8 种和后 2 种组合,称 2421(A)BCD 码;另一种取前 5 种和后 5 种组合,称 2421(B)BCD 码。2421(B)BCD 码比 2421(A)BCD 码应用更为广泛,因 2421(B)BCD 码有一特点,即表示的十进制数 0 和 9、1 和 8、2 和 7、3 和 6、4 和 5 的 BCD 码互为反码。例如,十进制数 4 的 2421(B) BCD 码为 0100,各位取反为 1011,而 1011 正好是十进制数 5 的 2421(B)BCD 码。

3. 余 3 码

余 3 码为无权码,它的组成方法是:在 4 位二进制代码的 16 种按序组合中前后各去掉 3 种,用中间的 10 种分别代表十进制数的 10 个不同数码,见表 1-2-2。比较余 3 码和 8421BCD 码可知,同一个十进制数的余 3 码比 8421BCD 码大 3,即余 3 码可由对应的 8421BCD 码加 3 得到:

$$Y_3 Y_2 Y_1 Y_{0(余3码)} = B_3 B_2 B_1 B_{0(8421码)} + (0011)_2$$

余 3 码和 2421(B)BCD 码有一个共同点,即十进制数 0 和 9、1 和 8、2 和 7、3 和 6、4 和 5 的余 3 码互为反码。

4. 格雷码

格雷码为无权码,它的编码原则是相邻两个数的代码中只有一位数码不同。格雷码的编码方式很多,最常见的是循环编码方式,见表 1-2-3 所示。循环编码方式中最低位按 0→1→1→0 秩序再重复,次低位按 0→0→1→1→1→1→0→0 秩序再重复,见表 1-2-2,表中所示格雷码是选用 4 位循环码中的前 10 种组合。格雷码有以下特点:

(1)任意两个相邻十进制数的格雷码只有一位数码不同,这在计数电路中很有意义。因为当相邻代码中只有一位数码发生变化,而其余各位保持不变时,将大大减少电路发生竞争冒险的可能性(见项目二),即可减少代码在形成变换和传输时引起的错误。

（2）组成格雷码的循环码具有反射特性。表 1-2-3 中以中间（如虚线所示）为轴对折可以发现，对称的两个代码的最高位互为反码，而其余完全相同，即具有反射特性，故也称格雷码为反射码。

另外还应注意的是，BCD 码不是二进制数，而是用二进制编码的十进制数。

表 1-2-3 循环码排序

二位	三位	四位
0 0	0 0 0	0 0 0 0
0 1	0 0 1	0 0 0 1
1 1	0 1 1	0 0 1 1
1 0	0 1 0	0 0 1 0
	1 1 0	0 1 1 0
	1 1 1	0 1 1 1
	1 0 1	0 1 0 1
	1 0 0	0 1 0 0
		1 1 0 0
		1 1 0 1
		1 1 1 1
		1 1 1 0
		1 0 1 0
		1 0 1 1
		1 0 0 1
		1 0 0 0

三、其他编码

1. 奇偶检验码

奇偶检验码具有检查信息在传递过程中是否产生错误的功能。如果所传递的信息有 n 位二进制代码，则其奇偶检验码由 n 位信息位加 1 位检验位组成，有奇检验和偶检验两种方式。

检验位的取值使整个代码中含"1"的个数为奇数的检验方式称为奇检验；相反，使整个代码中含"1"的个数为偶数的即为偶检验。

其检验原理为：在发送端对 n 位信息编码，产生 1 位检验位，形成 $n+1$ 位信息发往接收端；在接收端检测 $n+1$ 位信息码中含"1"的个数是否与约定的奇偶相符，若相符则判定为正确，否则判为错误。

奇偶检验码的优点是编码简单，相应的编码电路和检测电路也简单，常用于计算机通讯。但奇偶检验码的不足有二：一是发现错误后不能对错误定位，从而在接收端无法对错误进行纠正；二是只能发现单错，不能发现双错。

2. 字符编码

在计算机等数字系统中对数字、字母和符号进行处理时，需要采用字符编码。最常用的是美国信息交换标准代码 ASCII 码,它采用 7 位二进制编码表示 10 个十进制数字、26 个英文字母、通用运算符及标点符号等共 128 种符号,见表 1-2-4。

表 1-2-4 ASCII 码(美国标准信息交换码)

列		0⁽³⁾	1⁽³⁾	2⁽³⁾	3	4	5	6	7⁽³⁾
行	位 654→ ↓ 3210	000	001	010	011	100	101	110	111
0	0000	NUL	DLE	SP	0	@	P	`	p
1	0001	SOH	DC1	!	1	A	Q	a	q
2	0010	STX	DC2	”	2	B	R	b	r
3	0011	ETX	DC3	#	3	C	S	c	s
4	0100	EOT	DC4	$	4	D	T	d	t
5	0101	ENQ	NAK	%	5	E	U	e	u
6	0110	ACK	SYN	&.	6	F	V	f	v
7	0111	BEL	ETB	'	7	G	W	g	w
8	1000	BS	CAN	(	8	H	X	h	x
9	1001	HT	EM	)	9	I	Y	i	y
A	1010	LF	SUB	*	:	J	Z	j	z
B	1011	VT	ESC	+	;	K	〔	k	{
C	1100	FF	FS	,	<	L	\	l	|
D	1101	CR	GS	—	=	M	〕	m	}
E	1110	SO	RS	•	>	N	Ω⁽¹⁾	n	~
F	1111	SI	US	/	?	O	—⁽²⁾	o	DEL

注:(1)取决于使用这种代码的机器,它的符号可以是弯曲符号、向上箭头或(一)标记。

(2)取决于使用这种代码的机器,它的符号可以是下面画线、向下箭头或心形。

(3)是第 0、1、2 和 7 列特殊控制功能的解释。

1.2.2 逻辑函数及其化简

一、常用逻辑运算

研究逻辑问题的数学工具叫逻辑代数,是英国数学家乔治·布尔在 1845 年创立的,所以逻辑代数又叫布尔代数。逻辑代数中的变量叫逻辑变量,取值只有 0 和 1 两种,分别用来表示客观世界中存在的既完全对立又相互依存的两个逻辑状态,如信号的有和无、电平的高和低、开关的闭合和断开、灯的亮与灭等。值得注意的是,逻辑值"1"和"0"与二进制数字"1"和"0"是完全不同的概念,它们并不表示数量的大小。逻辑代数有三种基本的逻辑运算,即与运算、或运算、非运算。

1. 三种基本逻辑运算

(1)与运算

只有决定某事件的所有条件均满足(具备)时,该事件才会发生,这种因果关系我们称之为与逻辑关系,简称与逻辑。例如,银行金库的门,按规定必须有关人员如金库经理、金库保管员、财务会计等都到场时，门才能被打开，缺少任何一方皆不可。又如，如图 1-2-1(a)所示，当开关 A、B 都处于断开状态，或有一个处于断开状态时，灯 L 均不亮；只有当开关 A、B 都合上时，灯 L 才亮，情况列于状态表(b)中。我们用 1 表示开关合上和灯亮，用 0 表示开关断开和灯不亮，则(b)可表示成(c)。我们把这种表示输入变

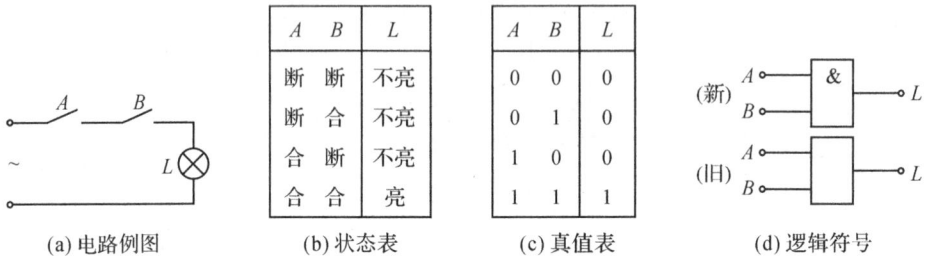

A	B	L
断	断	不亮
断	合	不亮
合	断	不亮
合	合	亮

A	B	L
0	0	0
0	1	0
1	0	0
1	1	1

(a)电路例图　　　　(b)状态表　　　　(c)真值表　　　　(d)逻辑符号

图 1-2-1　与逻辑

量(条件)的所有取值组合和其对应的输出变量(结果)取值的关系表叫做逻辑真值表，简称真值表。为了研究方便，常用数学的方法来表示逻辑关系，则与逻辑关系对应的逻辑表达式为

$$L＝A \cdot B＝AB（或者 A \wedge B）\tag{1-2-4}$$

该式应读成："L 等于 A 与 B"。A、B 间的运算关系为与运算，表达式中的"$\cdot$"为与运算符号，也可省略，如式(1-2-4)中所示。与运算的规则如图 1-2-1(c)真值表所示，即

$$0 \cdot 0＝0 \qquad 0 \cdot 1＝0$$
$$1 \cdot 0＝0 \qquad 1 \cdot 1＝1$$

逻辑关系还可用符号来表示，图 1-2-1(d)中列出了新、旧两种与逻辑符号。由于与逻辑关系常用数字电路中的与门实现，所以与逻辑符号也用来表示与门，而略去了实际的电路。

(2)或运算

只要决定某事件的条件中有一个或几个满足，该事件就会发生；只有当条件全部不满足时，事件才不会发生，这种因果关系即为或逻辑关系，简称或逻辑。如图 1-2-2(a)所示，当开关 A 合上，或 B 合上，或 A 和 B 都合上时，灯 L 均亮；只有当开关 A、B 都不合上时，灯 L 才不亮，其真值表如图 1-2-2(b)所示。或运算的逻辑表达式为

$$L＝A＋B（或者 A \vee B）\tag{1-2-5}$$

该式读成："L 等于 A 或 B"，也可读成："L 等于 A 逻辑加 B"。图 1-2-2(c)列出了或运算的新、旧两种逻辑符号，数字电路中该符号还用来表示对应的或门。

或运算规则如或逻辑真值表所示，即：

$$0＋0＝0 \qquad 0＋1＝1$$
$$1＋0＝1 \qquad 1＋1＝1$$

和我们的学生生活很贴近的是学生寝室门的打开，只要住该寝室的任一成员想打开寝室门，门就能被打开，也体现了或的逻辑关系。

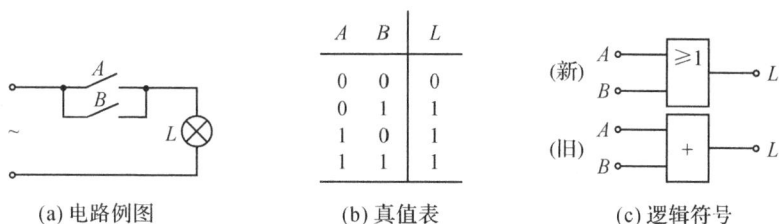

(a)电路例图   (b)真值表   (c)逻辑符号

图 1-2-2 或逻辑

（3）非运算

当决定某事件的条件满足时,该事件不发生,而条件不满足时,该事件就发生,这种因果关系称为非逻辑关系,简称非逻辑。如图 1-2-3(a)所示,当开关 A 合上时,灯 L 不亮;而当开关 A 断开时,灯 L 就亮,其真值表如图 1-2-3(b)所示。

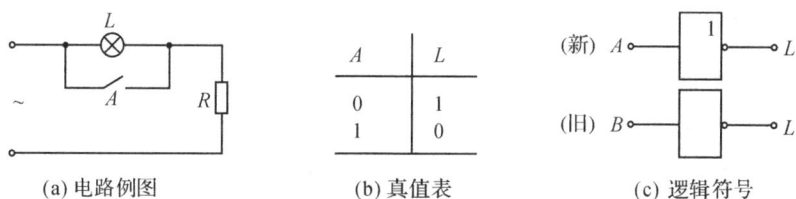

(a)电路例图   (b)真值表   (c)逻辑符号

图 1-2-3

非运算的逻辑表达式为:

$$L = \overline{A} \tag{1-2-6}$$

该式读成:"L 等于 A 非"。图 1-2-3(c)列出了非运算的新、旧逻辑符号,在数字电路中,还用该符号表示非门。

非运算规则如非逻辑真值表所示,即:

$$\overline{0} = 1$$

$$\overline{1} = 0$$

2.常用的复合逻辑

上面介绍了三种基本逻辑关系,而实际工作中更为广泛使用的是由这几种基本逻辑关系组合而成的复合逻辑关系,主要有:与非、或非、与或非、异或、同或等,表 1-2-5 列出了这几种复合逻辑关系的符号、表达式以及真值表(运算规则)。

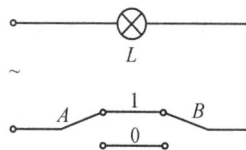

图 1-2-4

如图 1-2-4 所示,如果我们把开关打在上面用 1 表示、打在下面用 0 表示,很明显该图体现的正好是同或关系,即开关 A 和 B 都打在上面($A=B=1$)或 A 和 B 都打在下面($A=B=0$)时,灯 L 就亮;当 A 在上面、B 在下面,或 A 在下面、B 在上面时,灯 L 就不亮;与表 1-2-5 相符。

注意:对多个变量进行异或、同或运算时,可对两两运算结果再运算,或者连续依次两两运算,运算结果和运算顺序无关。

表 1-2-5　常用的复合逻辑

逻辑关系 逻辑符号 表达式 A　　B	与非	或非	异或	同或	与或非
逻辑符号	A —[&]— L B	A —[≥1]— L B	A —[=1]— L B	A —[=1]— L B	A B C D —[& ≥1]— L
表达式	$L=\overline{AB}$	$L=\overline{A+B}$	$L=\overline{A}B+A\overline{B}$ $=A\oplus B$	$L=\overline{A}\cdot\overline{B}+AB$ $=A\odot B$	$L=\overline{AB+CD}$
0　0	1	1	0	1	当 AB 或 CD 为 1、或 AB 与 CD 同时为 1 时,$L=0$;只有当 AB、CD 同时为 0 时,$L=1$。
0　1	1	0	1	0	
1　0	1	0	1	0	
1　1	0	0	0	1	

二、逻辑函数表示方式

1.逻辑函数

在日常生活和工作实践中存在着大量的逻辑问题。例如,人们为了行走方便,常在楼上和楼下各装一个单刀双掷开关,使得人们在楼上和楼下都能方便地控制同一盏灯的亮与不亮,其电路如图 1-2-4 所示。我们把开关的状态 A 和 B 看作是条件,灯 L 是否亮看作是结果,则 L 和 A、B 间存在着同或的逻辑关系。在这些逻辑关系中,一旦 A、B 的状态确定,则 L 也随之确定,因此 L 和 A、B 的关系也是一种函数的关系。我们把这种函数称为逻辑函数,记作 $L=F(A,B)$,称 L 是 A、B 的逻辑函数。

2.逻辑函数的表示方法

逻辑函数的常用表示方法有真值表、表达式、逻辑图、卡诺图等,逻辑图和卡诺图我们将在本项目后面介绍,这里仅介绍真值表及逻辑函数式之间的相互转换。

如图 1-2-4 所示,设开关向上、灯亮用 1 表示,开关向下、灯不亮用 0 表示,则可得如表 1-2-6 所示真值表。

表 1-2-6　图 1-2-4 的真值表

A	B	L
0	0	1
0	1	0
1	0	0
1	1	1

我们把用基本逻辑运算及其复合运算表示的组合式叫做逻辑函数式(逻辑表达式),简称函数式。则表 1-2-6 所示的逻辑关系可用下式表示:

$$L=\overline{A}\,\overline{B}+AB \qquad\qquad (1-2-7)$$

由于表 1-2-6 和式(1-2-7)表示的是同一种逻辑关系,说明它们之间是可以互换的。

(1)由真值表写表达式

找出表中使输出变量为 1 的组合,并由每种组合组成一个乘积项,再把这些乘积项相或即得逻辑表达式。其中输入变量为 1 时取原变量形式,输入变量为 0 时取反变量形式。

例 1-2-7　已知真值表如表 1-2-7 所示,写出对应的逻辑表达式。

解　使输出变量 L 为1的输入变量 ABC 的取值组合有 011、101、110、111。按上述方法可得对应的乘积项分别为：$\overline{A}BC$、$A\overline{B}C$、$AB\overline{C}$、ABC，所以逻辑表达式为：

$$L=\overline{A}BC+A\overline{B}C+AB\overline{C}+ABC$$

表 1-2-7　例 1-2-7 真值表

A	B	C	L
0	0	0	0
0	0	1	0
0	1	0	0
0	1	1	1
1	0	0	0
1	0	1	1
1	1	0	1
1	1	1	1

表 1-2-8　例 1-2-8 真值表

A	B	C	L
0	0	0	1
0	0	1	1
0	1	0	1
0	1	1	1
1	0	0	1
1	0	1	1
1	1	0	0
1	1	1	1

（2）由表达式列真值表

把输入变量的所有取值组合分别代入表达式，得到相应的函数值，整理后即可得对应的真值表。

例 1-2-8　已知函数表达式为 $L=\overline{A}+AC+A\overline{B}\,\overline{C}$，试列出其真值表。

解　先把 A、B、C 各种取值的组合代入表达式中，算出对应的函数值，整理可得如表 1-2-8 所示真值表。

注意：列真值表时，一般应按输入变量对应的二进制数顺序一一列出，以免遗漏。

三、逻辑代数的基本定律

1. 基本定律和恒等式

（1）基本定律

逻辑代数的基本定律包括：①常量与常量间关系的规律；②常量和变量间关系的规律；③变量和变量之间的普通规律；④特殊规律。其中第①种规律在这一节的前面部分已经讲过了，下面我们把余下的 3 种规律列成表，如表 1-2-9 所示，其中反演律又称德·摩根定律，简称摩根定律。

表 1-2-9　逻辑代数的基本定律

变量和常量间关系的规律：	
$A \cdot 1 = A$	$A+0=A$
$A \cdot 0 = 0$	$A+1=1$
$A \cdot \overline{A} = 0$	$A+\overline{A}=1$

与普通代数相似的规律：	
交换律　$A \cdot B = B \cdot A$	$A+B=B+A$
结合律　$(A \cdot B) \cdot C = A \cdot (B \cdot C)$	$(A+B)+C=A+(B+C)$
分配律　$A \cdot (B+C) = A \cdot B + A \cdot C$	$A+B \cdot C=(A+B) \cdot (A+C)$

续表

特殊规律：	
重叠律　$A \cdot A = A$	$A + A = A$
反演律　$\overline{A \cdot B} = \overline{A} + \overline{B}$	$\overline{A + B} = \overline{A} \cdot \overline{B}$
还原律　$\overline{\overline{A}} = A$	

逻辑代数基本定律的证明方法很多，可以用已知等式去证明，也可以列真值表证明。用真值表证明时，只要把输入变量取值的每一种组合代入等式两边进行计算，如果两边对于每一种组合其计算结果都相等，则等式就成立，否则，就不成立。

例 1-2-9　证明公式：$\overline{A + B} = \overline{A} \cdot \overline{B}$

证明　将变量 A 和 B 的所有 4 种取值组合分别代入原式两边进行计算，将情况填入表1-2-10中，可见等式是成立的。

表 1-2-10

A	B	$\overline{A+B}$	$\overline{A} \cdot \overline{B}$
0	0	1	1
0	1	0	0
1	0	0	0
1	1	0	0

除了以上所列基本定律外，逻辑代数还有以下几种常用恒等式。

(2)常用恒等式

等式 1　$AB + A\overline{B} = A$

等式 2　$A + AB = A$

等式 3　$A + \overline{A}B = A + B$

等式 4　$AB + \overline{A}C + BC = AB + \overline{A}C$

等式 5　$\overline{A\overline{B} + \overline{A}B} = \overline{A}\,\overline{B} + AB$

要证明以上 5 个等式，可以用真值表的形式，也可以用基本定律来证明。

等式 1 的证明：$AB + A\overline{B} = A(B + \overline{B}) = A \cdot 1 = A =$右式　　　　　分配律

等式 2 的证明：$A + AB = A(1 + B) = A \cdot 1 = A =$右式　　　　　分配律

等式 3 的证明：$A + \overline{A}B = A(B + \overline{B}) + \overline{A}B = AB + A\overline{B} + \overline{A}B$

$= AB + A\overline{B} + AB + \overline{A}B$

$= A(B + \overline{B}) + B(A + \overline{A}) = A + B =$右式　　　　重叠律

等式 4 的证明：$AB + \overline{A}C + BC = AB + \overline{A}C + BC(A + \overline{A})$

$= AB + \overline{A}C + ABC + \overline{A}BC = AB(1 + C) + \overline{A}C(1 + B)$

$= AB + \overline{A}C =$右式

等式 5 的证明：$\overline{A\overline{B} + \overline{A}B} = \overline{A\overline{B}} \cdot \overline{\overline{A}B}$　　　　　　　反演律

$= (\overline{A} + B)(A + \overline{B})$　　　　　　还原律

$= \overline{A}A + \overline{A}\,\overline{B} + BA + B\overline{B}$　　分配律

$= \overline{A}\,\overline{B} + AB =$右式　　　　交换律

从基本定律和常用公式可以看出，逻辑代数比初等代数简捷，而且相同的功能有多种不同的逻辑表达式，这一点也给逻辑电路的分析和设计带来了一定的灵活性。

2.逻辑代数的基本运算规则

逻辑代数根据其三种基本运算可组成多种复合运算，运算的规则除了代入规则外，

还有反演规则和对偶规则。

（1）代入规则

任何一个含有某变量，如 A 的等式，如果将所有出现 A 的地方都用同一个逻辑函数来代替，则等式仍然成立，这就是代入规则。

（2）反演规则

对于任意一个函数式 L，如果将其中所有的"·"换成"+"，"+"换成"·"；"0"换成"1"，"1"换成"0"；原变量换成反变量，反变量换成原变量，那么所得新函数 F 的表达式就是函数 L 的反函数 $\bar{L}$，这就是反演规则。

例如，函数 $L=A+BC$，根据摩根定律可得 $\bar{L}=\overline{A+BC}=\bar{A}\cdot\overline{BC}=\bar{A}\cdot\bar{B}+\bar{A}\cdot\bar{C}$。按反演规则得新函数 $F=\bar{A}\cdot(\bar{B}+\bar{C})=\bar{A}\cdot\bar{B}+\bar{A}\cdot\bar{C}$。很明显 F 即 $\bar{L}$，即该新函数就是函数 L 的反函数 $\bar{L}$。

注意：①用反演规则求反函数时应保持原函数的运算优先顺序；

②求反函数时，不是一个变量上的非号应保持不变。

例 1-2-10　求函数 $L=\overline{\overline{A\bar{B}+\bar{C}}+D+E}$ 的反函数，并证明之。

解　由反演规则可得 $F=\overline{(\bar{A}+B)\cdot C}\cdot\bar{D}\cdot\bar{E}$

证明时可将上式展开得

$$F=[(\bar{A}+B)C+D]\bar{E}\qquad\qquad\text{反演律}$$

而从原函数直接利用反演律求反可得

$$\bar{L}=\overline{\overline{\overline{A\bar{B}+\bar{C}}+D+E}}$$
$$=(\overline{\overline{A\bar{B}+\bar{C}}+D})\cdot\bar{E}$$
$$=(\overline{A\bar{B}}\cdot C+D)\bar{E}$$
$$=[(\bar{A}+B)C+D]\bar{E}$$

可见 F 即 $\bar{L}$。

另外应注意的是，为了简化书写，在对一个乘积项或者逻辑式求反时，乘积项或者逻辑式外边的括号可以省略。此外，在运算时应注意优先顺序，即先进行括号内的运算，其次是逻辑乘，最后是逻辑加，这一点与普通代数的运算规则是相似的。

（3）对偶规则 *

对于任何一个逻辑函数 L，若将 L 表达式中所有的"·"和"+"互换，并保持运算优先顺序不变，则所得到的新的逻辑表达式称为函数 L 的对偶式，记作 L'。所谓对偶规则是指：若两函数式 L_1 和 L_2 相等，则其对偶式 L_1' 和 L_2' 也相等。另外，若 L' 是 L 的对偶式，则 L 也是 L' 的对偶式，即 L 和 L' 互为对偶式。

四、逻辑函数和逻辑图

逻辑关系除了可以用真值表和表达式表示外，还可以用逻辑图表示。所谓逻辑图，是指由与、或、非等逻辑符号及它们之间的连线所构成的图形。由于逻辑符号对应于相应逻辑功能的门电路，所以逻辑图又叫做逻辑电路图。

如果给定一个逻辑函数的表达式，则只要把表达式中的与、或、非等逻辑运算用相应的逻辑符号表示,并把各逻辑符号按运算的优先顺序用线连接起来,就可得到函数的逻辑图。

例 1-2-11 试画出函数 $L = \overline{A}B + \overline{A}CD + BC$ 的逻辑图。

解 对应的逻辑图如图 1-2-5 所示。

同理可得,如果已知逻辑图也可写出对应的逻辑表达式,方法是:从输入得到输出,逐级写出输出端的表达式,最终即可得到逻辑图的逻辑表达式。

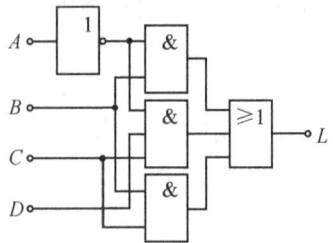

图 1-2-5 例 1-2-11 图

例 1-2-12 写出如图 1-2-6 所示逻辑图的表达式。

解 从图中可知:

$$L_1 = A + B, \ L_2 = \overline{A}, \ L_3 = \overline{B},$$
$$L_4 = L_2 + L_3 = \overline{A} + \overline{B}$$

所以其表达式为:

$$L = \overline{L_1 \cdot L_4} = \overline{(A+B)(\overline{A}+\overline{B})}$$

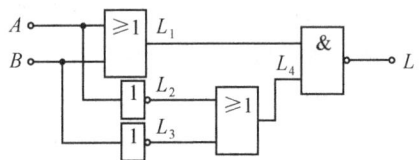

图 1-2-6 例 1-2-12 图

五、逻辑函数式的两种基本形式

逻辑表达式一般指的是与或表达式和或与表达式两种基本形式。

多个逻辑变量进行与运算构成的项称为"与项",由"与项"进行或运算构成的表达式,就是与或表达式,如 $L_1 = A\overline{B} + \overline{A}C$。

多个逻辑变量进行或运算构成的项称为"或项",由"或项"进行与运算构成的表达式,就是或与表达式,如 $L_2 = (\overline{A}+\overline{B})(A+C)$(实际上 $L_1 = L_2$)。我们根据表达式的运算特点、功能实现时所用器件和电路结构,可以将同一个表达式用 8 种不同的形式表示。如函数 $L = A\overline{B} + \overline{A}C$ 的 8 种常用表达式为:

与或式:$L = A\overline{B} + \overline{A}C$　　　　　或与式:$L = (\overline{A}+\overline{B})(A+C)$

与非式:$F = \overline{\overline{A\,\overline{B}} \cdot \overline{\overline{A}C}}$　　　　　或非式:$L = \overline{\overline{\overline{A}+\overline{B}} + \overline{A+\overline{C}}}$

或与非式:$L = \overline{(\overline{A}+B)(A+\overline{C})}$　　　与或非式:$L = \overline{A\overline{B} + \overline{A} \cdot \overline{C}}$

或非或式:$L = \overline{\overline{A}+B} + \overline{A+\overline{C}}$　　　与非与式:$L = \overline{\overline{A\overline{B}} \cdot \overline{\overline{A} \cdot \overline{C}}}$

要证明上述各式,只要将表达式用基本定律——展开并进行一定的组合即可,当然也可以用真值表的形式来证明。

有了这样的概念,在应用时,我们只要根据所提供的门电路形式,将表达式变换成对应的形式即可。一般情况下,往往将表达式写成与或式,因为有了与或式,我们可以方便地将它变换成其他类型的形式。

六、逻辑函数的化简

逻辑函数的化简通常指的是:将逻辑函数化为最简与或表达式或者是最简或与表达式,其中最常见的是与或表达式。

化简逻辑函数的方法有代数法、卡诺图法和列表法三种,这里仅介绍代数法和卡诺图法。

1. 代数法化简逻辑函数

代数化简法是运用逻辑代数的基本定律、常用恒等式和运算规则对逻辑函数表达式进行变换,消去表达式中的多余项和多余变量,以获得最简表达式的方法。常用的方法有:

(1)并项法

利用等式 $AB+A\bar{B}=A$ 将两项并为一项,从而消去多余变量的方法。

例 1-2-13　化简逻辑函数 $L_1=\bar{A}BC+AC+\bar{B}\cdot\bar{C}$

解　$L_1=\bar{A}BC+(A+\bar{B})\bar{C}$

　　　$=\bar{A}B\cdot\bar{C}+\overline{\bar{A}B}\cdot\bar{C}$

　　　$=(\bar{A}B+\overline{\bar{A}B})\bar{C}$

　　　$=\bar{C}$

(2)吸收法

利用等式 $A+AB=A$ 消去多余乘积项的方法。

例 1-2-14　化简逻辑函数 $L_2=A+\bar{A}\cdot\overline{BC}(\bar{A}+\bar{B}\bar{C}+D)+BC$

解　$L_2=A+BC+\overline{\bar{A}\cdot\overline{BC}}(\bar{A}+\bar{B}\bar{C}+D)$

　　　$=A+BC+(A+BC)(\bar{A}+\bar{B}\bar{C}+D)$

　　　$=A+BC$

(3)消因子法

利用等式 $A+\bar{A}B=A+B$ 消去多余变量的方法。

例 1-2-15　化简逻辑函数 $L_3=A\bar{B}\cdot\overline{CD}+\overline{A\bar{B}}\cdot\bar{C}$

解　$L_3=\overline{A\bar{B}\cdot\bar{C}}+D$

(4)消项法

利用等式 $AB+\bar{A}C+BC=AB+\bar{A}C$ 消去多余项的方法。

例 1-2-16　化简函数 $L_4=AC+A\bar{B}+\overline{B+C}$

解　$L_4=AC+A\bar{B}+\bar{B}\cdot\bar{C}$

　　　$=AC+\bar{B}\cdot\bar{C}$

(5)配项法

除了以上介绍的四种方法外,还有配项法。例如,可利用等式 $A=A(B+\bar{B})$,将一项拆成两项,以便和别的项合并以求表达式更简单;也可以利用等式 $A+A=A$,在表达式中重复某一项,再与其他项进行合并以求表达式更简单;还可利用 $AB+\bar{A}C=AB+\bar{A}C+BC$,增加多余项 BC,再与其他项进行合并等方法。

在实际操作中,往往需要灵活运用上述几种方法,以提高化简效率。

例 1-2-17　化简下列逻辑函数:

　　　$L_5=AC+\bar{B}C+B\bar{D}+C\bar{D}+A(B+\bar{C})+\bar{A}BC\bar{D}+A\bar{B}DE$

　　　$L_6=AB+A\bar{C}+\bar{B}C+\bar{B}D+B\bar{D}+B\bar{C}+ADE(F+G)$

解　$L_5=AC+\underline{\bar{B}C}+\underline{B\bar{D}}+C\bar{D}+A\overline{\bar{B}C}+\underline{\bar{A}BC\bar{D}}+A\bar{B}DE$

（消因子法、吸收法）

$$=AC+(\overline{BC}+A)+B\overline{D}+C\overline{D}+A\overline{B}DE \qquad (吸收法)$$

$$=A+\overline{BC}+B\overline{D}+C\overline{D} \qquad (消项法)$$

$$=A+\overline{BC}+B\overline{D}$$

$$L_6=AB+A\overline{C}+\overline{BC}+\overline{BD}+B\overline{D}+B\overline{C}+ADE(F+G)$$

$$=A(B+\overline{C})+\overline{BC}+\overline{BD}+B\overline{D}+B\overline{C}+ADE(F+G)$$

$$=A\cdot\overline{\overline{BC}}+\overline{BC}+\overline{BD}+B\overline{D}+B\overline{C}+ADE(F+G) \qquad (消因子法)$$

$$=A+\overline{BC}+\overline{BD}+B\overline{D}+B\overline{C}+ADE(F+G) \qquad (吸收法)$$

$$=A+\overline{BC}+\overline{BD}+B\overline{D}+B\overline{C}$$

$$=A+\overline{B}\cdot\overline{\overline{C}\cdot\overline{D}}+B\overline{CD}$$

$$=A+\overline{B}\cdot\overline{\overline{C}\cdot\overline{D}}+B\overline{CD}+\overline{C}\cdot\overline{D}\,CD \qquad (配项法)$$

$$=A+\overline{BC}+\overline{BD}+B\overline{D}+B\overline{C}+\overline{CD}+\overline{D}C \qquad (消项法)$$

$$=A+\overline{BC}+(\overline{BD}+B\overline{C}+\overline{CD})+B\overline{D}+\overline{D}C$$

$$=A+\overline{BC}+\overline{BD}+B\overline{D}+B\overline{C}+\overline{D}C$$

$$=A+\overline{BC}+\overline{BD}+B\overline{C}+\overline{D}C \qquad (消项法)$$

$$=A+\overline{BD}+B\overline{C}+\overline{D}C \qquad (消项法)$$

从上述例子的求解过程发现,代数化简法的优点是灵活方便,不受变量数目的约束;缺点是需要熟练运用定律、常用等式,且没有一定的规律和步骤,技巧性很强,对于复杂的函数还难以判断化简结果是否已达最简。因此,该法的局限性很大。而下面要介绍的卡诺图化简法正好克服了这些缺点。

2.卡诺图化简法

(1)最小项及相邻项

在介绍卡诺图前,我们先介绍一下最小项的概念。

n 个变量的一个最小项是含有所有的 n 个变量的一个乘积项,在该乘积项中,每个变量以原变量或者反变量的形式出现一次,且只能出现一次。

例如,3 变量 A、B、C 有以下 8 个不同的最小项:$\overline{A}\,\overline{B}\,\overline{C}$、$\overline{A}\,\overline{B}C$、$\overline{A}B\,\overline{C}$、$\overline{A}BC$、$A\,\overline{B}\,\overline{C}$、$A\,\overline{B}C$、$AB\,\overline{C}$、$ABC$。

由此可见:①每一个最小项都和变量的一组取值相对应,只有在该组取值情况下最小项才为 1,否则就为 0;②由于同一函数的任意两个最小项至少有一个变量的出现形式不同,所以其积恒为 0;③n 变量的所有最小项之和恒为 1。因为当 n 个变量的任一取值组合代入时总有一个最小项为 1,则全部最小项之和一定为 1。

由于每个最小项均对应一组变量取值,所以我们常常以此给最小项编号:使最小项取值为 1 的那一组变量取值看成二进制数,并把它转换成十进制数,这个十进制数便是该最小项的编号。例如,$AB\overline{C}$ 的编号为 6。

如果两个最小项中仅有一个变量出现的形式不同(其余变量出现的形式完全相同),则称这两个最小项为逻辑相邻项,简称相邻项。例如 ABC 和 $AB\overline{C}$ 是相邻项。很显然,一个 n 变量的最小项可以有 n 个相邻项。例如,3 变量最小项 ABC 的相邻项有 $AB\overline{C}$、$A\overline{B}C$、$\overline{A}BC$ 三项。

其实，任意逻辑函数均可表示成对应的几个最小项之和的形式，即逻辑函数的最小项表达式，称为标准与或式。如果表达式为非标准与或式，只要利用 $A+\overline{A}=1$ 去乘非最小项的乘积项并展开即可。

例 1-2-18　将函数 $L=A+BC$ 写成最小项之和表达式。

解　$L=A(B+\overline{B})(C+\overline{C})+BC(A+\overline{A})$

$=(ABC+AB\overline{C}+A\overline{B}C+A\overline{B}\cdot\overline{C})+(ABC+\overline{A}BC)$

$=ABC+AB\overline{C}+A\overline{B}C+A\overline{B}\cdot\overline{C}+\overline{A}BC$

在例 1-2-18 中，函数 L 为三变量函数表达式，则 A 和 BC 均非最小项形式：A 项缺少 B 和 C，乘以 $(B+\overline{B})(C+\overline{C})$ 可解决；BC 乘积项缺少 A，则乘以 $(A+\overline{A})$ 即可。若用符号 m_i 代替对应的最小项，则 $L=m_3+m_4+m_5+m_6+m_7=\sum m(3,4,5,6,7)$。

例 1-2-19　将函数 $L=\overline{(A+B)(A+C)}\cdot\overline{A}\cdot\overline{C}+BC$ 写成最小项之和表达式。

解　$L=(\overline{A+B}+\overline{A+C})\,\overline{A}\cdot\overline{C}+BC$

$=\overline{A}\cdot\overline{B}\cdot\overline{C}+\overline{A}\cdot\overline{C}+BC$

$=\overline{A}\cdot\overline{C}+BC$

$=\overline{A}\cdot\overline{C}(B+\overline{B})+BC(A+\overline{A})$

$=\overline{A}B\overline{C}+\overline{A}\cdot\overline{B}\cdot\overline{C}+ABC+\overline{A}BC$

$=m_0+m_2+m_3+m_7=\sum m(0,2,3,7)$

(2)卡诺图

按照一定规则构成的用来表示变量所有最小项的方格图即为变量的卡诺图。

例如，2 变量 A、B 的最小项有 4 项，分别为 $\overline{A}\,\overline{B}$、$\overline{A}B$、$A\overline{B}$ 和 AB，我们按循环码的顺序排列对应的小方块，如图 1-2-7 所示，即为其卡诺图，图中几何相邻的小方块必须也逻辑相邻。3 变量 A、B、C 的卡诺图如图 1-2-8 所示。

B \ A	0	1
0		
1		

(a)

B \ A	0	1
0	m_0	m_2
1	m_1	m_3

(b)

B \ A	0	1
0	0	2
1	1	3

(c)

图 1-2-7　2 变量卡诺图的构成

C \ AB	00	01	11	10
0				
1				

(a)

C \ AB	00	01	11	10
0	m_0	m_2	m_6	m_4
1	m_1	m_3	m_7	m_5

(b)

C \ AB	00	01	11	10
0	0	2	6	4
1	1	3	7	5

(c)

图 1-2-8　3 变量卡诺图的构成

　　为了进一步说明用方块表示最小项的方法,仍以 3 变量为例:由于每一小方块对应于 3 变量的一组取值(如 m_0 对应于 $ABC=000$),而变量的每组取值也只对应一个最小项(如 $ABC=000$ 对应最小项 $\overline{A}\,\overline{B}\,\overline{C}$),因此可用小方块来表示一个最小项。$n$ 变量的卡诺图有 2^n 个小方块,故能表示 n 变量的全部最小项。为了形象起见,可把最小项符号 m_i 填入方块,如图 1-2-7(b)和图 1-2-8(b),也可只将编号填入方块,如图 1-2-7(c)和图 1-2-8(c),也可像图 1-2-7(a)和 1-2-8(a)一样什么也不填,但各小方块对应哪个最小项应做到心中有数。

　　从卡诺图上发现,凡几何相邻的两个最小项,在逻辑上也是相邻的。几何上相邻有两种情况,一种是紧挨着的,另一种是相重的,即以横线或纵线折起来紧挨。实际上相重的两个最小项,只要改变书写的起始项(如把 00、01、11、10 写成 01、11、10、00)后,就有可能是紧挨的两个最小项,如图 1-2-8(b)中的 m_0 和 m_4、m_1 和 m_5 等。在实际应用中,只在 5 变量以下时才用卡诺图。大于 5 变量时,由于图形复杂,且几何相邻不如少变量时直观,所以一般不用卡诺图,这也是卡诺图的唯一缺陷。

　　(3)用卡诺图化简逻辑函数

　　A. 把逻辑函数填入卡诺图

　　由于任何一个 n 变量的逻辑函数均可表示成最小项之和式,而 n 变量卡诺图可包含 n 变量的所有最小项,所以可以用 n 变量卡诺图表示任一 n 变量逻辑函数。

　　把逻辑函数填入卡诺图时,应先把它写成最小项之和式,再找出函数包含的最小项对应在卡诺图上的小方块,并在其中填 1,其余填 0。经过填写的卡诺图称为函数的卡诺图。

　　注意:①在熟练以后,也可把与或形式的逻辑函数直接填入卡诺图,而不一定要写成最小项之和式,此时不是最小项的乘积项须找出该乘积项在卡诺图上的对应区域(2^m 个相邻的小方块),然后在该区域的所有小方块中填 1。

　　②填 1 后余下的小方块也可以不填 0(空着),但要清楚这些空着的小方块对应的最小项在函数中不存在。

　　例 1-2-20　画出逻辑函数 $L=A\overline{B}\cdot\overline{C}D+\overline{A}\cdot\overline{B}\cdot\overline{C}+CD$ 的卡诺图。

　　解法 1　L 是 4 变量函数,所以可先画好空白的 4 变量卡诺图,其次把函数式转换成最小项之和式:

$$L=A\overline{B}\cdot\overline{C}D+\overline{A}\cdot\overline{B}\cdot\overline{C}+CD$$
$$=A\overline{B}\cdot\overline{C}D+\overline{A}\cdot\overline{B}\cdot\overline{C}(D+\overline{D})+CD(A+\overline{A})(B+\overline{B})$$
$$=\overline{A}\cdot\overline{B}\cdot\overline{C}\cdot\overline{D}+\overline{A}\cdot\overline{B}\cdot\overline{C}D+\overline{A}\cdot\overline{B}CD+\overline{A}BCD+ABCD$$
$$+A\overline{B}\cdot\overline{C}D+A\overline{B}CD$$

　　根据所得函数的最小项之和式,找出函数包含的最小项在卡诺图中对应的小方块,并在其中填 1,其余方块填 0 或不填,如图 1-2-9 所示。

　　解法 2　① 由于 $A\overline{B}\cdot\overline{C}D$ 是最小项,故可直接在卡诺图 m_9 的位置上填 1。

② 乘积项 $\overline{A}\cdot\overline{B}\cdot\overline{C}$ 不是最小项,缺一变量 D。由于 $ABC=000$ 时,不论 D 取何值 L 均为 1,因此,只要在卡诺图中找出 $ABC=000$ 的区域(有 m_0、m_1),并在该区域的所有小

方块中填 1 即可。

③ 乘积项 CD 也不是最小项,缺少两个变量 A、B。由于 $CD=11$ 时,无论 A、B 取值如何,L 均为 1,因此只要在卡诺图中找出 $CD=11$ 的区域(有 m_3、m_7、m_{15}、m_{11}),并在这个区域的所有小方块中填 1 即可,其卡诺图与解法 1 相同,如图 1-2-9 所示。

CD \ AB	0 0	0 1	1 1	1 0
0 0	1			
0 1	1			1
1 1	1	1	1	1
1 0				

图 1-2-9 例 1-2-20 图

从上例可知,要把函数式中任意一个乘积项填入卡诺图,只要求出该乘积项对应的一组变量取值,其中原变量用 1 代替,反变量用 0 代替,然后找出该组取值在卡诺图上的对应小方块,并在其中填 1。

B. 化简的依据

把逻辑函数填入卡诺图后,就可方便地在卡诺图上合并函数包含的最小项,合并的规律如下:

① 逻辑相邻的两个最小项可以合并为一项,并消去一个变量。合并结果为该两个最小项的公共因子。

如图 1-2-10(a)所示,m_2 和 m_6 几何上相邻,由于 $m_2+m_6=\overline{A}B\overline{C}+AB\overline{C}=B\overline{C}$,因此 m_2 和 m_6 可以合并为一项,并消去一个变量 A。为形象起见,常把它们圈在一起,表示可以合并,该圈叫卡诺圈。另外 m_1 和 m_5 也相邻(相重),也可圈在一起合并得 $\overline{A}\,\overline{B}C+A\overline{B}C=\overline{B}C$。

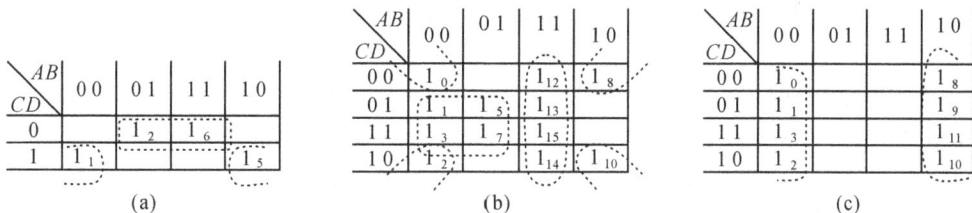

图 1-2-10 最小项的合并

② 逻辑相邻的 4 个最小项可以合并为一项,并消去 2 个变量。如图 1-2-10(b)所示,m_1、m_3、m_5、m_7 相邻,由于

$$m_1+m_3+m_5+m_7=\overline{A}\cdot\overline{B}\cdot\overline{C}D+\overline{A}\cdot\overline{B}CD+\overline{A}B\,\overline{C}D+\overline{A}BCD$$
$$=\overline{A}\cdot\overline{B}D+\overline{A}BD$$
$$=\overline{A}D$$

因此,该 4 项合并可消去 2 个变量,同样我们可以把这 4 个小方块圈在一起。另外,处于角上的 4 项 m_0、m_2、m_8、m_{10} 也相邻(相重),合并结果为

$$m_0+m_2+m_8+m_{10}=\overline{A}\cdot\overline{B}\cdot\overline{C}\cdot\overline{D}+\overline{A}\cdot\overline{B}C\overline{D}+A\overline{B}\cdot\overline{C}\cdot\overline{D}+A\overline{B}C\overline{D}$$
$$=\overline{A}\cdot\overline{B}\cdot\overline{D}+A\overline{B}\cdot\overline{D}=\overline{B}\cdot\overline{D}$$

故也可圈在一起合并,消去变量 A 和 C。

③ 逻辑相邻的 8 项可以合并为一项,并消去 3 个变量。

如图 1-2-10(c)所示,m_0、m_1、m_2、m_3、m_8、m_9、m_{10}、m_{11} 是相邻的,把这 8 项合并,则

$$m_0+m_1+m_2+m_3+m_8+m_9+m_{10}+m_{11}$$
$$=(\overline{A} \cdot \overline{B} \cdot \overline{C} \cdot \overline{D}+\overline{A} \cdot \overline{B} \cdot \overline{C}D)+(\overline{A} \cdot BC\overline{D}+\overline{A} \cdot BCD)$$
$$\quad +(A\overline{B} \cdot \overline{C} \cdot \overline{D}+A\overline{B} \cdot \overline{C}D)+(A\overline{B}C\overline{D}+A\overline{B}CD)$$
$$=(\overline{A} \cdot \overline{B} \cdot \overline{C}+\overline{A} \cdot \overline{B}C)+(A\overline{B} \cdot \overline{C}+A\overline{B}C)$$
$$=\overline{A} \cdot \overline{B}+A\overline{B}=\overline{B}$$

可见这 8 项也可圈在一起合并,消去变量 A、C 和 D。

一般性规律:相邻的 2^n 个最小项可以圈在一起合并,并消去 n 个变量。

C. 化简方法

从以上分析可得,2^n 个相邻的小方块可以圈在一起消去 n 个变量,所以圈越大,乘积项越简单。为此,某些为 1 的小方块可重复使用,如图 1-2-11 所示。由于一个圈对应一个乘积项,所以圈越少,则表达式越简单;又由于卡诺图上填 1 的小方块对应于函数包含的最小项,所以画圈时应把所有填 1 的小方块圈起来。因此,画圈时应注意以下几点:

① 2^i 相邻小方块可圈在一起($i=0,1,2\cdots$);

② 圈宁大勿小;

③ 圈数宁少勿多;

④ 必须圈完全部 1。

根据以上原则画好圈后,写出每个圈对应的合并结果(乘积项),再把各结果相或即得最简与或表达式。

下面我们把这种方法应用于"四舍五入"逻辑功能的构建:

利用 8412BCD 码,十进制数(分别用 A、B、C、D 表达对应二进制数的各位)进行"四舍五入"逻辑功能的表达式:$F=\overline{A}\overline{B}\,\overline{C}D+\overline{A}BC\overline{D}+\overline{A}BCD+A\overline{B}\,\overline{C}\,\overline{D}+A\overline{B}\,\overline{C}D$

画出其对应卡诺图,并按卡诺图化简方法画卡诺圈如图 1-2-11 所示。则经化简后得

$$F=A\overline{B}\,\overline{C}+\overline{A}BD+\overline{A}BC$$

很明显,经化简后表达式中的与项由原来的 5 个减少为 3 个,与项中的变量数由 4 个减少为 3 个。可以想象,用门电路实现"四舍五入"功能的电路也必将比原来简单,成本低了,可靠性高了。

$\dfrac{AB}{CD}$	00	01	11	10
0 0				①
0 1		①		①
1 1		①		
1 0				①

图 1-2-11　"四舍五入"关系

例 1-2-21　用卡诺图化简下列逻辑函数:

$$L(A,B,C,D)=\sum m(0,1,2,3,5,7,8,9,10,11)$$

解　①先把函数填入卡诺图,如图 1-2-12 所示。

②画圈:只要 2 个圈就能把所有为 1 的小方块圈起来,且圈数最少。

$\dfrac{AB}{CD}$	00	01	11	10
0 0	①			①
0 1	①	①	①	①
1 1	①	①		
1 0	①			①

图 1-2-12　例 1-2-21 图

③写出每个圈对应的乘积项,则最简与或式为

$$L=\overline{B}+\overline{A}D$$

例 1-2-22　用卡诺图化简下列逻辑函数:

$$L=\overline{A}\cdot\overline{B}\cdot\overline{C}\cdot\overline{D}+\overline{A}B\,\overline{C}D+AD+A\,\overline{B}+C\overline{D}$$

解　①把函数填入卡诺图,如图 1-2-13 所示。

②画圈。

③得函数的最简与或式

$$L=\overline{B}\cdot\overline{D}+AD+C\overline{D}+B\overline{C}D_{\circ}$$

$\diagdown{AB}$ CD	0 0	0 1	1 1	1 0
0 0	1			1
0 1		1	1	1
1 1			1	1
1 0	1	1	1	1

图 1-2-13　例 1-2-22 图

例 1-2-23*　试用卡诺图化简法求下列逻辑函数的最简与或式:

$$F(A,B,C,D,E)=\sum m(0,2,4,5,6,7,8,10,13,15,20,21,22,23,25,27,29,31)$$

解　由于该函数包含 5 个变量,所以其卡诺图的结构较复杂。5 变量卡诺图有 32 个小方块,我们把它们分成两部分,可以理解为由分别处在某一变量(该例中的 A)反变量区域和原变量区域的两个 4 变量卡诺图构成。将两个 4 变量卡诺图中的一个置于另一个之上,凡上下重叠的小方块所代表的最小项为相邻最小项,称为"相重"位置的相邻,这一点在化简时尤其应注意。

图 1-2-14 给出了函数的卡诺图,对图中为 1 的小方块合并后,可得函数的最简与或表达式为

$$F(A,B,C,D,E)=\overline{B}C+CE+\overline{A}\cdot\overline{C}\cdot\overline{E}+ABE$$

$\diagdown{ABC}$ DE	0 0 0	0 0 1	0 1 1	0 1 0
0 0	1		1	1
0 1		1	1	
1 1		1	1	
1 0	1			1

$A=0$

$\diagdown{ABC}$ DE	1 0 0	1 0 1	1 1 1	1 1 0
0 0		1		
0 1		1	1	1
1 1		1	1	1
1 0		1		

$A=1$

图 1-2-14　例 1-2-23 图

卡诺图化简法的优点是直观、方便、容易掌握;缺点是当变量较多时,画图及对图形的识别较为复杂、困难。因此,该方法受到变量个数的约束,一般变量个数在 5 个或 5 个以上时就不便使用此法了。此时也可以将卡诺图化简法和代数化简法结合起来使用,例如,将上例 $F(A,B,C,D,E)$ 分为 $A=0$ 和 $A=1$ 两个 4 变量卡诺图分别化简,可得到两个相应的表达式 $F_1=\overline{A}(\overline{B}C+\overline{C}\,\overline{E}+CE)$,$F_2=A(\overline{B}C+BE+CE)$(**注意**:$F_2$ 中的 ACE 项是为了与 F_1 中相应项合并而重复使用的乘积项),然后用代数法求 $F=F_1+F_2$ 的最简与或式,可得到同样的结论。

七、逻辑函数中的无关项

1.逻辑函数中的约束项、任意项和无关项

在实际的逻辑问题中常会碰到这样的情况,即输入变量的某些组合是不允许出现

的,我们把对输入变量取值的限制称为约束,而把不允许出现的组合所对应的最小项称为约束项。由于约束项对应的取值组合是不允许出现的,所以约束项的值恒为 0,故可以把约束项写入函数式中(因为在逻辑表达式中,逻辑加 0 不会使逻辑关系改变),也可不写入函数式。就如十进制数的"四舍五入"问题,在这个问题中,A、B、C、D 的值不可能出现 1010、1011、1100、1101、1110、1111 这 6 种取值组合,则对应的最小项 $A\,\overline{B}\,C\,\overline{D}$、$A\,\overline{B}CD$、$AB\overline{C}\,\overline{D}$、$ABC\,\overline{D}$、$ABCD$ 就属于约束项。

有些场合,在输入变量的某些取值组合下,函数的值是 0 是 1 均可,即是任意的,并不影响电路的功能,这些组合所对应的最小项称为任意项。由于任意项对应取值出现时,函数为 1 为 0 均可,所以我们可把任意项写入函数式中(这时任意项对应的输入组合下函数值为 1),也可不写入(认为任意项对应的输入组合下函数值为 0),并不影响对应电路的功能。

综上所述,约束项和任意项既可写入函数式中,也可不写入,并不影响函数的功能,所以我们把约束项和任意项均称为无关项,也称为多余项或冗余项。

2.具有无关项的逻辑函数的化简

根据以上介绍,把无关项写入或者不写入逻辑函数式,均不影响函数功能,这在函数化简时如能灵活运用,就可使结论更简。如用卡诺图法化简,则无关项对应的小方块既可填入 1,也可填入 0,视化简需要而定,下面举例说明。

例 1-2-24 试建立 8421BCD 码能被 3 整除的函数。

解 根据题意,如输入 4 位 8421BCD 码 $ABCD$ 能被 3 整除时,输出 $L=1$,否则为 0,列真值表 1-2-11。很明显,$ABCD$ 的六种组合 $1010\sim1111$ 是不允许出现的,即它们对应的最小项为约束项。在表中,这些约束项对应的函数值 L 用 ϕ 表示,意指既可为 1,也可为 0。

表 1-2-11　例 1-2-24 真值表

A	B	C	D	L
0	0	0	0	1
0	0	0	1	0
0	0	1	0	0
0	0	1	1	1
0	1	0	0	0
0	1	0	1	0
0	1	1	0	1
0	1	1	1	0
1	0	0	0	0
1	0	0	1	1
1	0	1	0	ϕ
1	0	1	1	ϕ
1	1	0	0	ϕ
1	1	0	1	ϕ
1	1	1	0	ϕ
1	1	1	1	ϕ

根据真值表,我们可写出表达式为

$$L = \sum m(0,3,6,9) + \sum d(10,11,12,13,14,15)$$

式中:$m_{10}\sim m_{15}$ 为约束项,为了和最小项区别,用 $\sum d$ 表示它们的或。

为了简化函数,我们可根据真值表填卡诺图,如图 1-2-15 所示,为了使所画圈尽可能大和尽可能少,可合理地把某些无关项圈入或不圈入。如此可得最简与或表达式为:

$\dfrac{AB}{CD}$	00	01	11	10
00	(1)		ϕ	
01			ϕ	1
11	1		ϕ	ϕ
10		1	ϕ	ϕ

图 1-2-15　例 1-2-24 图

$$L = \overline{A} \cdot \overline{B} \cdot \overline{C} \cdot \overline{D} + \overline{B}CD + BC\overline{D} + AD$$

在前面,我们曾对描述"四舍五入"逻辑功能的表达式进行化简,得到的结论是

$$F=A\bar{B}\,\bar{C}+\bar{A}BD+\bar{A}BC$$

与原始表达式相比,已经得到了简化。但由于没有利用这个逻辑问题中的 6 个无关项,上述表达式很可能可以进一步简化,画卡诺图如图 1-2-16。

由图 1-2-16 可得描述"四舍五入"逻辑功能的最简表达式为:

$$F=A+BD+BC$$

AB\CD	00	01	11	10
00			ϕ	1
01		1	ϕ	1
11		1	ϕ	ϕ
10		1	ϕ	ϕ

图 1-2-16　"四舍五入"卡诺图

即与项中的变量数进一步减少,与此表达式对应的电路的性价比将更高。

1.2.3　正负逻辑问题

一、正逻辑和负逻辑的概念

必须指出的是,在数字电路中虽然常用逻辑 1 表示高电平,逻辑 0 表示低电平,即采用正逻辑关系。但实际上也可用 1 表示低电平,0 表示高电平,即采用负逻辑关系。本书如无特殊说明,一律采用正逻辑。

同一逻辑电路,可采用正逻辑分析,也可采用负逻辑分析,但得到的逻辑关系是完全不同的。

例 1-2-25　表 1-2-12 为某逻辑门电路的电平关系表,其中 V_A、V_B 为两输入信号,V_L 为输出信号,L 表示低电平,H 表示高电平,试分别用正、负逻辑分析其逻辑关系。

表 1-2-12　电平关系表			表 1-2-13　正逻辑真值表			表 1-2-14　负逻辑真值表		
V_A	V_B	V_L	A	B	L	A	B	L
L	L	L	0	0	0	1	1	1
L	H	L	0	1	0	1	0	1
H	L	L	1	0	0	0	1	1
H	H	H	1	1	1	0	0	0

解　①用正逻辑分析

按照正逻辑的规定,用 1 表示高电平 H,用 0 表示低电平 L,则可列出正逻辑下的真值表,如表 1-2-13 所示。显然是与逻辑关系,即 $L=AB$。

②用负逻辑分析

按照负逻辑的规定,用 1 表示低电平 L,用 0 表示高电平 H,则可得到负逻辑下的真值表,如表 1-2-14 所示。显然是或逻辑关系,即 $L=A+B$。

二、负逻辑的符号表示法

例 1-2-25 通过真值表说明了正逻辑中的与门等效于负逻辑中的或门,实际上还可以用摩根定律来说明。例如,设一个正与门的输入为 A、B,输出为 L,则有

$$L=AB$$

根据摩根定律有
$$\overline{L}=\overline{A}+\overline{B}$$

由于同一电平在正逻辑下用 A 表示,则在负逻辑下必用 $\overline{A}$ 表示,另外上式中所有输入及输出变量都取非,因此正逻辑变成了负逻辑,正与门变成了负或门,如图 1-2-17(b)所示。为方便起见,通常把负逻辑变量仍写成原变量形式,而在负逻辑变量的输入和输出端加一小圆圈以示该变量为负逻辑变量,如图 1-2-17(c)所示。

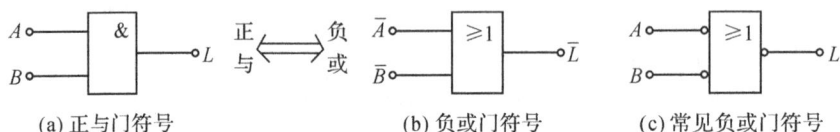

(a) 正与门符号　　　　　　(b) 负或门符号　　　　　(c) 常见负或门符号

图 1-2-17　正与门和负或门的变换

按照上述原理,我们也可把其他的正逻辑门变换为相应的负逻辑门。由此可以发现正逻辑体制到负逻辑体制的变换规则:

①在门电路的输入端加小圆圈。

②在门电路符号的输出端加小圆圈。但若该处已有小圆圈,则不加小圆圈且去掉原有的小圆圈。

③将与门变成或门,反之亦然。

1.2.4　分立元件门电路

在前面几节中我们曾讲到,能实现逻辑运算的电子电路称为门电路,门电路仅仅是众多数字集成电路中的一种,是构成实用数字电路的基本逻辑单元。为了能正确合理地使用数字集成电路,我们必须熟悉集成电路的逻辑功能,掌握使用技巧。数字集成电路的逻辑功能可以通过文字来描述,但一般情况下都采用逻辑功能表来描述,当然也可以通过集成电路的内部结构图来描述。

不管是哪种描述方式,正确理解其功能是关键。只有掌握了电路的具体逻辑功能,才能利用它来达到我们的目的。其次,在集成电路接入实用电路前,我们还必须确证其性能的完好性,只有每一个元器件的性能都保证了,才能使实际数字电路正常工作。

二极管门电路不属于数字集成电路,但由于其结构简单,也在数字电子相关系统中得到了一定的应用,这里仅作简单介绍。

我们知道,二极管具有正向导通、反向截止的开关特性。利用二极管的这种开关特性就可构成二极管门电路,它只有两种形式,即二极管与门和二极管或门。

一、二极管与门及其特点

1. 电路及逻辑分析

我们以二输入与门为例来分析其逻辑功能,电路如图 1-2-18(a)所示,图(b)为其逻辑符号。图中 A、B 为输入端,F 为输出端。设输入端信号电平只有两种取值,即 3V 和 0V,则可得到电路在 A、B 不同取值组合下的输出端电平,如表 1-2-15 所示。从表中发现,只有当 A、B 两输入端全为高电平时,输出才为高电平;否则输出就为低电平。

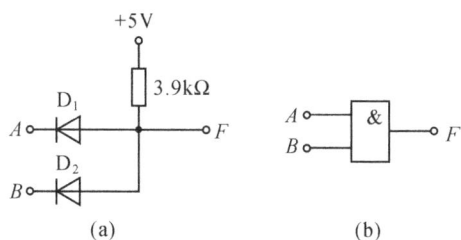

图 1-2-18 二极管与门

表 1-2-15 图 1-2-18 的状态电平

U_A(V)	U_B(V)	U_F(V)
0	0	0.7
0	3	0.7
3	0	0.7
3	3	3.7

值得指出的是,在双极型逻辑电路中存在标准高电平 U_{SH} 和标准低电平 U_{SL}。当电路实际电平等于或高于 U_{SH} 时,均认为是高电平;而当电路实际电平低于 U_{SL} 时,均认为是低电平。此处一般 U_{SH} 为 2~5V,而 U_{SL} 为 0.8V。如果我们用 1 表示高电平,用 0 表示低电平,则对应于表 1-2-15 的真值表如表 1-2-16 所示,表中 A、B 和 F 分别表示输入变量和输出变量,所以 $F = A \cdot B$,即实现了与的逻辑运算。

表 1-2-16 图 1-2-18 的真值表

A	B	F
0	0	0
0	1	0
1	0	0
1	1	1

2. 特点及应用

从上分析我们发现,二极管与门电路结构简单,但低电平有所提高(从输入端的 0V 上升到输出端的约 0.7V),即出现了电平偏移。当有多级二极管与门相连时,输出端的低电平将超出 U_{SL},易造成逻辑错误;也由于这一点,使二极管与门电路(包括下面将介绍的二极管或门)的抗干扰能力不强。另外,由于二极管没有放大作用,所以对应的门电路负载能力较差,应用较少,但常用于判断电路的最后一级,经三极管驱动后带动负载工作。

二、二极管或门

用二极管实现的二输入端或门如图 1-2-19(a)所示,(b)为对应的逻辑符号。同理可分析得到表 1-2-17 所示的状态电平表和表 1-2-18 所示的真值表。可见,图 1-2-19 所示电路实现了或的逻辑运算功能:

$$F = A + B$$

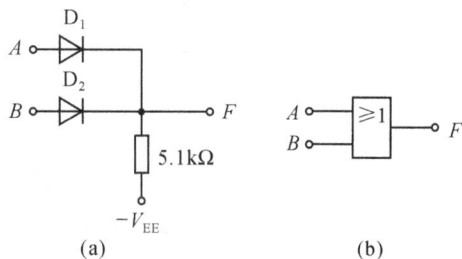

图 1-2-19 二极管或门

表 1-2-17 图 1-2-19 的状态电平

U_A(V)	U_B(V)	U_F(V)
0	0	-0.7
0	3	+2.3
3	0	+2.3
3	3	+2.3

表 1-2-18 图 1-2-19 的真值表

A	B	F
0	0	0
0	1	1
1	0	1
1	1	1

由于二极管导通压降的存在,使高电平有所下降(从输入端的 3V 下降至输出端的 2.3V),出现了电平偏移,当多级相连时同样会低于 U_{SH} 而出现逻辑错误。

三、三极管非门

1. 三极管的开关作用

如图 1-2-20 所示三极管开关电路。当输入端电位 u_1 为 $U_{IL} \leqslant 0V$ 或 U_{IL} 小于三极管发射结死区电压时,其基极电流 $I_B \approx 0$,则 $I_C \approx 0$,三极管相当于断开的开关。而当 u_1 端加高电平 U_{IH} 时,如 $I_B \geqslant I_{BS} = (V_{CC} - U_{CES})/(\beta R_c)$,即 I_B 大于等于临界饱和基极电流时,三极管处于饱和状态,此时,$U_{CE} = U_{CES} \approx 0.3V$,三极管集电极 c、发射极 e 之间如同一个闭合的开关,且 I_B 越大,三极管饱和程度越深,饱和越可靠。

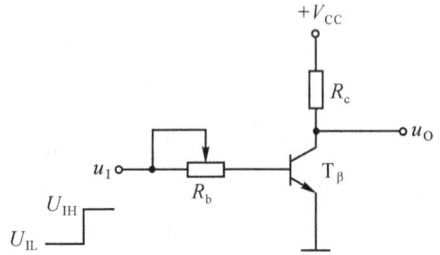

图 1-2-20 三极管开关电路

2. 三极管的开关时间

在如图 1-2-20 所示电路中,如 u_1 从 U_{IL} 跳变到 U_{IH} 时,三极管将从截止转为饱和。在转换过程中,发射结阻挡层将由厚变薄(使 I_C 从 0 上升到饱和时集电极电流 I_{CS} 的 10%),并在基区将有多余载流子的积累以形成载流子浓度梯度(使 I_C 从 $0.1I_{CS}$ 上升到 $0.9I_{CS}$)。我们把 u_1 从 U_{IL}(此时 $I_C = 0$)上升到 U_{IH} 瞬间开始,至 I_C 上升到 $0.1I_{CS}$ 所需时间称为延迟时间 t_d,而 I_C 从 $0.1I_{CS}$ 上升到 $0.9I_{CS}$ 所需时间称为上升时间 t_r,则三极管从截止转为饱和所需时间 $t_{ON} = t_d + t_r$,称为开通(启)时间,如图 1-2-21 所示。

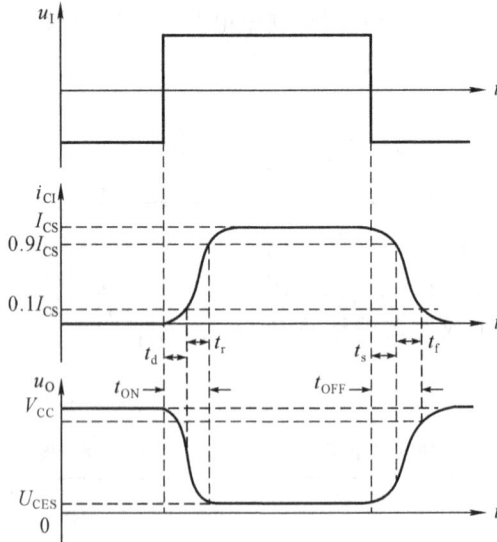

图 1-2-21 三极管的开关时间

反之,当 u_1 从 U_{IH} 下降至 U_{IL} 时,三极管将从饱和退出进入截止状态。在转换过程中,存在基区的多余载流子从发射极和集电极消散,使 I_C 从 I_{CS} 下降至 $0.9I_{CS}$;发射结阻挡层由薄变厚,而 I_C 从 $0.9I_{CS}$ 下降至 $0.1I_{CS}$。我们把这个过程中,I_C 从 I_{CS} 下降至 $0.9I_{CS}$ 所需时间叫做存储时间 t_s,而 I_C 从 $0.9I_{CS}$ 下降至 $0.1I_{CS}$ 所需时间叫做下降时间 t_f,则三极管从饱和转为截止所需时间 $t_{OFF} = t_s + t_f$ 称为关闭时间。

很明显,三极管饱和越深,则饱和越可靠,但 t_{OFF} 越长。通常 $t_{OFF} \gg t_{ON}$,所以尽量缩短 t_{OFF} 就成了提高三极管开关速度的有效措施之一。t_{ON} 和 t_{OFF} 总称为开关时间。由于开关时间的存在,使三极管开关电路的输出滞后于输入,且波形的前后沿变差,见图 1-2-21。

手册上给出的开关时间指的是一定测试条件下的典型值,如 3DK7A,其 $t_{ON} \leqslant 65\text{ns}$,$t_{OFF} \leqslant 180\text{ns}$。

3. 三极管非门及其改进

典型的三极管非门电路如图 1-2-22 所示,与模拟电路里的共射极放大电路一样具有反相的功能,所以又称三极管反相器。图 1-2-22 中,只要合理选择 R_1 和 R_2 的值,就可在 A 为高电平时使三极管饱和,$U_F = U_{CES} \approx 0.3\text{V}$;而在 A 为低电平时,使三极管截止,则 $U_F \approx V_{CC}$。很明显,这样的门电路不会产生电平的偏移,且由于三极管的放大作用,抗干扰能力和负载能力均比二极管门电路强。

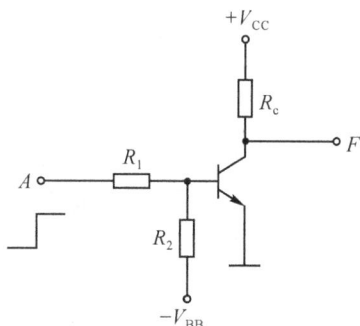

图 1-2-22 三极管非门

但由于三极管开关时间的存在,会使 F 端波形的上升沿和下降沿变差。改善这种现象的实用三极管非门如图 1-2-23 所示。图 1-2-23 中的二极管 D 叫钳位二极管,当输入端 A 点电位由高电位跳变为低电位时,三极管将由饱和转为截止,F 点电位由 $U_{CES} \approx 0.3\text{V}$ 开始往 $+V_{CC}$ 上升,当上升到 $V'_{CC} + U_D$(U_D 为二极管 D 的导通压降)时,D 导通,F 点电位不再上升。如图 1-2-23(b)所示,U_F 上升沿缩短,波形得到了改善。

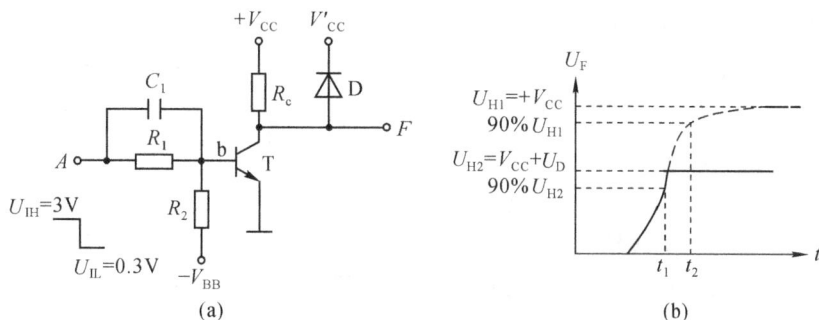

图 1-2-23 实用三极管非门

而图 1-2-23(a)中电容 C_1 被称为加速电容,其工作原理分析如下:当 A 点为高电平 U_{IH} 时,T 饱和,$U_b \approx 0.7\text{V}$,此时电容 C_1 两端的电位差 $U_{C1} = U_{IH} - U_b = 3\text{V} - 0.7\text{V} = 2.3\text{V}$。在 A 点电位由 U_{IH} 跳变为 U_{IL} 的瞬间,由于 C_1 两端电位差不能突变,所以 b 点

电位也下跳($U_{IH}-U_{IL}$)大小的电位,即由 0.7V 下跳至 0.7V$-$($U_{IH}-U_{IL}$)$=-2$V,三极管发射结得到了-2V 的瞬间偏压。由于发射结在 T 饱和时阻挡层较薄,而阻挡层由薄变厚需要时间,故在 b 点电位由 0.7V 跳变为-2V 瞬间,发射结呈低阻状态,将有一很大的电流从基极反抽出来,使基区积累的多余载流子得到快速的泄放,也使阻挡层迅速地从薄变厚,三极管进入截止状态。同理可分析 A 点电位从低电位上跳至高电位瞬间的变化情况。从上分析可知,电容 C_1 能加速三极管由截止转为饱和的过程及从饱和转为截止的过程,加速电容的名称也由此而来。

四、二极管—三极管门电路(DTL)

将二极管门电路和三极管非门相连,可构成与非门、或非门等复合门电路,如图 1-2-24 所示。由于此类门电路的输入端为二极管门电路,输出端为三极管门电路,所以称为二极管—三极管门电路(DTL)。

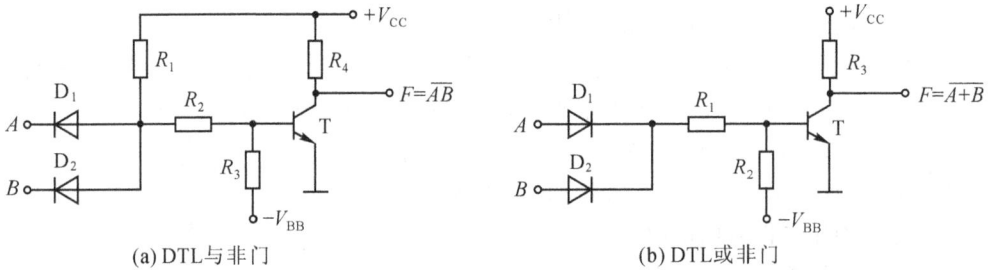

(a) DTL与非门　　　　　　　　　(b) DTL或非门

图 1-2-24　DTL 门电路

DTL 门电路由于工作速度、负载能力、抗干扰能力等的限制,在实际中较少使用。

1.2.5　集成门电路

前面我们介绍的二极管门电路和 DTL 门电路是由单个元件经导线连接而成的分立元件门电路。接下来要介绍的集成逻辑门电路,与分立元件门电路相比,具有体积小、工作速度快、功耗低、可靠性高等优点。

一、TTL 与非门

通用系列(即标准系列)SN54/74系列相当于 T_{1000} 系列,其与非门的典型电路形式如图 1-2-25 所示。其中 R_1、T_1、D_1、D_2 和 D_3 构成输入级,完成与门的逻辑功能。D_1、D_2 和 D_3 为保护二极管,用于防止输入端有可能出现的负电压干扰。R_2、R_3、T_2 等构成中间级,用于驱动输出级。输出级由 R_4、T_3、T_5 和 D_4 构成,用以完成非的逻辑功能,同时提高整个门电路的负

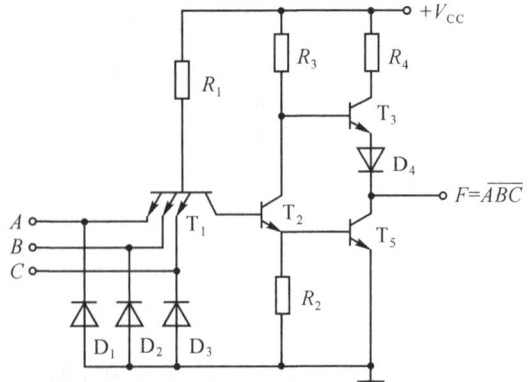

图 1-2-25　T_{1000} 系列与非门典型电路

载能力。

1. 工作原理

图 1-2-25 中 T_1 为多发射极晶体管，可看成是三个基极和集电极分别并联，而射极互相独立的三极管；$+V_{CC}$ 为工作电源，一般为 $+5V(\pm 10\%)$。

(1) $A=B=C=1$ 时，$F=0$

当 $A=B=C=1$，如 $U_A=U_B=U_C=3.6V$ 时，由于 T_1 基极电位不可能高于 $2.1V$（T_1 的集电结、T_2 和 T_5 的发射结同时导通时的压降），故此时 T_1 的三个发射结均反偏，而其集电结正偏，这种状态称为晶体管的倒置放大状态。处于倒置放大状态的管子放大能力很小，$I_{C1} \approx I_{B1}$。合理选择 R_1，可使此时的 T_2 和 T_5 饱和导通，则 $U_F \approx 0.3V$。另外，在 T_2 和 T_5 饱和时，由于 T_5 集电极电位 $U_F \approx 0.3V$，而 T_2 集电极电位 $U_{C2}=U_{CES2}+U_{BE5} \approx 1V$，$T_3$ 基极至 T_5 集电极的电位差为 $U_{C2}-U_F=0.7V$，不足以使 T_3 发射结和 D_4 同时导通，所以 T_3 和 D_4 截止，呈高阻抗状态，使 $+V_{CC}$ 经 T_3、D_4 等流入 T_5 集电极的电流较小，保证了 T_5 的饱和深度。

(2) $ABC=0$ 时，$F=1$

当 $ABC=0$，即 U_A、U_B、U_C 中有低电平时，如 $U_B=0.3V$，则 T_1 与 B 相连的发射结正偏，使 T_1 基极电位 $U_{B1}=U_B+0.7V=1.0V$。显然，这 $1.0V$ 的压降不能使 T_1 集电结、T_2 和 T_5 发射结这三个 PN 结同时导通，所以 T_2、T_5 截止。而此时 V_{CC} 经 T_3、D_4 等与负载构成通路，使 T_3、D_4 导通，即 T_3、D_4 等组成低阻抗通路向负载供电，使负载得到高电平。

综合上述分析，该电路实现了与非逻辑功能，即

$$F=\overline{ABC}$$

2. 工作速度

多发射极晶体管 T_1 的放大作用和 T_3、D_4 等组成的等效可变电阻（T_5 饱和时 T_3、D_4 截止呈高阻抗，而 T_5 截止时 T_3、D_4 导通呈低阻抗。），保证了该 TTL 与非门具有较高的工作速度。原理分析如下：

当 A、B、C 由全 1（T_2、T_5 均饱和）突然跃变为 $ABC=0$（如 $B=0$）的瞬间，由于三极管从饱和转变为截止需要 t_{OFF} 时间（关闭时间），故在 T_2 还未退出饱和时，由发射极 B 对应的三极管处于放大状态，使 T_1 集电极有较大的电流 I_{C1}，即 T_2 有了较大的基极反抽电流 I_{C1}，使 T_2 先退出饱和而 T_5 仍处饱和状态，则 U_{C2} 上升，使 T_3、D_4 导通，同时可供负载较大的电流使 U_F 迅速由低电平上升至高电平，有效地提高了整个电路的工作速度。

3. 负载能力

在实际应用中，门电路的负载往往仍是同类门电路。根据门电路输出不同电平时带负载情况不同，可分为拉电流负载和灌电流负载。

(1) 拉电流负载

当 TTL 与非门输出为高电平时，T_5 截止而 T_3、D_4 导通（图 1-2-25），此时负载电流 I_{OH} 从门电路输出端流向负载，这时的负载即为拉电流负载，如图 1-2-26(a) 所示，

I_{OH}越大,则 T_3、D_4 上的压降越大,输出高电平电位越低。在保持输出为高电平的条件下,允许流出的最大电流,称为 TTL 门电路的拉电流负载能力。

(2)灌电流负载

当 TTL 与非门输出为低电平时,T_5 饱和而 T_3、D_4 截止,此时+V_{CC}经负载向 TTL 与非门输出端灌入电流 I_{OL},这时的负载称灌电流负载,如图 1-2-26(b)所示。当带的同类门个数增加时,等效电阻值 R_L 减小,则流入 T_5 集电极的电流 I_{C5} 增加。由于 T_5 的基极电流由 T_2 发射极提供,其值基本不变,所以当 I_{C5} 增加时,T_5 将退出饱和而使输出端电位上升,即输出低电平上升,所以 I_{OL} 不能太大。

实际上,我们往往用扇出数 N_O 来表示门电路的负载能力。N_O 是该门电路所能驱动的同类门的个数。

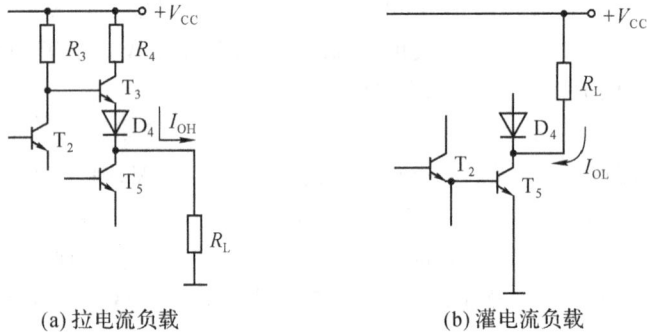

(a)拉电流负载　　　　(b)灌电流负载

图 1-2-26　与非门的负载情况

在如图 1-2-25 所示的 T_{1000} 系列与非门中,由于输出低电平(T_5 饱和)时,T_3、D_4 截止,T_3、D_4 等组成的等效可变电阻呈高阻状态,则 T_5 的集电极电流几乎可全部作为负载电流;而输出高电平时(T_5 截止),T_3、D_4 等组成的等效可变电阻呈低阻状态,可向负载提供较大的负载电流 I_{OH}。因此,TTL 与非门具有较强的负载能力,如 T_{1000} 系列与非门的 N_O=10。

4.电压传输特性及抗干扰能力

(1)电压传输特性

描述与非门输出电压随输入电压变化而变化的曲线,称为电压传输特性曲线。它可以通过改变输入电压值,并测得对应输出电压值得到,如图 1-2-27 所示。

MN 段:在该区域 u_1<0.6V,此电压不足以使 T_1 集电结、T_2 和 T_5 发射结同时导通,所以 T_5 截止,称为截止区。在截止区,输出为高电平。

NK 段:u_1 在约 0.6～1.3V 之间变化,由于 T_1 基极电位仍小于 2.1V,所以

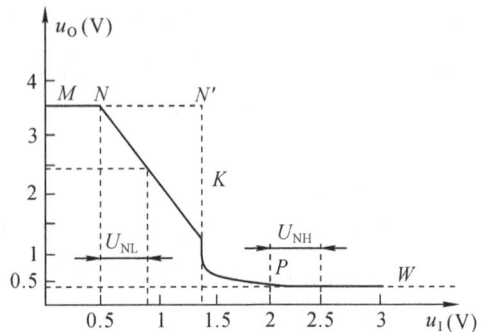

图 1-2-27　TTL 与非门的电压传输特性曲线

T_1 集电结和 T_2 发射结正偏,T_2 处于放大状态(参见图 1-2-25 所示),T_5 发射结由于得不到足够的正偏电压而处于正向死区,即 T_5 仍截止。但由于 T_2 处于放大状态,使 T_2 集电极电位有所下降,由 T_3、D_4 等组成的等效可变电阻阻值有所上升,造成输出电压下降,这一段称为线性区,如图 1-2-27 所示。

KP 段:u_I 在 1.4V 附近变化,由于 T_1 基极电位达到 2.1V,使 T_5 迅速导通,输出电压 u_O 急剧下降,这一段称为转折区。

PW 段:u_I 继续上升,则 T_1 发射结反偏,T_1 基极电流经集电结流入 T_2 基极,使 T_2 和 T_5 饱和,输出电压 $u_O = U_{CES5} \approx 0.2V$,且基本不变,同时 T_3、D_4 截止。这一段称饱和区。

(2)抗干扰能力

从以上分析可知,当输入电压 u_I 从低电平 0.3V 有所上升时,u_O 并不立即变化而仍为高电平;同理,当输入电压小于正常高电平 3.2V 时,u_O 低电平也不立即上升。所以,在输入端即使有干扰电压叠加在正常的输入电压 u_I 上时,u_O 电压不一定改变。因此,TTL 与非门具有一定的抗干扰能力。

在 T_{1000} 系列中,0～0.4V 视为低电平,2.4～5V 视为高电平。为了便于表示门电路的抗干扰能力,我们定义下列几个参数:

①标准低电平 U_{SL}:低电平的上限值;

②标准高电平 U_{SH}:高电平的下限值;

③关门电平 U_{OFF}:保证输出为标准高电平时,允许加在输入端的低电平最大值;

④开门电平 U_{ON}:保证输出为标准低电平时,允许加在输入端的高电平最小值;

⑤关门电阻 R_{OFF}:输入端外接电阻两端电位差达到关门电平时的外接电阻阻值;

⑥开门电阻 R_{ON}:输入端外接电阻两端电位差达到开门电平时的外接电阻阻值。

图 1-2-27 中的各值分别为 $U_{SL} \approx 0.4V$,$U_{SH} \approx 2.4V$,$U_{OFF} \approx 0.8V$,$U_{ON} \approx 2V$。

通常我们用直流噪声容限,即允许叠加在输入电平上的最大干扰电压幅值来衡量电路的抗干扰能力:

输入低电平时的直流噪声容限 $U_{NL} = U_{OFF} - U_{SL}$,称为低电平噪声容限;

输入高电平时的直流噪声容限 $U_{NH} = U_{SH} - U_{ON}$,称为高电平噪声容限。

由上可见,T_{1000} 系列与非门的噪声容限 $U_{NL} = 0.8V - 0.4V = 0.4V$,$U_{NH} = 2.4V - 2V = 0.4V$。

5.TTL 与非门的主要参数

以 T_{1000} 系列与非门为例,来定义 TTL 与非门的一些参数,以说明相应参数的测试条件。

(1)输出高电平 U_{OH}:指有一个输入端接标准低电平时的输出电压值。典型值为 3.4V,产品规范为 $U_{OH} \geqslant 2.4V$。

(2)输出低电平 U_{OL}:指所有输入端均接标准高电平时的输出电压值。典型值为 0.2V,产品规范为 $U_{OL} \leqslant 0.4V$。

(3)输入短路电流 I_{IS}:指一个输入端接地而其余输入端全部悬空时,流过此输入端的电流,典型值为 1.1mA,产品规范为 $I_{IS}\leqslant 1.6$mA。

(4)高电平输入电流 I_{IH}:指一个输入端接高电平而其余输入端均接地时,流入此输入端的电流,产品规范为 $I_{IH}\leqslant 40\mu$A。

(5)空载功耗:即门电路空载时电源电压与电源总电流之积。门电路输出高电平时的空载功耗称为截止功耗,输出低电平时的空载功耗称为导通功耗,两者均属于静态功耗。由于输出电平在转换过程中,由 T_3、D_4 等组成的等效可变电阻均呈低阻状态,所以在此瞬间电源电流将有较大的上升,因此门电路的动态功耗较大,且工作频率越高,动态功耗越大。

另外,动态时的电源电流值上升较大,引起电源电压下降(电源内阻的原因),易出现逻辑错误,因此使用时必须注意。

值得总结指出的是,当输出为低电平时,T_5 饱和呈低阻态,T_3、D_4 截止呈高阻态;输出为高电平时,T_5 截止呈高阻态,T_3、D_4 导通呈低阻态。很明显,在门电路工作时,T_5 和 T_3、D_4 的等效阻抗终是一高一低,我们把这种结构称作推拉结构形式。

一般手册上仅给出在最大电源电压下的电源电流值,即高电平电源电流 I_{CCH} 和低电平电源电流 I_{CCL},相应静态功耗 $P_X = I_{CCX} \cdot V_{CCmax}$,可由换算求得。

(6)负载能力:即灌电流负载能力 I_{OL} 和拉电流负载能力 I_{OH}。产品规范为 $I_{OL}\leqslant 16$mA,$I_{OH}\leqslant 400\mu$A。

(7)扇出系数 N_O、关门电平 U_{OFF} 和开门电平 U_{ON}(如前所述)。

(8)平均传输时延 t_{pd}:指输出电压对输入电压的滞后时间,其定义如图 1-2-28 所示。从输入波形上升沿的中点到对应输出波形下降沿的中点之间的滞后时间为 t_{pHL},从输入波形下降沿的中点至输出波形上升沿的中点之间的滞后时间为 t_{pLH},则平均传输时延定义为:

$$t_{pd} = \frac{t_{pHL} + t_{pLH}}{2}$$

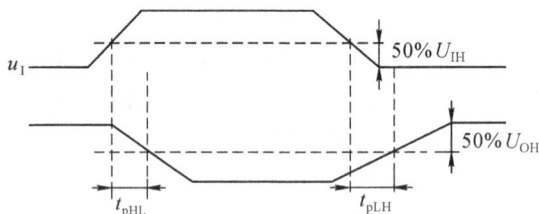

图 1-2-28　平均传输时延

二、TTL 与非门的改进形式

为了提高 TTL 与非门的工作速度、抗干扰能力和负载能力,降低功耗,相继研制并生产出了其他系列的 TTL 电路。

T_{2000} 系列与非门的电路形式与 T_{1000} 系列与非门非常类似,只是在 R_1、R_2 及 D_4 上作了改进,现分述如下:

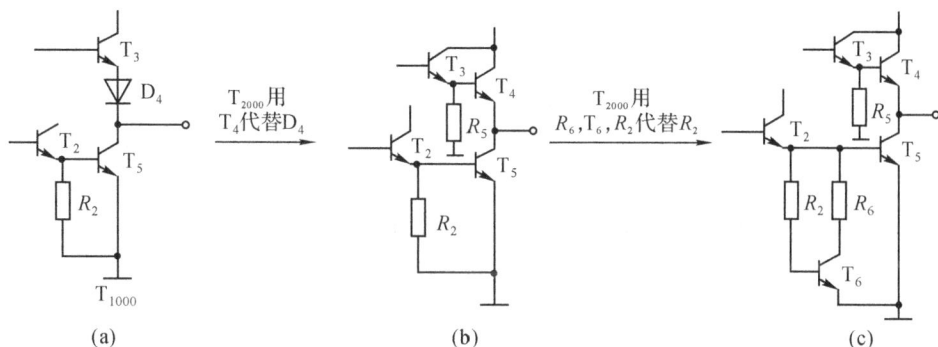

图 1-2-29　T_{2000} 系统与非门电路的改进

1. 减小 T_1 基极电阻阻值 R_1

R_1 减小,可使 T_1 基极电流上升,见图 1-2-25 所示电路,在各输入端由高电平下降为低电平的瞬间从 T_2 基极反抽的电流更大,可加速 T_2 的截止,从而提高电路的工作速度。

2. 用 T_4 代替 D_4

如图 1-2-29(a)所示,在 T_5 退出饱和的过程中,T_3、D_4 将导通。如图 1-2-29(b)所示,把 D_4 改成 T_4,可使该部分等效可变电阻提供的电流更大,则其阻值更小,促使 T_5 更快地退出饱和,提高电路的工作速度。同时,由于 T_3、T_4 等组成的等效可变电阻阻值更小,可向负载提供更大的电流,即提高了门电路的拉电流负载能力。

3. 减小 T_5 基极电阻阻值 R_2

减小 R_2,则使 T_5 基区电荷泄放回路阻抗降低,加快 T_5 的截止,使平均传输时延 t_{pd} 降低。

4. 用有源泄放回路代替 R_2

如图 1-2-29(c)所示,当用 T_6、R_6 等组成的有源泄放回路代替原 R_2 时,可进一步缩短平均传输时延 t_{pd}。

(1)在 T_2 由截止转为导通时(T_1 基极电位由小于 2.1V 上升到 2.1V 时),由于 R_2 的存在使 T_5 优于 T_6 先导通,T_2 射极电流的大部分能进入 T_5 的基极,加速了 T_5 的导通过程;由于 T_5 导通过程大大缩短,使门电路传输特性曲线中线性段 NK 部分几乎消失,如图 1-2-27 中 $NN'K$ 虚线所示,很明显,U_{OFF} 上升,则低电平噪声容限 U_{NL} 上升。又由于 T_6 在稳态时处于微导通状态,其分流作用减轻了 T_5 的饱和程度,有利于 T_5 脱离饱和。

(2)在 T_2 由饱和变为截止瞬间,由于 T_6 仍导通(T_6 滞后于 T_2 截止),给 T_5 基极提供了一条低阻泄放回路,加速 T_5 截止。

综上所述,T_6 等的加入,可提高门电路的工作速度。

T_{3000} 系列与非门是在 T_{2000} 系列的基础上,引入肖特基二极管来限制三极管的饱和深度,可减少存储电荷量,从而缩短截止过程,提高整个门电路的工作速度,故又称为抗饱和 TTL 门电路(STTL)。肖特基二极管(SBD)也具有单向导电性,但其导通电压较低,只有 0.4V 左右,且构成电流的载流子只有多子,故本身无电荷存储效应,不会因 SBD 的引入而使门电路的 t_{pd} 上升。如把 SBD 接于三极管的 b、c 之间,如图 1-2-30 所示,在三极管饱和时,SBD 将对三极管起基极分流作用,从而阻止三极管进入深度饱和状态。通常将有肖特基二极管的三极管叫抗饱和三极管,其结构和符号如图 1-2-30 所示。

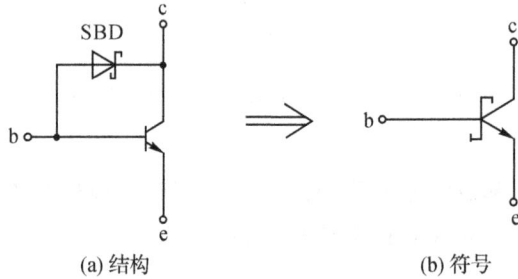

(a)结构   (b)符号

图 1-2-30　抗饱和三极管

将 T_{2000} 系列中的 T_1、T_2、T_3、T_4、T_5 换成抗饱和三极管,即为 T_{3000} 系列与非门,其 t_{pd} 只有 5ns 左右。但其功耗较大,且输出低电平有所上升。

表 1-2-19　TTL 与非门主要性能参数

参数名称	单位	测试条件	T_{1000}	T_{2000}	T_{3000}	T_{4000}
输入高电平 U_{IH}(min)	V		2	2	2	2
输入低电平 U_{IL}(max)	V		0.8	0.8	0.8	0.8
输出高电平 U_{OH}(min)	V	V_{CC}(max)　I_{OH}(max) U_{IL}(max)	2.4	2.4	2.7	2.7
输出低电平 U_{OL}(max)	V	V_{CC}(max)　$U_{IH}=2V$ I_{OL}(max)	0.4	0.4	0.5	0.5
输入高电平电流 I_{IH}(max)	μA	V_{CC}(max)　$U_{IH}=\begin{cases}2.4\\2.7\end{cases}$	40	50	50	20
输入低电平电流 I_{IL}(max)	mA	$U_{IL}=\begin{cases}0.4\\0.5\end{cases}$	−1.6	−2	−2	−0.4
输出高电平电流 I_{OH}(max)	mA		0.4	0.5	1.0	0.4
输出低电平电流 I_{OL}(max)	mA		−16	−20	−20	−4
电源电流 I_{CCH}(max)	mA	$u_O=U_{OH}$	8	16.8	16	1.6
电源电流 I_{CCL}(max)	mA	$u_O=U_{OL}$	22	40	36	4.4
导通延迟时间 t_{pHL}(max)	ns		15	10	5	15
截止延迟时间 t_{pLH}(max)	ns		22	10	4.5	15

T_{4000} 系列与非门在 T_{3000} 系列的基础上,适当地提高电路中电阻的阻值,以降低门电路的功耗;另外在结构上作相应的调整,使 T_{4000} 系列与非门是四种系列门电路中功耗最小的一种。由于电路复杂,此处不详细介绍。

典型的 TTL 与非门主要性能参数见表 1-2-19 所示。

三、TTL 集成门电路逻辑功能及参数的测试

1.目的

(1)(学会)熟悉逻辑电平的获得、指示方法及测试;

(2)学会阅读集成门电路的引脚排列(内部结构)图;

(3)了解门电路主要参数的测试方法。

2.主要元器件

(1)74LS00 集成与非门

74LS00 属于 TTL 系列的集成与非门,由于一片 74LS00 内部有 4 个相同的与非门,每个与非门又有 2 个输入端,所以又称四-2 输入与非门。本教材所列测试用数字集成电路都是双列直插式的,管脚编号从左下角开始按逆时针方向以 1、2、3…依次排到最后一脚,如图 1-2-31 所示。从图中可知,74LS00 有 14 个管脚,除 4 个与非门共有 12 个输入输出端外,还有一个公共的电源端(14 脚)和一个公共的接地端(7 脚);每个门电路均实现与非的逻辑功能,即 $Y=\overline{AB}$。

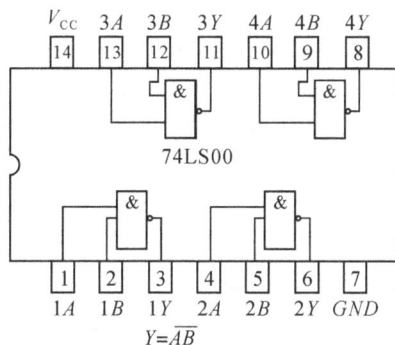

图 1-2-31　74LS00 引脚排列

74LS00 的工作电源电压为 +5V(+4.5V~+5.5V),超过 5.5V 将损坏器件,低于 4.5V 器件的逻辑功能将不正常。

(2)逻辑电平开关

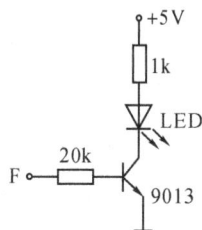

逻辑电平开关用以产生标准逻辑电平,如图 1-2-32(a)所示。当开关 K 往上拨时,在 I 端给出高电平 1;当开关 K 往下拨时,在 I 端给出低电平 0。

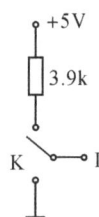

(3)逻辑电平指示器

如图 1-2-32(b)所示,当 F 端得到高电平时,三极管 9013 导通,则发光二极管 LED 获

(a)逻辑电平开关　　(b)逻辑电平指示器

图 1-2-32

得额定电流而发光,表示此时 F 端电平为高电平;当 F 端为低电平时,三极管 9013 截止,LED 不发光,指示出 F 端为低电平。

逻辑电平指示器可以实现数字电路测试时的电平性质指示,免去用仪表测试的麻烦。当然也可用一个 1kΩ 电阻和一个 LED 串联的简单电路来完成。但是,用图 1-2-32(b)所示电路时,从 F 端得到的电流小,对被测电路的影响小。

3.测试内容(可根据需要选做)

(1)验证 74LS00 的逻辑功能

将 74LS00 的一个与非门的两个输入端分别接两个逻辑电平开关,对应的输出端接逻辑电平指示器。按表 1-2-20 所示分别输入电平,观察并记录对应输出电平情况。根据测试结果就可判断功能是否正常。

(2)74LS00 主要参数的测试

按图 1-1-1(a)所示,测出各参数,填入表 1-2-21 中。

其中 I_{IH} 即为高电平输入电流,由于这个电流的值很小,产品规范 $I_{IH}<40\mu A$,所以需要用 μA 表或用万用表的 μA 档测试。

按图 1-2-33(a)接线可测得门电路的扇出系数 N_0:调节电位器使 R_L 的值减小,则 I_{OL} 增大,U_{OL} 的值随之增大,当 U_{OL} 增大到产品规范值 0.4V 时的 I_{OL} 就是允许灌入的最大负载电流,结果记入表 1-2-21 中。通常 $N_0 \geq 8(N_0=I_{OL}/I_{IS})$。

表 1-2-20 74LS00 的真值表

输入		输出
A	B	Y
0	0	
0	1	
1	0	
1	1	

表 1-2-21 TTL 与非门的静态电流及 N_0 和 t_{pd}

I_{CCL}(mA)	I_{CCH}(mA)	I_{IS}(mA)	$I_{IH}(\mu A)$	I_{OL}(mA)	$N_0=I_{OL}/I_{IS}$	$t_{pd}=T/6(\mu s)$

按图 1-2-23(b)接线可测得门电路的电压传输特性:调节 R_W 可获得不同的 U_i,逐点测出对应的 U_0,然后绘成曲线可得。将结果记入表 1-2-22。

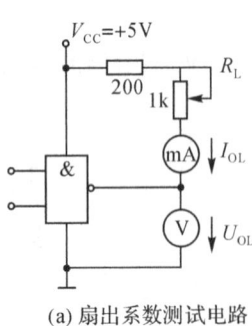

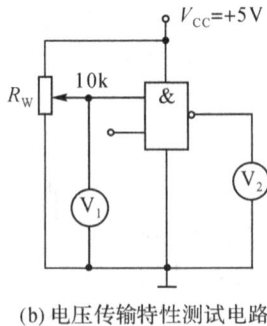

(a)扇出系数测试电路　(b)电压传输特性测试电路

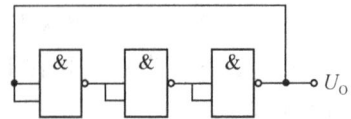

图 1-2-33　　　　　　　　图 1-2-34 t_{pd}测试电路

表 1-2-22 电压传输特性测试结果

U_i(V)	0	0.2	0.4	0.6	0.8	1.0	1.5	2.0	2.5	3.0	3.5	4.0	4.5
U_0(V)													

按图 1-2-34 接线可近似测得与非门的传输时延 t_{pd}：因为 t_{pd} 较小，所以当用 3 个门电路串接测试不方便时可用 5 个(此时 $t_{pd} = T/10$)或 7 个(此时 $t_{pd} = T/4$)。在图 1-2-34 中，当 U_0 为高电平 1 时，经过 $1t_{pd}$ 使 $A=0$，再经 $1t_{pd}$ 使 $B=1$，再经 $1t_{pd}$ 使 U_0 变为 0，……。很明显，经 $6t_{pd}$ 后 U_0 端得到一个周期的矩形脉冲，所以 $t_{pd} = T/6$。将测试结果填入表 1-2-21。

4. 测试报告主要内容

(1)记录、整理测试结果，并对结果进行分析，得出结论。

(2)画出测得的电压传输特性曲线，并从中读出有关参数值。

四、其他类型的 TTL 门电路

TTL 系列门电路除了与非门外，还有与门、或非门、异或门及集电极开路门(OC门)等，此处只介绍异或门、OC 门和三态门。

1. TTL 异或门

T_{2000} 系列异或门电路如图 1-2-35 所示。

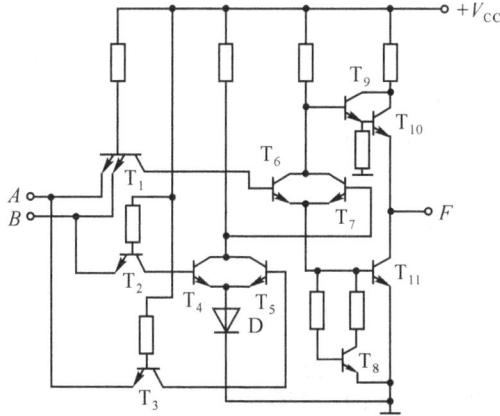

图 1-2-35 T_{2000} 系列异或门

(1)当 $A=B=1$ 时，T_6、T_{11} 饱和，T_9、T_{10} 截止，则输出 F 为低电平 0。

(2)当 $A=B=0$ 时，T_2、T_3 的基极电位不足以使三个 PN 结(如 T_2 集电结、T_4 发射结和 D)同时导通，则 T_4、T_5 截止，T_7、T_{11} 饱和，T_9、T_{10} 仍截止，输出 F 为 0。

(3)当 $A=1$、$B=0$ 时，T_4、T_6 截止，T_5 饱和，使 T_7 截止；因 T_6、T_7 截止，使 T_{11} 截止，T_9、T_{10} 导通，则 F 输出高电平 1。

(4)当 $A=0$、$B=1$ 时，T_5、T_6 截止，T_4 饱和，使 T_7 截止，故 T_{11} 截止，T_9、T_{10} 导通，F 也输出高电平 1。

因此，如图 1-2-35 所示门电路实现了异或功能。

2. 集电极开路门(OC 门)和三态门

在数字电路的实际应用中,常常需要将多个门电路的输出端直接相连,以实现各门输出信号之间的"与"功能,如图 1-2-36 所示。这种靠导线将各输出端直接连在一起实现"与"逻辑功能的方式称"线与"。

我们前面介绍的各 TTL 与非门电路不能直接线与。如图 1-2-37 所示,当两个与非门的输出端直接相连,如一个门输出高电平(如门 I),而另一个输出低电平(门 II)时,门 I 的等效可变电阻及门 II 的输出饱和管形成了从电源 $+V_{CC}$ 到地的低阻通路,则将有较大的电流流入饱和管,使饱和管集电极电流上升,则其集电极电位上升,会破坏正常的逻辑关系;饱和管也可能由于电流过大而烧毁。

(1)集电极开路与非门

解决上述问题的方法之一是采用集电极开路的方式,如图 1-2-38 所示为二输入 OC 与非门。

当多个 OC 门输出端相连时,可以经一外接电阻 R_C 连到集电极工作电源,如图 1-2-39 所示,R_C 称集电极上拉电阻。R_C 的大小应保证 OC 门截止时的输出高电平不小于标准高电平 U_{SH};一个或几个 OC 门导通时,R_C 应保证输出低电平不大于标准低电平 U_{SL}。

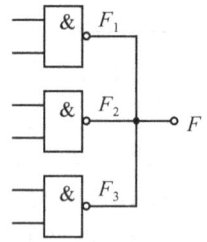

图 1-2-36 线与

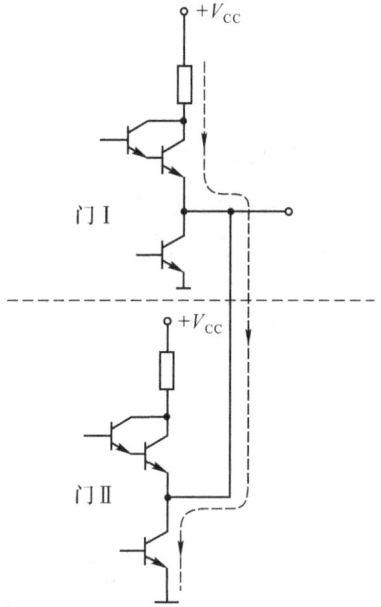

图 1-2-37 普通 TTL 门电路的线与

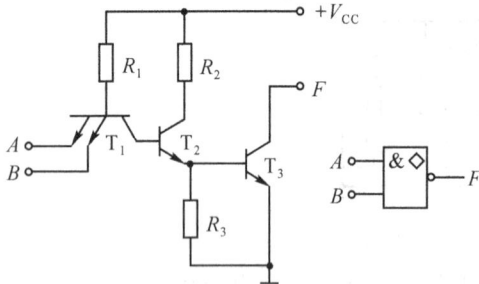

图 1-2-38 OC 与非门

设有 m 个 OC 门相连,直接驱动 N 个负载门,且 N 个负载门中共有 n 个输入端接入。当 OC 门输出 F 为低电平时,如图 1-2-39(a)所示,假如只有一个 OC 门输出低电平,而其余 OC 门均输出高电平,则负载电流 nI_{IL} 均流入该门的驱动管。此时 R_C 除了要保证该管的安全外,还应保证输出电平小于 U_{SL},即

$$V_{CC} - (I_{OL} - nI_{IL})R_C < U_{SL}$$

得

$$R_C > \frac{V_{CC} - U_{SL}}{I_{OL} - nI_{IL}}$$

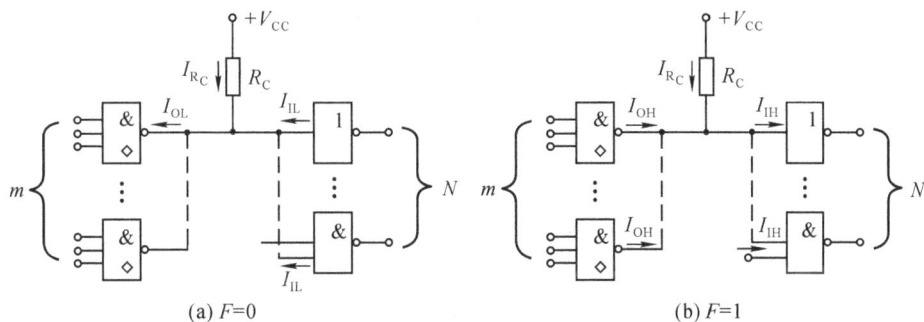

(a) $F=0$　　　　　　　　　　(b) $F=1$

图 1-2-39　OC 门负载等效电路

式中:I_{OL} 为 OC 门的灌入电流,I_{IL} 为与非门的低电平输入电流。

当 OC 门均输出高电平时,如图 1-2-39(b)所示,此时 R_C 应保证 $U_F > U_{SH}$,即

$$V_{CC} - (nI_{IH} - mI_{OH})R_C > U_{SH}$$

得　　　$$R_C < \frac{V_{CC} - U_{SH}}{nI_{IH} - mI_{OH}}$$

式中:I_{OH} 为 OC 门的拉电流,I_{IH} 为与非门的高电平输入电流。

综合以上两种情况可得 R_C 的取值范围如下:

$$\frac{V_{CC} - U_{SL}}{I_{OL} - nI_{IL}} < R_C < \frac{V_{CC} - U_{SH}}{nI_{IH} - mI_{OH}}$$

其他功能的 TTL 门电路也可做成 OC 门的形式,其外接集电极上拉电阻 R_C 值也可按上述规则确定。

(2)三态与非门(TSL)

集电极开路门的 R_C 要视相连的 OC 门个数和负载情况而定,给使用带来了不便。而三态门的输出不但可以接成"线与"形式,还可保持推拉式输出结构不变,其工作速度和负载能力也优于 OC 门。如图 1-2-40 所示为二输入三态与非门电路的结构及逻辑符号。

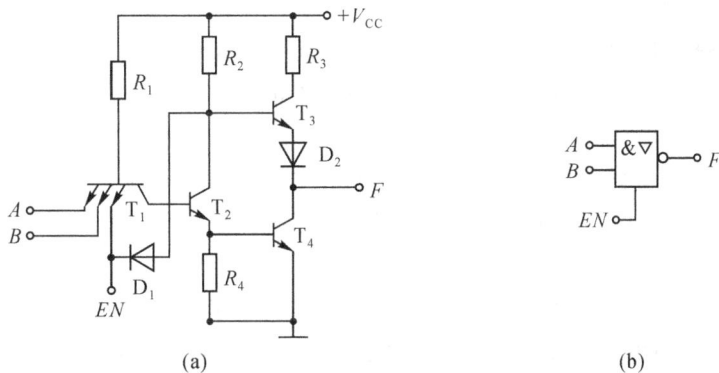

(a)　　　　　　　　　　(b)

图 1-2-40　三态与非门及逻辑符号

(1)当使能端 EN 为高电平时,二极管 D_1 受反偏而截止,此时电路起普通二输入

TTL 与非门的功能,即 $EN=1$, $F=\overline{AB}$, F 有 0 和 1 两种状态,我们称 EN 端高电平有效。

(2)当使能端 EN 为低电平时,D_1 导通使 T_2 集电极为低电位;由于此时 T_1 基极电位不足以使 T_2、T_4 同时导通,所以当 $EN=0$ 时,T_3、T_2 及 T_4 均截止,这时从负载端看进去,电路呈高阻态,这种输出方式称禁止状态,门电路的与非功能被禁止。因此,电路除了高电平、低电平两种输出状态外,还有高阻态,故称为三态门。若要使 EN 为低电平有效,只要在 EN 前加一级反相器即可,逻辑符号也作相应改变,即在 EN 输入端与方框交界处加小圆圈。

三态门广泛应用于计算机总线系统,实现一条总线的多路数据传送,如图 1-2-41 所示。只要各门的使能端有效电平轮流出现(同一时刻只允许一个门的使能端为有效电平),则总线上分别送出各对应门电路的输出信号,这样就可省去大量的机内连线。当三态门和总线连成如图 1-2-42 所示电路时,就可实现数据的双向传递:当 $EN=0$ 时,G_1 门呈高阻态,G_2 门工作,总线上的信号经 G_2 门反相后在 D_0 端送出;当 $EN=1$ 时,G_2 门呈高阻态,G_1 门工作,则外设数据 D_1 经 G_1 门反相后进入总线,实现数据的双向传输。

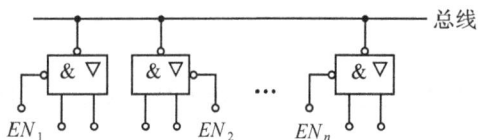

图 1-2-41　三态门总线结构

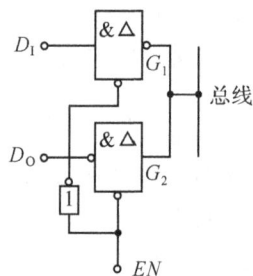

图 1-2-42　利用三态门实现数据的双向传输

五、TTL 集成电路使用注意事项

1. 接插数字集成电路时,要认清标记、型号,不得插错。如果插错,将造成集成电路的损坏或电路不能正常工作。

2. 电源极性不允许接反。电源电压的范围为 $+4.5V \sim +5.5V$,超出 5.5V 将造成芯片的损坏,低于 4.5V 将引起逻辑功能或电平不正常。

3. 闲置输入端的处理

(1)将闲置输入端悬空相当于接高电平"1",但易受外界干扰,导致电路逻辑功能不正常。所以,为了数字电路正常可靠地工作,所有控制端、输入端都应按逻辑要求接入电路,一般不允许悬空。

(2)对于与门、与非门电路,闲置输入端可直接接电源电压(或串一个 $1 \sim 5.1k\Omega$ 的固定电阻后接电源电压);在前级门驱动能力允许且工作频率不高的前提下,也可与该门别的输入端并联使用。

(3)对于或门、或非门电路,闲置输入端可直接接地,或通过一电阻 R 接地。注意,应保证 $R \leqslant 680k\Omega$,因为当 $R \geqslant 4.7k\Omega$ 时,该输入端相当于接高电平 1。同样,在前级门驱动能力允许且工作频率不高的前提下,也可与该门别的输入端并联使用。

4.普通 TTL 集成电路的输出端不允许直接线与,如果线与,将由于电流过大而烧毁器件,或引起逻辑功能的混乱。

5.输出端不允许直接接地或直接接电源,否则将损坏器件;要注意扇出系数。

六、MOS 门

MOS 门电路大致可分为 PMOS 门电路、NMOS 门电路和 CMOS 门电路三类。虽然 PMOS 门电路制造工艺简单、成品率高、价格低,但由于工作速度低,又由负电源供电,与 TTL 门电路连接不便,故目前已基本淘汰。NMOS 门电路工作速度高、集成度高,适合制成存储器、微处理器等大规模集成器件。CMOS 门电路功耗很小,电源电压范围大,易与 TTL 门电路相容,在 MOS 门电路中处于主导地位。

MOS 管在导通与截止两种状态发生转换时同样存在过渡过程,但其动态特性主要取决于与电路有关的杂散电容充、放电所需时间,MOS 管内部电荷"建立"和消散的时间极短。

1.NMOS 反相器

如图 1-2-43 所示为 NMOS 反相器电路,其中 T_1 为驱动管,T_2 为负载管。由于 $U_{GD2}=0$,所以 T_2 始终处于饱和导通状态,则当 u_1 大于 T_1 的开启电压 U_{T_1} 时,T_1 导通,u_O 为 V_{DD} 在 T_1 上的分压。设计时常使 T_2 的导通电阻 R_2 为 100~200kΩ,而 T_1 的导通电阻 R_1 约为 1~3kΩ,所以此时 $u_O<$ 1V;而当 u_1 小于 U_{T_1} 时,T_1 截止,由于 T_2 导通,所以 $u_O\approx$ $+V_{DD}-U_{T_2}$,故 $F=\overline{A}$。

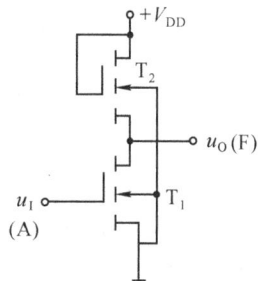

图 1-2-43　NMOS 非门

(1)NMOS 非门的抗干扰能力

当 $+V_{DD}=12$V 时,NMOS 反相器的典型参数为:$U_{SL}=1$V,$U_{SH}=7.65$V,$U_{ON}=5.5$V,$U_{OFF}=3.8$V,则直流噪声容限 $U_{NH}=U_{SH}-U_{ON}=7.65-5.5=2.15$V,$U_{NL}=U_{OFF}-U_{SL}=3.8-1=2.8$V,明显高于 TTL 门电路的抗干扰能力。

(2)NMOS 门的负载能力

NMOS 门电路带同类门时,输出端与 MOS 管的栅极相连,由于栅极电流 $i_G\approx0$,所以几乎不存在拉电流和灌电流的问题,故负载能力很强。但当负载门增加时,等效负载电容加大,使门电路工作速度下降(上升时间和下降时间延长)。因此,NMOS 门电路的负载能力受其工作速度影响,一般规定扇出数 $N_O=10$。

(3)NMOS 反相器的工作速度

MOS 管为单极型晶体管,由多子的定向移动形成电流,故在截止和导通的转换过程中不存在电荷的积累和消散现象,所以 MOS 管本身的开关时间并不长。但作为负载门时,其输入电容和杂散电容的存在将使前级门不可避免地带上了电容性负载,使NMOS 反相器的上升沿和下降沿延长。NMOS 反相器的平均传输时延 t_{pd} 一般在几百纳秒左右,远高于 TTL 电路。

（4）NMOS 反相器的功耗

NMOS 反相器输出高电平时，$+V_{DD}$ 只输出极小的电流，功耗几乎为零；而输出低电平时，由于 T_2 的导通电阻达 100kΩ 以上，故电源电流只有几十至几百 μA。因此，门电路的功耗很低，为毫瓦数量级。

上述 NMOS 反相器的特点是负载管始终处于饱和状态，故称为饱和型 NMOS 反相器。由于 T_2 的导通电阻较高，故饱和型 NMOS 反相器的工作速度不高，且输出高电平较低（$U_{OH}=+V_{DD}-U_{T_2}$）。故考虑采用非饱和型 E/E NMOS 反相器，如图 1-2-44所示，要求 $U_{GG} \geq +V_{DD}+U_{T_2}$，使 T_2 始终工作于非饱和状态，则 T_2 导通的等效电阻 R_2大大下降，减小了向负载门电路等效电容的充电时间，提高了工作速度；同时由于 R_2下降，使输出高电平升高，但也使输出低电平升高。另外，由于该种非饱和型 NMOS 反相器要求用两组电源供电，因此较少使用。

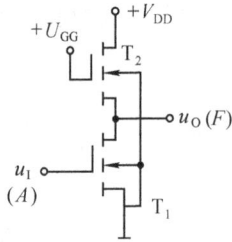 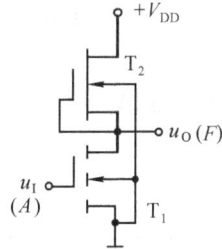

图 1-2-44　非饱和型 NMOS 反相器　　　　图 1-2-45　E/D NMOS 反相器

另一种 NMOS 反相器的改进形式见图 1-2-45 所示，图中负载管 T_2 采用耗尽型MOS 管，称为 E/D NMOS 反相器。在图 1-2-45 中，T_2 的 $U_{GS_2}=0$，所以 T_2 管导通电阻远大于 T_1 管导通电阻，因此输入 A 为高电平时 F 为低电平；当输入 A 为低电平时，驱动管 T_1 截止，则 T_2 工作于非饱和区，输出端 F 为高电平，完成反相功能。由于 T_1截止时，T_2 工作于非饱和状态，即负载管的导通电阻很小，可以缩短对外接等效电容的充电时间，因此这种 E/D 型 NMOS 反相器多用于高速 MOS 电路中。

2. NMOS 与非门

二输入 NMOS 与非门如图 1-2-46 所示。当 $A=B$$=1$ 时，T_1、T_2 导通，其导通电阻远小于 T_3 的导通电阻，则 $F=0$；当 A、B 有一个为 0 或两个均为 0 时，T_1、T_2 中至少有一个不能导通，则其等效电阻远高于 T_3 的等效电阻，所以 $F=1$。故 $F=\overline{AB}$。

该电路的缺点是：当输入端增加时，输出低电平值上升，造成不同数目输入端的门电路具有不一致的输出电平值。

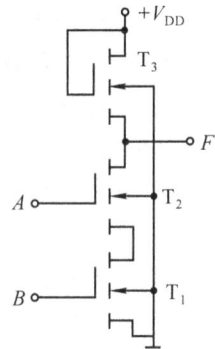

图 1-2-46　NMOS 与非门

3. NMOS 或非门

二输入 NMOS 或非门如图 1-2-47 所示。当 $A=B$$=0$ 时，T_1、T_2 均截止，输出 $F=1$；当 A、B 不全为 0 时，T_1、T_2 中至少有一个管子导通，

所以输出为低电平,即 $F=0$。因此 $F=\overline{A+B}$。

很明显,NMOS 或非门的输出低电平不会因为输入端的增加而升高,但输出高电平将由于输入端的增加而下降。

4.CMOS 非门

CMOS 反相器,即 CMOS 非门,如图 1-2-48 所示,和 NMOS 非门相比,NMOS 负载管换成了 PMOS 管 T_P,并把负载管和驱动管 T_N 的栅极连在一起作为输入端。设 T_P 管的开启电压为 U_{T_P},T_N 管的开启电压为 U_{T_N},则电源电压 V_{DD} 应保证大于两管开启电压之和,即:

$$V_{DD} \geqslant U_{T_N} + |U_{T_P}|$$

当 $u_I=0V$ 时,$U_{GSN}=0V<U_{T_N}$,所以 T_N 管截止;而 $U_{GSP}=0V-(+V_{DD})=-V_{DD}$,即 $U_{GSP}<U_{T_P}$,所以 T_P 管导通,则输出端电压 u_O 由 T_P 的导通电阻(约几千欧)和 T_N 的截止电阻($10^8\Omega$ 以上)分压而得。可见,此时 $u_O \approx V_{DD}$。

当 $u_I=V_{DD}$ 时,$U_{GSN}=V_{DD}>U_{T_N}$,T_N 管导通;而 $U_{GSP}=0V>U_{T_P}$,即 T_P 管截止,分压结果使 $u_O \approx 0V$。因此,电路实现了反相的功能。

图 1-2-47 NMOS 或非门

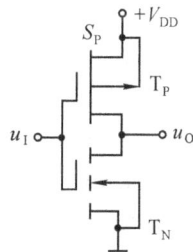

图 1-2-48 CMOS 非门

CMOS 非门的直流噪声容限明显优于 NMOS 非门。对于普通 CMOS 产品,其噪声容限一般不小于 $\frac{1}{3}V_{DD}$。只要 $V_{DD} \geqslant U_{T_N}+|U_{T_P}|$,CMOS 非门均能正常工作,所以其工作电压范围较大;且 V_{DD} 增加,高电平噪声容限 U_{NH} 和低电平噪声容限 U_{NL} 相应增加。

CMOS 非门的功耗分静态功耗和动态功耗。由于静态时 T_N 和 T_P 两只 MOS 管总有一只处于截止状态(u_I 高电平时 T_P 截止,u_I 低电平时 T_N 截止),使流过两只管子的漏电流很小,仅为 nA 数量级,所以静态功耗非常小,只有约几个 μW,一般忽略不计。

动态时,即在输入高、低电平转换时,虽然存在着两管同时导通的过程,但由于在这个过程中总有一个管子工作在饱和区(线性放大区),其沟道电阻较大,所以电源电流 I_{DD} 并不大。CMOS 门电路的动态功耗由 V_{DD} 和 I_{DD} 的平均值决定,一般也仅为 mW 数量级。当 V_{DD} 上升和信号频率上升时,门电路的总功耗将有所上升。

与 NMOS 非门相比,虽然其输出端也总接有一定的负载电容 C_L,存在 C_L 的充放电过程,但由于 CMOS 非门的 T_N 和 T_P 管对称性较好,无论 u_I 为高电平还是低电平,总有一管处于导通状态,使输出电阻较小,不仅使 C_L 的充放电时间基本相等,且 C_L 充放电所需时间比 NMOS 小得多。CMOS 非门的平均传输时延 t_{pd} 约为几十 ns。

5.CMOS 门电路使用注意事项

由于 MOS 管的栅极 g 与衬、g 与漏极 d 及 g 与源极 s 之间的 SiO_2 绝缘层很薄,如

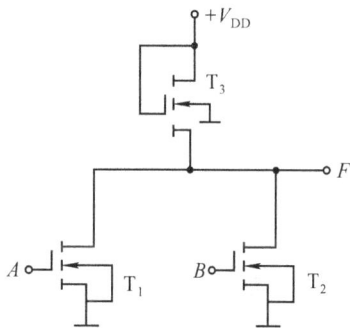

保存或使用不当,极易由于静电感应使 g 极过电压而击穿,造成永久性损坏,所以常在输入端接保护电路。如图 1-2-49 所示为 CC4069 非门输入端所加保护电路。

正常工作时,$0V \leqslant u_1 \leqslant V_{DD}$,则 D_1、D_2、D_3 均截止,保护电路不影响门电路工作。当 $u_1 > V_{DD} + U_D$ 时,D_1 导通,使 T_N 和 T_P 的栅极电位低于 $V_{DD} + U_D$;当 $u_1 < -0.7V$ 时,D_3 导通,使 T_N 和 T_P 的栅极电位高于 $-0.7V$,从而有效地保护了 MOS 管的正常工作。

但由于引入了 D_1、D_2 和 D_3,使门电路的输入阻抗下降,输入电流上升。另外,当电路工作电源

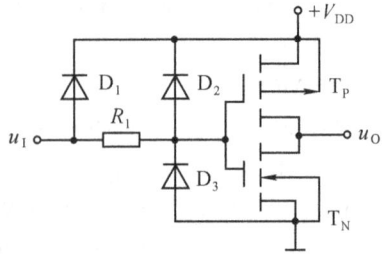

图 1-2-49　CMOS 非门的输入端保护

电压下降时,仍存在 D_1 或 D_2 由于过流而烧毁的可能,故使用时还应注意以下几点:

(1)在焊接时,烙铁应保证良好的接地,或先预热后断电进行。

(2)在 MOS 器件插入集成块插座前,应先连好插座所有连线。

(3)测量 MOS 器件及具有 MOS 器件电路的仪器仪表应接地良好。

(4)更换 MOS 器件应断电进行。

(5)CMOS 集成电路的工作电源电压范围为 $+3V \sim +18V$,但 $+12V$ 时电路的各项性能指标配合达到最佳;电源极性不允许接反。

(6)所有多余的输入端不允许悬空,应根据具体情况适当处理(参考 TTL 集成电路闲置输入端的处理方法)。

(7)输出端不允许直接接地或直接接电源;要注意扇出系数。

6. CMOS 与非门

略去输入端保护电路的 CMOS 与非门如图 1-2-50 所示。负载管并联,驱动管 T_{N1}、T_{N2} 串联,故只要有一只负载管导通,等效负载管电路即呈低阻状态;只要有一只驱动管截止,等效驱动管即呈高阻状态。

当 $A = B = 0$ 时,T_{N1}、T_{N2} 截止,T_{P1}、T_{P2} 导通,u_O 为 V_{DD} 在大电阻上的分压,近似为 V_{DD};同理,当 $A = 0$、$B = 1$ 和 $A = 1$、$B = 0$ 时,$u_O \approx V_{DD}$,输出为高电平。

当 $A = B = 1$ 时,T_{P1}、T_{P2} 截止,而 T_{N1}、T_{N2} 导通,输出 $u_O \approx 0V$,为低电平。因此 $F = \overline{AB}$。

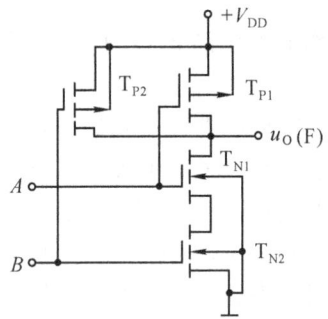

图 1-2-50　CMOS 与非门

7. CMOS 或非门

CMOS 或非门电路的典型结构如图 1-2-51 所示。负载管 T_{P1}、T_{P2} 串联,而驱动管 T_{N1} 和 T_{N2} 并联。

当 $A = B = 0$ 时,T_{N1}、T_{N2} 截止,T_{P1}、T_{P2} 导通,输出 u_O 为高电平;当 $A = 1$、$B = 0$ 或者 $A = 0$、$B = 1$ 或者 $A = B = 1$ 时,驱动管部分由于总有导通的管子而呈低阻态,而负载管部分由于总有截止管而呈高阻态,故输出 u_O 为低电平。

从二输入端 CMOS 门中分析可得,输入 A 和 B 的状态组合不同时,高阻态部分的阻值不同,低阻态部分的阻值也不同。例如,CMOS 或非门,当 $A=B=1$ 时,低阻态部分为两个导通管的导通电阻之并联;而当 $A=1$、$B=0$ 时,低阻态部分是一个截止管的截止电阻和一个导通管的导通电阻之并联。输出端低阻态部分阻值的不同会造成输出低电平的不同,同时使输出电阻也不同。

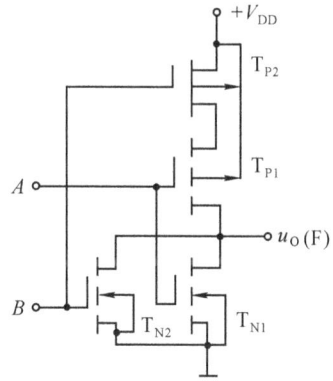

图 1-2-51 CMOS 或非门

为了克服以上不足之处,可在 CMOS 门的输入、输出端各串联一 CMOS 非门,如图 1-2-52 所示,使与非门、或非门的电气特性和 CMOS 非门一致,此处的非门同时又起缓冲作用。

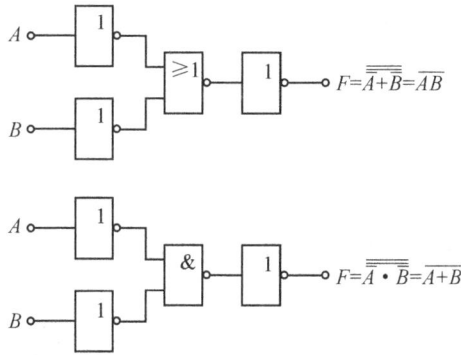

图 1-2-52 CMOS 与非门和或非门的改进形式

8. CMOS 传输门和双向模拟开关

CMOS 传输门传输的是模拟信号,但由于其控制信号为数字量,所以也是一种基本逻辑单元,其原理电路如图 1-2-53 所示。为分析方便,设 $U_{T_N}=|U_{T_P}|=3V$,并假定模拟信号($0\sim10V$)从左端引入,工作电压 $V_{DD}=+10V$。

如控制信号 $C=0(U_C=0V)$,则 $\overline{C}=1$,使 $U_{GSN}\leqslant0V$,$U_{GSP}\geqslant0V$,T_N 和 T_P 均截止,输入与输出之间呈高阻态,相当于开关断开。

若 $C=1(U_C=10V)$,$\overline{C}=0$,则在 u_1 为 $0\sim3V$ 之间变化时,$U_{GSN}\geqslant7V$,T_N 导通,$U_{GSP}\geqslant-3V$,T_P 截止;在 u_1 为 $3\sim7V$ 时,$U_{GSN}\geqslant3V$,$U_{GSP}\leqslant-3V$,T_N 和 T_P 均导通;在 u_1 为 $7\sim10V$ 时,$U_{GSP}\leqslant-7V$,T_P 导通,$U_{GSN}\leqslant3V$,T_N 截止。所以在 u_1 的 $0\sim10V$ 范围内,至少有一只 MOS 管导通,u_O 与 u_1 间呈低阻态,相当于开关闭合,即输入信号顺利传送到输出端。

由于所用 MOS 管的 d 与 s 为对称结构,故可交换使用,即 u_1 与 u_O 端可交换使用。如在控制端 C 和 $\overline{C}$ 之间经一反相器相连,如图 1-2-54(a)所示,即构成一只双向模拟开关,符号如图(b)所示。

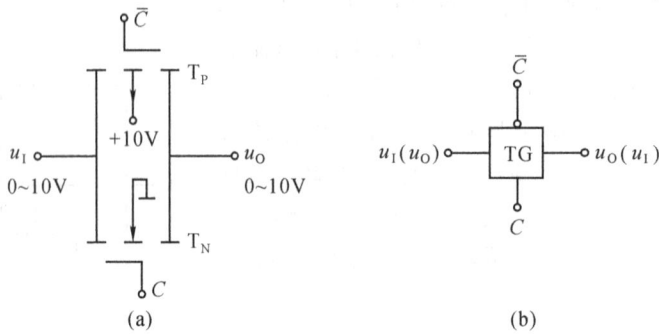

图 1-2-53 CMOS 传输门

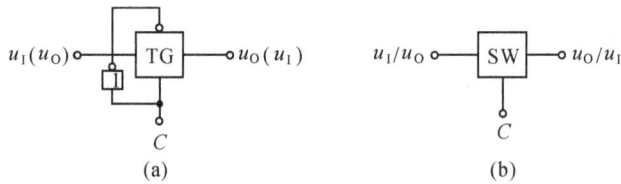

图 1-5-54 双向模拟开关

值得注意的是，双向模拟开关的导通状态由 MOS 管的导通来实现，所以该"开关"的闭合状态具有一定的导通电阻，一般为几十 Ω 到 1kΩ 左右，使用时必须予以考虑。

9. CMOS 三态门

构成 CMOS 三态门的电路形式较多，如图 1-2-55 所示为其中一种典型结构，CMOS 三态门比 TTL 三态门结构简单。图中所示 CMOS 三态门实质上由一个 CMOS 非门串接一个 CMOS 双向模拟开关完成，则当使能端 EN 为有效电平 0 时，TG 导通，$F=\overline{A}$；当 EN 为无效电平 1 时，TG 截止，呈高阻态，故相当于一只 EN 为低电平有效的三态门。

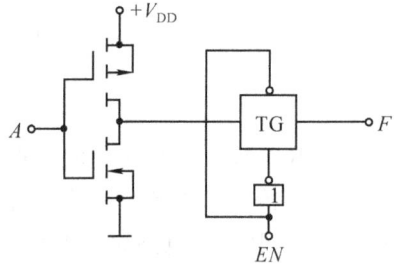

图 1-2-55 CMOS 三态门

学习 MOS 门电路的详细结构及分析，是为了更好地了解各类 MOS 门电路的具体特点，能根据实际需要合理地选择门电路的功能及型号，使整体电路性价比更高。

1.2.6 集成门电路实用技术

一、带同类门的个数限制

数字集成电路使用时，除了应注意在 1.2.5 小节中提到过的事项外，还应注意门电路的扇出数。

每种集成门电路的扇出，生产厂家在产品的性能指标中都作了规定。如驱动门电路 G 和 N 个同类负载门电路相连（如每个负载门只有一个输入端与 G 的输出端相连），若 N

$<N_0$，则表示 G 的灌电流负载 $I_{OL} \geqslant N I_{IL}$，拉电流负载 $I_{OH} \geqslant N I_{IH}$，且 G 输出电平正常。

如 $N > N_0$，则将使 G 的输出高电平 U_{OH} 降低，输出低电平 U_{OL} 上升，造成电路的噪声容限降低，更容易因噪声而产生误动作，甚至出现逻辑错误。因此，从抗干扰及逻辑功能的可靠性出发，要求门电路的输出端负载数不要超过扇出数，而且还应考虑留有充分的余地。

二、CMOS 门电路应用知识基础[*]

当前，在众多集成门电路中，用得最多的是高速、超高速 CMOS 门电路和 LSTTL 门电路。

双极型门电路速度较高，但功耗较大，除在高速等领域外使用已渐少；但由于速度高、驱动能力强，常作高速内核和末端驱动电路，从而制成一种新型电路，即 BiCMOS。BiCMOS 门电路既具有 CMOS 电路功耗低、集成度高的优点，又具有双极型电路速度高、带负载能力强的长处；BiCMOS 门电路的阈值电压稍稍偏离 $0.5 V_{DD}$，噪声容限不如 CMOS 电路好，但具有很强的带负载能力，既能给负载提供大的拉电流，也能承受大的灌电流；在小电容负载时，电路的开关特性反比 CMOS 差，在大电容负载下仍具有很高的开关速度；BiCMOS 的低电压性能不够理想，故一般不在 3V 以下电源使用。

当前用得最多的是 CMOS 电路，有 4000 系列、54HC/74HC 高速系列和 54HCT/74HCT 改进型高速系列三种。

CMOS 门电路的输出高电平约为 V_{DD}，输出低电平约为 0.05V，阈值电平即转折电压约为 $0.5 V_{DD}$；提高电源电压可以提高电路的抗干扰能力；当输入电压为转折电压时，器件电流最大，故一般情况下不宜让器件长期工作在转折电压附近；另外，在输出波形的前后沿期间可能有瞬间导通电流存在并进而产生动态功耗；对于高输入阻抗的输入端，只要外界有很小的感应电荷源，就有可能在输入端迅速积累起相当高的电压，造成介质击穿，所以在 CMOS 电路中，常采用电阻及二极管进行保护；保护电阻约为 $1.5\sim$ $2.5 k\Omega$，用于与 MOS 管的极间电容形成积分网络，滤除输入端可能出现的瞬态干扰。

CMOS 门电路的输入端接地时，或者接低阻信号源、大电容器或长线电路时，最好串联一个 $1\sim10 k\Omega$ 的电阻，以防止干扰电压太高或太负使流过保护二极管的电流过大，造成保护二极管烧毁，一般应将流过二极管的电流限制在 1mA 以下。

CMOS 三态门中呈现高阻态的输出端会有 $0.4 \mu A$ 的漏电流和典型值为 $10\sim12 pF$ 的输出电容，当总线上并接的门电路增多或温度升高时，其带来的影响将是不可忽略的。

CMOS 门电路的低功耗不但可降低电源容量，而且为大密度集成提供了保证。CMOS 门电路的动态功耗增加了对电源容量的要求，瞬间导通电流的存在，使得电源滤波变得非常重要。

4000 系列电路的工作温度为 $-55\sim+125℃$（54C 系列，军品）和 $-40\sim+85℃$（74C 系列，民品）；温度变化对 CMOS 门电路的电压传输特性影响很小，对噪声容限的影响也很小，这一点在需准确定时的电路中显得尤为重要。输入端保护二极管的压降将随温度升高而降低，漏电流随温度升高而增加。温度变化对输出特性的影响不可忽略，主要表现在高温时输出驱动能力下降；另外，三态门和漏端开路门的漏电流也会随温度的升高而增大。温度升高,MOS管的沟道电阻增大,状态转换所需时间随之增大。

CMOS集成门电路中4000系列速度较慢。20世纪80年代推出的高速CMOS电路54HC/74HC系列,开关速度提高近10倍;改进型超高速54AC/74AC系列的速度又提高了近1倍,且驱动能力提高了近6倍。高速54HC/74HC与4000系列相比:①开关速度提高,工作频率可达60MHz。②电源电压降低且范围较宽。③输入端采用了改进的输入保护电路,使静电保护更为有效。④驱动能力增强,在漏极开路门的输出电路中,高速CMOS系列能承受很大的灌电流,而漏电流很小。

另外,超高速AC/ACT和AHC/AHCT系列的最高工作频率可达160MHz,非常适合高噪声干扰环境,如工业、电话等领域。低电压超高速CMOS电路已有多个系列,如LVHCMOS、LVC/LCX、LVQ/LVX、LVT和HLL等,它们的工作电源电压为1.2~3.6V,工作频率可达150MHz。

三、74××系列与74LS××系列的不同

除了前面介绍的数字集成门电路系列外,还有74系列的集成门电路。值得指出的是,虽然74××系列与74LS××系列的引脚及逻辑功能相同,但由于它们输入端的结构有较大的不同,74××系列门电路的输入低电平电流较大,而74LS××系列门电路的输入低电平电流却较小,这在使用中将会产生一些不同的效果。例如,在输入端接相同阻值的电阻,由于输入低电平电流不同,故实际输入电平的性质也有可能不同。

四、逻辑门电路在检测方面的应用举例

在我们的日常生活中,常常会遇到在同一条电话线上同时并联两部电话机或电话被人盗用的情况。在电话线上接入如图1-2-56所示电路,可使用户不必提起话筒就可知道另一部电话是否正在使用,也可指示电话线路是否被他人非法盗用等。

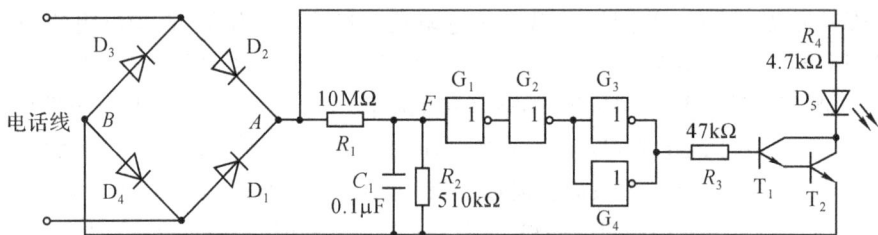

图 1-2-56   并联电话占线指示电路

线路上无话机被提起时,电话线路上有约48V的直流电压;当有话机被提起时,线路电压降至10V左右,图1-2-56就是通过检测线路电压来判断是否有电话在使用的。图中$D_1 \sim D_4$组成的桥式整流电路(又被称为极性校正电路)使电话线路的电压在A端正、B端负。无话机使用时,$U_{AB} \approx 48V$,该电压经过R_1、R_2分压,使F点电位$U_F \approx 2.5V$,作为非门G_1的输入电压。非门$G_1 \sim G_4$采用CMOS系列的CD4069,并由两节锂电池供电,使工作电源$+V_{DD} = 3V$,所以,当$U_F = 2.5V$时,G_1输出低电平,G_3和G_4也输出低电平,T_1、T_2截止,发光二极管D_5不亮。当有话机使用时,该线路电压将使

$U_{AB} \approx 10\text{V}$，经过 R_1、R_2 分压，使 F 点电位 $U_F \approx 0.5\text{V}$，则 G_1 输出高电平，G_3 和 G_4 也输出高电平，并经过 R_3 向 T_1、T_2 提供基极电流，使 T_1、T_2 导通，发光二极管 D_5 被点亮，表明电话线路上已有话机在使用。

图中电容 C_1 的作用是消除振铃信号及干扰信号的影响；G_3、G_4 并联使用以增加门电路的负载能力。

五、集成门电路输入输出的性质

TTL 集成电路的输入端处于低电平时，电流由电源 $+V_{\alpha}$ 经内部电路从输入端流出，该电流的值较大，当作为前级门的负载门时，应考虑前级门的灌电流能力。一般 LS 系列 TTL 电路允许灌入的电流约为 8mA。由于高电平输入电流 I_{IH} 很小，对前级门的影响不大。

一般 CMOS 电路的输入阻抗高达 $10^{10}\,\Omega$，输入端等效电容在 5pF 以下。当电源电压在 $+5\text{V}$ 时，输入高电平要求在 3.5V 以上，输入低电平要求在 1.5V 以下。由于 CMOS 电路的输出结构具有对称性，所以输出高电平和低电平时的负载（驱动）能力几乎相同；当负载门的个数增加时，由于等效负载电容容量的增加，将影响门电路的工作速度；当输出端负载不重时，输出高电平接近电源电压，输出低电平接近地电平。

六、集成门电路的连接及驱动

在实际应用的数字电路中，总是将一定数量的门电路按需要进行连接，这时就存在着电平匹配和负载能力的问题，要求如下：

①前级门的 $U_{OH} \geqslant$ 后级门的 U_{SH}；

②前级门的 $U_{OL} \leqslant$ 后级门的 U_{SL}；

③前级门的 $I_{OH} \geqslant n \times$ 后级门的 I_{IH}，n 为后级门的数目；

④前级门的 $I_{OL} \geqslant n \times$ 后级门的 I_{IS}，n 为后级门的数目。

（1）TTL 驱动 TTL 电路

由于所有系列的 TTL 集成电路具有几乎相同的输出形式，所以不存在电平匹配的问题，不需要外接元件就可直接相连。但由于 TTL 电路的输入低电平电流较大，所以应注意输出低电平时的负载能力问题，保证负载门的数目 $\leqslant N_0$。

（2）TTL 驱动 CMOS 电路

TTL 电路驱动 CMOS 电路时，由于 CMOS 电路的输入阻抗很高，所以一般不存在负载能力的问题。但由于 TTL 电路输出的高电平电位常低于 CMOS 电路对输入高电平的要求，所以存在电平匹配的问题。为了电平匹配需外接一个上接电阻 R，如图 1-2-57 所示，应根据 V_{DD} 的不同选择 R 的值。或直接采用电平转换器，此时 R 的典型值为 $3.3\text{k}\Omega$，如图 1-2-58 所示。

（3）CMOS 驱动 TTL 电路

由于 CMOS 电路的高电平接近电源电压，低电平接近地电位，所以，在 $V_{CC} = V_{DD}$ 时用 CMOS 驱动 TTL 电路时，不存在电平匹配问题。但由于 CMOS 电路的输出电流较小，所以存在负载（驱动）能力的问题。实际应用时可将几个相同功能的 CMOS 电路

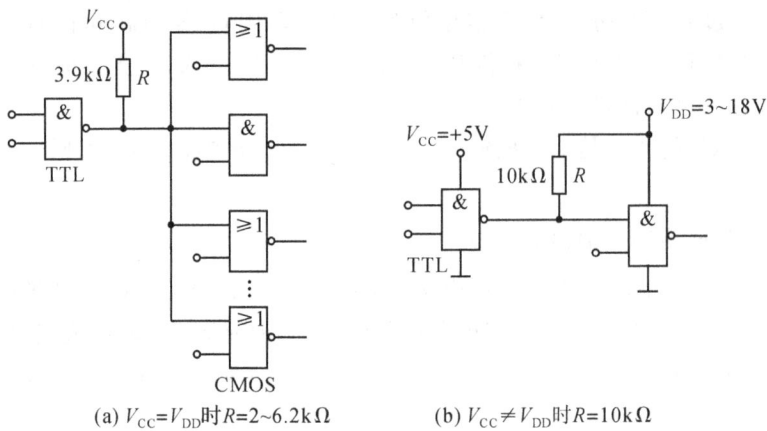

(a) $V_{CC}=V_{DD}$时$R=2\sim6.2$kΩ (b) $V_{CC}\neq V_{DD}$时$R=10$kΩ

图 1-2-57　TTL 驱动 CMOS 电路

并联使用,即将其输入端,输出端并联(TTL 电路的输出端不允许并联使用),如图 1-2-59(a)。也可直接采用 CMOS 驱动器(这方法尤其适合在 TTL 电路所需输入电流较大的场合),如图 1-2-59(b)所示,但要注意,部分 CMOS 驱动器还兼有反相作用。

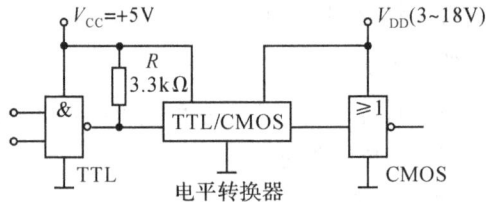

图 1-2-58　TTL/CMOS 电平转换器的使用

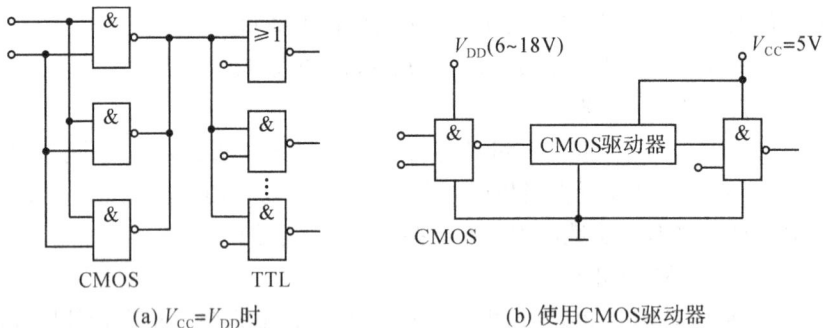

(a) $V_{CC}=V_{DD}$时   (b) 使用CMOS驱动器

图 1-2-59　CMOS 驱动 TTL 电路

(4)CMOS 驱动 CMOS 电路

CMOS 电路之间的驱动不存在电平匹配问题。从理论上讲,CMOS 电路带同类电路的数量可以不受限制,但实际上由于负载数的增加会使等效负载电容的容量增加,从而影响电路的工作速度,因此在高速使用时应限制负载数。如 CC4000 系列,在10MHz 以上频率工作时应限制在 20 个同类门以下。

小 结

　　本项目的主要任务是分析表决器的逻辑问题、建立表决器的逻辑关系、得到最简单的逻辑表达式,学习测试所用门电路的功能及主要参数的方法,并通过集成门电路实现相关逻辑电路的逻辑功能。本项目涉及的主要知识点是 3 种基本逻辑运算、逻辑代数的基本定律和公式、逻辑函数的表示方法、逻辑函数的化简等。在门电路方面,则主要介绍了目前应用较广的 TTL 和 CMOS 数字集成电路。在双极型数字集成电路中,除了 TTL 门电路外,还有抗干扰能力最强的 HTL 电路、开关速度最快的 ECL 电路和集成度最高的 I^2L 电路。

　　逻辑函数的化简方法有代数化简法和卡诺图化简法。代数化简法是用逻辑代数的基本定律和恒等式消去多余的乘积项及乘积项中的多余变量。代数化简法的优点是没有变量个数的限制;缺点是缺乏规律性,而且能否得到最简式取决于对逻辑代数基本定律和恒等式的熟练程度和技巧性。卡诺图化简法是利用卡诺图中几何上相邻的两最小项逻辑上也相邻这一特点来画圈合并最小项,它的优点是简单、直观且有规律性。但是当变量数大于 5 时,卡诺图变得复杂。

　　为了保证门电路使用过程中逻辑功能的可靠实现和一定的抗干扰能力,必须注意门电路的扇出数和多余接线端的正确处理。

思考题与习题

1-1　将下列各数转换成二进制数:

(1) $(41)_{10}$　　　　　　(2) $(376)_8$　　　　　　(3) $(F3B)_{16}$

1-2　写出下列各数的 8421BCD 码:

(1) $(92)_{10}$　　　　　　(2) $(1101.1)_2$　　　　　　(3) $(FD)_{16}$

1-3　将十进制数$(100)_{10}$转换成二进制数和八进制数。

1-4　求下列函数的反函数 $\bar{F}$:

(1) $F=A(B+C)$

(2) $F=AB+\overline{C+D}$

(3) $F=\overline{\overline{AB}+ABD}(B+\overline{C}D)$

1-5　利用公式和定理证明下列等式:

(1) $\overline{A+BC+D}=\bar{A}\cdot(\bar{B}+\bar{C})\cdot\bar{D}$

(2) $A+\overline{\bar{A}(B+C)}=A+\bar{B}\bar{C}$

(3) $AB+BCD+\bar{A}C+\bar{B}C=AB+C$

1-6　判断题(正确的打"√",错误的打"×")

(1)二进制 111110 的 8421BCD 码为 0111110。　　　　　　　　　　　(　　)

(2)奇偶校验码不但能发现错误,而且能纠正错误。　　　　　　　　　(　　)

(3)采用奇偶校验码可以发现代码传送过程中的所有错误。　　　　　(　　)

(4)若 $AB=A+B$,则 $A=0$。　　　　　　　　　　　　　　　(　　)

(5)若 $\overline{X+Y}=\overline{X}\,\overline{Y}$,则 $X=Y$。　　　　　　　　　　　　　(　　)

1-7　写出下列函数的最小项表达式:

(1) $F=\overline{\overline{A}\cdot(B+C)}$

(2) $F=\overline{A}\,\overline{B}+B\overline{C}+\overline{A}\,\overline{B}\,\overline{C}+\overline{A}B\overline{C}$

(3) $F=\overline{A}(B+C)+AB\overline{C}$

1-8　用公式化简法将下列函数化简成最简与或表达式:

(1) $F=\overline{A}\,\overline{B}\,C+\overline{A}BC+ABC+AB\overline{C}$

(2) $F=\overline{A}\,\overline{B}\,\overline{C}+AC+B+C$

(3) $F=A\overline{B}+B\overline{C}+ABC+A\overline{\overline{A}\,\overline{B}}$

(4) $F=\overline{A}\,\overline{B}+(A\overline{B}+\overline{A}B+AB)D$

(5) $F=AD+AB+\overline{A}C+A\overline{D}+BD+A\overline{B}EF+\overline{B}EF$

1-9　用卡诺图化简法将下列函数化简为最简与或式,并用相应的门电路实现:

(1) $F=AB+BC+A\overline{C}$

(2) $F=\overline{AB+BC}+A\overline{C}$

(3) $F(A,B,C)=\sum m(0,1,2,4,5,6)$

(4) $F(A,B,C,D)=\sum m(0,1,2,4,5,6,8,9,10,12,13,14)$

1-10　用卡诺图化简法化简下列函数,并写成最简与非表达式:

(1) $F(A,B,C,D)=\sum m(0,2,6,8,10,14)$

(2) $F(A,B,C,D)=\sum m(0,1,8,9,10,11)$

(3) $F(A,B,C,D)=\sum m(0,1,2,3,4,6,8,10,12,13,14,15)$

(4) $F(A,B,C,D)=\sum m(0,7,9,11)+\sum d(3,5,15)$

(5) $F(A,B,C,D)=\sum m(0,4,6,8)+\sum d(1,2,9,10)$

1-11　已知逻辑函数

$$F_1(A,B,C,D)=\sum m(0,3,4,5,7,9,10,13,14,15)$$

$$F_2(A,B,C,D)=\sum m(2,3,5,6,7,8,9,12,13,15)$$

用卡诺图化简法求 $F=F_1\cdot F_2$ 和 $G=F_1+F_2$ 的最简与或表达式。

1-12　请构建一位十进制数能被 3 整除的逻辑功能,写出逻辑表达式,并化简。

1-13　试判断题图所示 TTL 门电路能否按各图要求的逻辑关系正常工作? 若电路的接法有错,请修改电路。

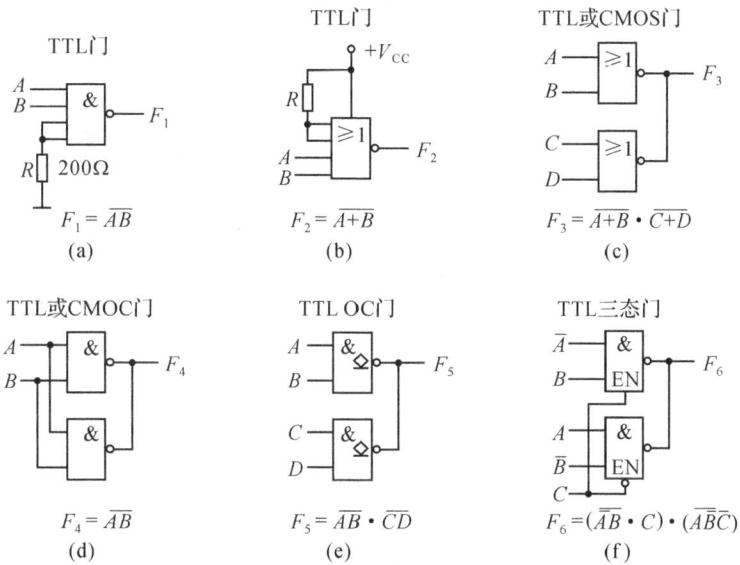

TTL门

$$F_1 = \overline{AB}$$

(a)

TTL门

$+V_{cc}$

$$F_2 = \overline{A+B}$$

(b)

TTL或CMOS门

$$F_3 = \overline{A+B} \cdot \overline{C+D}$$

(c)

TTL或CMOC门

$$F_4 = \overline{AB}$$

(d)

TTL OC门

$$F_5 = \overline{AB} \cdot \overline{CD}$$

(e)

TTL三态门

$$F_6 = (\overline{\overline{A}B} \cdot C) \cdot (\overline{A\overline{B}C})$$

(f)

题 1-13 图

1-14 试画出题图(a)所示基本门电路的输出波形,输入波形如图(b)所示。

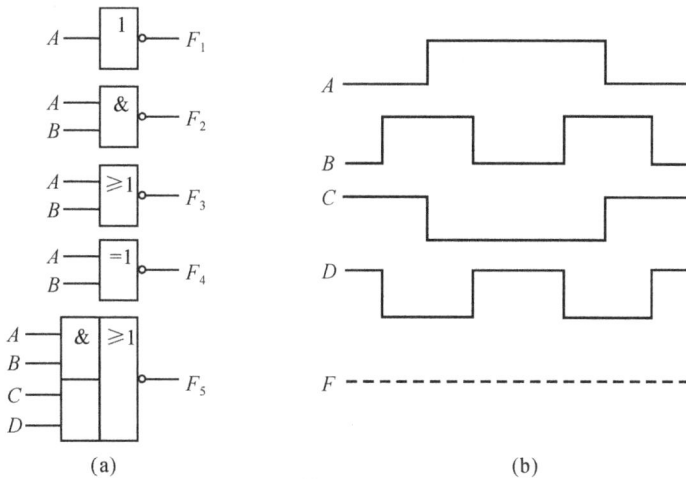

(a)

(b)

题 1-14 图

1-15 试写出题图(a)所示电路的逻辑函数式,并根据输入波形(b)画出相应的输出波形。

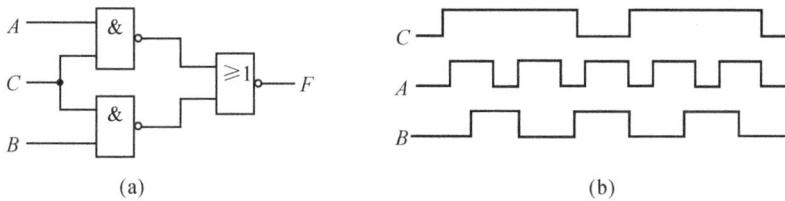

(a)

(b)

题 1-15 图

1-16　试分析写出题图所示各电路的逻辑函数表达式。

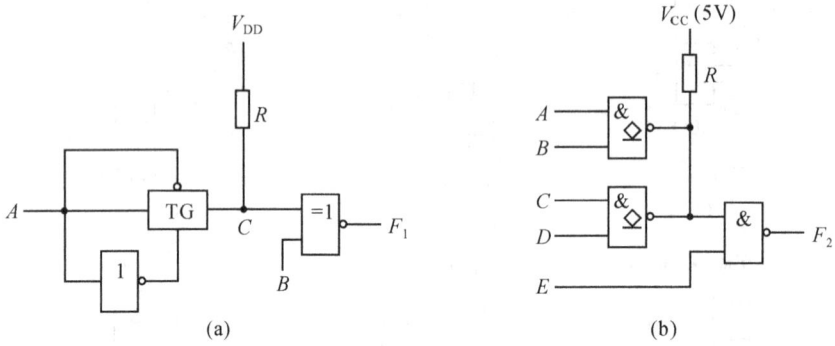

(a)　　　　　　　　　　(b)

题 1-16 图

1-17　题图(a)、(b)、(c)均为 TTL 门电路,写出 F_1、F_2、F_3 的逻辑表达式。

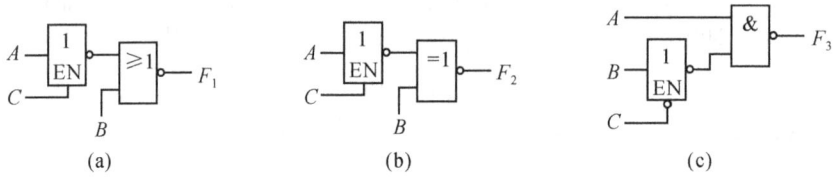

(a)　　　　　　　　(b)　　　　　　　　(c)

题 1-17 图

1-18　写一篇 500 字以上的学习小结。

报警器

本项目典型工作任务

▲ 典型工作任务一:编码器的测试

▲ 典型工作任务二:译码器的应用研究

▲ 典型工作任务三:显示器的选择

▲ 典型工作任务四:报警器的制作与调试

本项目配套知识

▲ 组合逻辑电路的分析与设计

▲ 编码器的逻辑功能

▲ 译码显示

▲ 典型中规模逻辑集成电路应用知识

▲ 组合逻辑电路的竞争冒险

本项目建议学时数

▲ 12 学时

本项目的任务及目标

▲ 了解编码器的逻辑功能。

▲ 了解译码器的逻辑功能,掌握译码器的功能和位的扩展方法。

▲ 熟悉常用显示装置。

▲ 了解加法器、数字比较器及位的扩展方法。

▲ 利用常用中规模逻辑集成电路实现报警器的逻辑功能。

2.1 典型工作任务

2.1.1 典型工作任务一:编码器的测试

一、所需知识

1.编码器、优先编码器的逻辑功能,详见 2.2.2 小节。

2.编码器逻辑功能的测试方法。

二、所需能力

1.组合逻辑集成电路逻辑功能的识读能力。

2.组合逻辑集成电路的应用能力。

三、参考工作过程

1.资料及知识预备:教师下发典型工作任务书,讲解编码器、优先编码器的逻辑功能,介绍常用集成编码器等。

2.计划与方案的制订:学生人员分工,制订工作计划,列出工具、仪表、元器件清单;教师审核工作计划与实施方案,引导学生确定可行的最终工作计划与实施方案。

3.实施:学生测试所用编码器的逻辑功能,分析测试结果并得出结论。

4.汇报与评估:

① 学生汇报计划与方案的实施过程,回答同学与教师的相关提问。

② 教师与同学共同分析评价工作任务的计划与实施过程,重点检查逻辑功能的测试方法和结论分析。

③ 自评、互评、教师点评相结合:本组学生在汇报前先进行自评,并把自评小结进行全班汇报;以小组为单位分别对其他组的工作计划、过程与结果进行评价,并提出建议;教师对自评和互评结果进行评价,指出每个小组成员完成计划、方案及所得结果的优点,并提出改进意见。

四、参考任务方案简介

任务目标:优先编码器 CD4532 逻辑功能的测试及分析。

方案及测试结果:略。

2.1.2 典型工作任务二:译码器的应用研究

一、所需知识

1.译码器的逻辑功能,详见 2.2.2 小节相关内容。

2.译码器位的扩展、利用译码器实现组合逻辑电路功能的方法。

二、所需能力

1.逻辑集成电路功能表、逻辑符号的阅读能力。

2.译码器位扩展方法的掌握、功能拓展应用的能力。

三、参考工作过程

1.资料及知识预备:教师下发典型工作任务书,讲解常用集成译码器的逻辑功能,讲解逻辑集成电路功能表的阅读方法、逻辑图的识读,介绍译码器位的扩展和功能拓展的方法等。

2.计划与方案的制订:学生人员分工,制订工作计划,画出译码器位扩展的电路图、功能拓展的应用电路图等,列出所需工具、仪器仪表及元器件清单;教师审核工作计划与实施方案,引导学生确定可行的最终工作计划与实施方案。

3.实施:学生进行译码器位的扩展、逻辑功能的拓展电路测试,并对测试结果进行分析总结,得出译码器的应用经验。

4.汇报与评估:

① 学生汇报计划与方案的实施过程,回答同学与教师的相关提问。

② 教师与同学共同分析评价工作任务的计划与实施过程,重点评价译码器位扩展、逻辑功能拓展方法(使能端的正确应用)的应用能力。

③ 自评、互评、教师点评相结合:本组学生在汇报前先进行自评,并把自评小结进行全班汇报;以小组为单位分别对其他组的工作计划、过程与结果进行评价,并提出建议;教师对自评和互评结果进行评价,指出每个小组成员完成计划、方案及所得结果的优点,并提出改进意见。

四、参考任务方案简介

任务目标:利用74LS138实现4线/16线的译码功能;利用74LS138实现下列逻辑功能:

$$L(A,B,C) = \sum m(0,2,3,4,7)$$

提示:利用使能端扩展译码器的位;利用译码器的地址输入端形成逻辑函数的输入变量,结合不同输出端的信号特点产生逻辑函数值。

方案电路:略。

2.1.3 典型工作任务三:显示器的选择

一、所需知识

1.常用显示器件,详见2.2.2小节相关内容。

2.显示器件的简单检测方法。

二、所需能力

1.显示器管脚的识别能力。

2.为译码器选择合适显示器的能力。

三、参考工作过程

1.资料及知识预备:教师下发典型工作任务书,讲解各类常用显示器件的性能及工作特点,让学生了解不同的使用场合需要用不同的显示器件等。

2.计划与方案的制订:学生人员分工,制订工作计划,总结显示器件的一般选择原则和测试方法、拟解决的问题等;教师审核工作计划与实施方案,引导学生确定可行的最终工作计划与实施方案。

3.实施:学生进行显示器逻辑功能的测试,找出有效电平及各管脚对应显示内容。

4.汇报与评估:

① 学生汇报计划与方案的实施过程,回答同学与教师的相关提问。

② 教师与同学共同分析评价工作任务的计划与实施过程,重点是显示器类型的选择及管脚有效电平的确定方法。

③ 自评、互评、教师点评相结合:本组学生在汇报前先进行自评,并把自评小结进

行全班汇报;以小组为单位分别对其他组的工作计划、过程与结果进行评价,并提出建议;教师对自评和互评结果进行评价,指出每个小组成员完成计划、方案及所得结果的优点,并提出改进意见。

四、参考任务方案简介

任务目标:为译码器 CD4511 选择显示器并确定限流电阻的阻值。

提示:根据 CD4511 的输出信号规律,找出与显示结果之间的联系,就可确定显示器的有效电平;确定显示器的有效电平后,找出显示器的公共端,确定各管脚对应笔段(或显示内容);从资料查出 CD4511 的输出电平和电流,并与已选显示器的驱动电流相比较,得出限流电阻的阻值大小。

2.1.4　典型工作任务四:报警器的制作与调试

一、所需知识

1. 中规模集成电路逻辑功能的阅读和管脚的功能识读,详见 2.2.2 小节相关内容。
2. 报警器典型工作性能。

二、所需技能

1. 中规模数字集成电路控制端的应用能力。
2. 数字集成芯片应用电路故障的分析与排除的能力。

三、参考工作过程

1. 资料及知识预备:教师下发典型工作任务书,讲解实用报警器的典型工作特点、报警器的基本组成与工作原理等。

2. 计划与方案的制订:学生人员分工,制订工作计划,列出所需材料,包括工具、电路板、元器件、仪器、仪表等清单,画出安装布线图,列出制作与调试步骤等;教师审核工作计划与实施方案,引导学生确定可行的最终工作计划与实施方案。

3. 实施:学生进行电路的安装与逻辑功能的调试,分析故障现象并排除故障,总结制作与调试经验并得出结论。

4. 汇报与评估:

① 学生汇报计划与方案的实施过程,回答同学与教师的相关提问。

② 教师与同学共同分析评价工作任务的计划与实施过程,重点是报警信号的产生、判断及报警显示的实现方法。

③ 自评、互评、教师点评相结合:本组学生在汇报前先进行自评,并把自评小结进行全班汇报;以小组为单位分别对其他组的工作计划、过程与结果进行评价,并提出建议;教师对自评和互评结果进行评价,指出每个小组成员完成计划、方案及所得结果的优点,并提出改进意见。

四、参考任务方案简介

任务目标:利用优先编码器 CD4532、译码器 CD4511 及七段数码管等完成报警器的制作与调试。

　　参考电路如图 2-1-1 所示。

　　方案略。

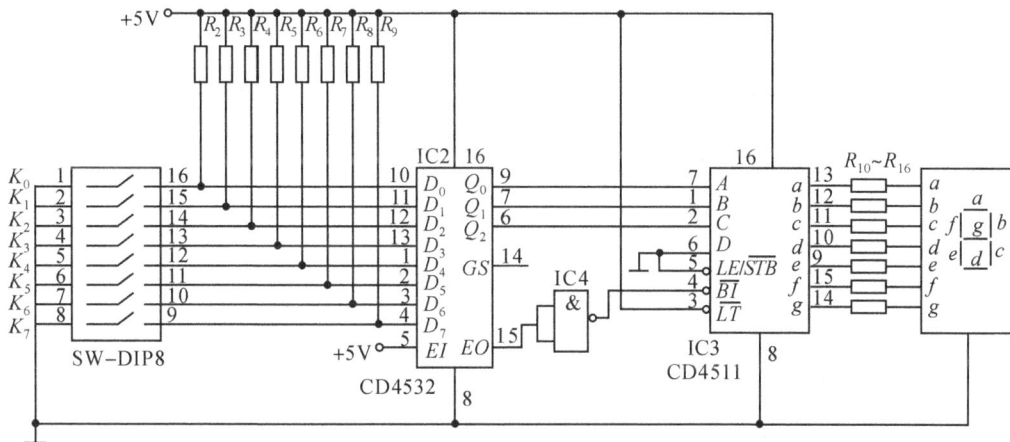

图 2-1-1　报警器原理电路图

2.2　相关配套知识

2.2.1　组合逻辑电路的分析与设计

一、分析步骤

　　已知组合逻辑电路图,分析求得电路相应逻辑功能的过程叫组合逻辑电路的分析。任何一个组合逻辑电路,其功能均可用逻辑函数表达式、真值表及波形图等进行描述。对组合逻辑电路进行分析,除了得出电路的逻辑功能外,还可对设计方案作出评价。其一般步骤为:

　　(1)按给定逻辑图写出逻辑函数表达式(一般从输入到输出逐级写出);

　　(2)根据需要对表达式进行化简或变换;

　　(3)必要时可根据所得最简式列真值表;

　　(4)根据真值表或最简式确定逻辑功能;

　　(5)对电路进行评价,并提出改进意见。

　　例 2-2-1　分析如图 2-2-1 所示电路,并回答如下问题:

　　(1)图(a)、(b)哪一个是组合逻辑电路?说明理由。

　　(2)对组合逻辑电路进行分析,说明电路功能,并作出评价。

　　解　(1)图(b)所示是组合逻辑电路。虽然(a)和(b)均由门电路组成,但图(a)所示电路存在反馈回路,而图(b)所示电路中信号是单向传输的,不存在反馈回路。

　　(2)根据图(b)所示电路,逐级推导可得

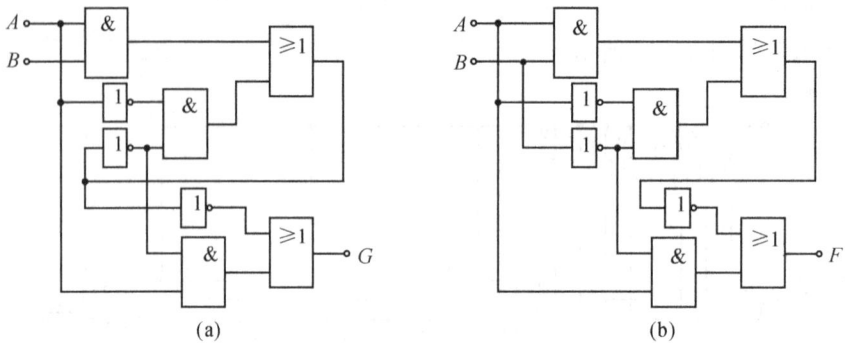

图 2-2-1　例 2-2-1 图

$$F=\overline{AB+\overline{A}\cdot\overline{B}}+A\overline{B}$$

化简如下：

$$F=\overline{AB+\overline{A}\cdot\overline{B}}+A\overline{B}$$
$$=(A\oplus B)+A\overline{B}$$
$$=A\overline{B}+\overline{A}B$$
$$=A\oplus B$$

由化简后的表达式可知,该电路完成的是异或门的逻辑功能。显然,该电路的设计是不经济的,因其功能只需一个异或门就可实现。

例 2-2-2　试分析如图 2-2-2 所示电路的逻辑功能。

解　根据逻辑图可得表达式：

$$F=\overline{\overline{AB}\cdot\overline{BC}\cdot\overline{AC}}$$

进行变换与化简可得：

$$F=AB+BC+AC$$

列真值表如表 2-2-1 所示。由真值表可知,这是一个三人表决电路。

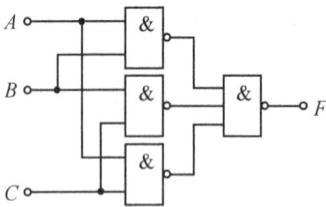

图 2-2-2　例 2-2-2 图

表 2-2-1　例 2-2-2 真值表

A	B	C	F
0	0	0	0
0	0	1	0
0	1	0	0
0	1	1	1
1	0	0	0
1	0	1	1
1	1	0	1
1	1	1	1

例 2-2-3　如图 2-2-3 所示为组合逻辑电路,A、B 为输入变量,S_3、S_2、S_1、S_0 为选择控制变量,F 为输出函数。试写出电路在选择控制变量控制下的输出函数表达式,并说明电路的逻辑功能。

解　根据给定电路图,可得到输出函数表达式为

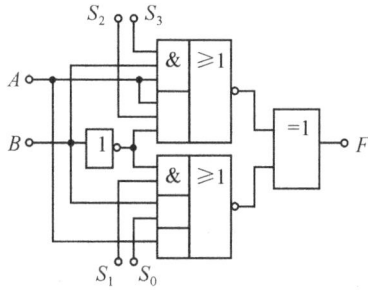

图 2-2-3　例 2-2-3 图

$$F=\overline{S_3 AB+S_2 A\overline{B}}\oplus\overline{S_1 \overline{B}+S_0 B+A}$$

由题意知，S_3、S_2、S_1、S_0 为选择控制变量，现依次将四个选择控制变量的 16 种取值组合代入表达式中，可得到电路的 16 种输出函数，如表 2-2-2 所示。

表 2-2-2　例 2-2-3 的 F 表达式

S_3	S_2	S_1	S_0	F	S_3	S_2	S_1	S_0	F
0	0	0	0	A	1	0	0	0	$A\overline{B}$
0	0	0	1	$A+B$	1	0	0	1	$A\oplus B$
0	0	1	0	$A+\overline{B}$	1	0	1	0	$\overline{B}$
0	0	1	1	1	1	0	1	1	$\overline{AB}$
0	1	0	0	AB	1	1	0	0	0
0	1	0	1	B	1	1	0	1	$\overline{AB}$
0	1	1	0	$A\odot B$	1	1	1	0	$\overline{A+B}$
0	1	1	1	$\overline{A}+B$	1	1	1	1	$\overline{A}$

由表 2-2-2 可知，电路在选择控制变量的作用下，产生了两个输入变量 A、B 组成的 16 种函数，因此该电路是一个多功能函数发生器。

分析本例的关键在于正确理解题意，区分电路中的选择控制变量和输入变量。如果将两者混为一体，把输出当作六变量函数处理，则不能得到电路正确的逻辑功能。

二、组合逻辑电路分析训练

前面我们详细介绍了组合逻辑电路的分析方法、步骤和要求，并举例说明了分析过程中应注意的问题。下面我们来训练一下，看看这个方法的掌握情况。

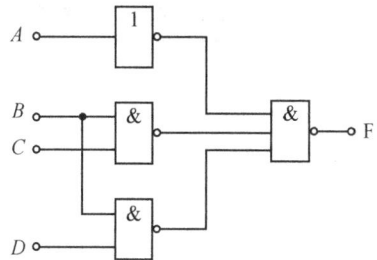

图 2-2-4

训练：试分析如图 2-2-4 所示电路，图中 A、B、C、D 为一位十进制数的 8421BCD 码，请说明该电路的功能并进行评价。

提示：按分析步骤得出逻辑图的逻辑表达式，列出真值表；根据真值表归纳得出逻辑功能。根据训练要求中指明的 8421BCD 码特点，评价无关项在该问题中的应用价值。

三、组合逻辑电路的设计步骤

组合逻辑电路的设计过程与分析过程正好相反,由已知的逻辑功能,要求设计实现该功能的逻辑图。

实际操作时,一般要求设计的逻辑图应简单可靠。在项目一中我们所指最简的意思是所用逻辑门的个数最少,门的输入端最少。实际上,往往一片集成电路芯片里包含有若干个同类门电路。因此,实际设计中指的最简应该是指集成电路片数最少,片间连线最少,所用门电路种类最少。

逻辑设计的方法比较灵活,设计过程不拘泥于固定模式,通常取决于实际问题的难易程度及设计者的思维方式和经验。

应用小规模集成门电路设计组合逻辑电路的一般步骤如下:

(1)首先对命题要求的逻辑功能进行分析,确定哪些是输入变量,哪些是输出变量,以及它们之间的相互关系;然后对它们进行逻辑赋值,即确定什么情况下为逻辑1,什么情况下为逻辑0。这一步骤是设计组合逻辑电路的关键。

(2)根据逻辑功能列出真值表。很明显,如果状态赋值不同,得到的真值表也不一样。

(3)根据真值表写出相应的逻辑表达式并进行化简,然后转换成命题所要求的逻辑函数表达式。

(4)画逻辑图。根据逻辑函数表达式,或根据命题所给器件要求,画出相应的逻辑电路图。

例 2-2-4 试设计在 3 个地方均可对同一盏灯进行控制的组合逻辑电路。

解 ①列真值表

因要求 3 个地方可同时控制一盏灯,所以设 A、B、C 分别为 3 个地方的输入逻辑变量,有 0、1 两种取值,代表控制开关两种位置;F 为输出函数,0 代表灯熄,1 代表灯亮;控制要求表明:对 3 个输入信号的某种数码组合若灯不亮,改变其中任何一个输入信号灯均应该亮;相反,若灯亮着,改变任何一个输入也可把灯熄灭。表 2-2-3 能满足要求。

表 2-2-3 例 2-2-4 真值表

A	B	C	F
0	0	0	0
0	0	1	1
0	1	0	1
0	1	1	0
1	0	0	1
1	0	1	0
1	1	0	0
1	1	1	1

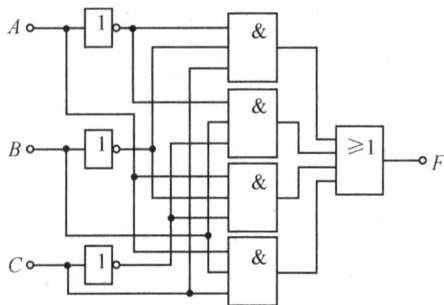

图 2-2-5 例 2-2-4 逻辑图之一

②化简

观察真值表可知,函数取值为 1 所对应的最小项为 m_1、m_2、m_4、m_7,它们在卡诺图中是互不相邻的。因此,由真值表写出的就是最简与或式:

$$F = \overline{A} \cdot \overline{B}C + \overline{A}B\,\overline{C} + A\,\overline{B} \cdot \overline{C} + ABC$$

③画逻辑图

按与或式画出的逻辑图见图 2-2-5,需要用非门、与门、或门等,类型过多,且要选择合适的集成电路产品较困难。

若用摩根定理进行逻辑变换,则

$$F = \overline{A} \cdot \overline{B}C + \overline{A}B\,\overline{C} + A\,\overline{B} \cdot \overline{C} + ABC = \overline{\overline{A \cdot \overline{B}C} \cdot \overline{\overline{A}B\,\overline{C}} \cdot \overline{A\,\overline{B} \cdot \overline{C}} \cdot \overline{ABC}}$$

用与非门和非门实现的逻辑图读者可自行画出,此处略去。实现的方案之一是需要用六反相器 CT7404 一片,三-3 输入与非门 CT7410 两片,双 4 输入与非门 CT7420 一片。当然,若将 4 输入与非门当作 3 输入与非门用,CT7410 可减少一片。

还可对逻辑式进行如下变换:

$$F = \overline{A}(\overline{B}C + B\,\overline{C}) + A(BC + \overline{B} \cdot \overline{C}) = \overline{A}(\overline{B}C + B\,\overline{C}) + A\,\overline{(\overline{B}C + B\,\overline{C})}$$

$$= A \oplus B \oplus C$$

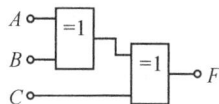

则用异或门实现的逻辑图如图2-2-6所示,只需四-2 输入异或门CT7486一片。

图 2-2-6 例 2-2-4 逻辑图之三

比较上述各方案,显然用异或门实现是最简单的。当然,实际操作时,还应根据所给器件等情况选择方案。

例 2-2-5 已知某系统中的 ASCII 码是采用奇检验的奇偶检验码,试用异或门为该系统设计一个 ASCII 码的奇偶检测器。

解 ASCII 码的奇偶检验码,由 7 位字符代码加 1 位检验位共 8 位代码组成。题意采用奇检验,所以 8 位代码中含 1 的个数为奇数。奇偶检测器的作用是检查接收的 8 位代码是否有误,若其含 1 的个数为奇数,则表明代码正确,否则认为出错。由此可见,电路有 8 个输入,一个输出。

设电路接收的 8 位输入代码设为 $S_7 S_6 S_5 S_4 S_3 S_2 S_1 S_0$,检测结果用 F 表示,当输入代码正确时 F 为 1,否则为 0。用真值表来描述 F 与 $S_0 \sim S_7$ 之间的逻辑关系时,需列出 $2^8 = 256$ 行。显然,无论是列表还是根据真值表写表达式都是十分麻烦的。考虑到问题中指定用异或门来实现,而异或运算的一个重要特点是:当 n 个变量进行异或运算时,若 n 个变量中含 1 的个数为奇数,则结果为 1,否则为 0。据此,可直接写出输出函数 F 的表达式为

$$F = S_7 \oplus S_6 \oplus S_5 \oplus S_4 \oplus S_3 \oplus S_2 \oplus S_1 \oplus S_0$$

由于每个异或门都只有两个输入端,所以上式用异或门实现时应依次两两异或,或者将两两异或的结果再异或,即

$$F = (((((((S_7 \oplus S_6) \oplus S_5) \oplus S_4) \oplus S_3) \oplus S_2) \oplus S_1) \oplus S_0 \qquad (2\text{-}2\text{-}1)$$

或者用

$$F = ((S_7 \oplus S_6) \oplus (S_5 \oplus S_4)) \oplus ((S_3 \oplus S_2) \oplus (S_1 \oplus S_0)) \qquad (2\text{-}2\text{-}2)$$

根据式(2-2-1)式画出的逻辑图如图 2-2-7(a)所示,根据式(2-2-2)画出的逻辑图如图 2-2-7(b)所示。通常将图(a)所示电路称为串联型,图(b)所示电路称为树型。尽管两个电路中所用异或门数量相同,但两个电路的工作速度明显不同。用串联型要经过 7 个门的传输时延才能得到检测结果,而用树型只需经 3 级门的传输时延便可得到检测结果,所以用树型比串联型好。

另外需要注意的是:设计多输出组合逻辑电路时,应注意各函数之间的相互联系,而不应该孤立地处理问题。函数化简时要考虑各函数之间的共享,力求整体达到最简。

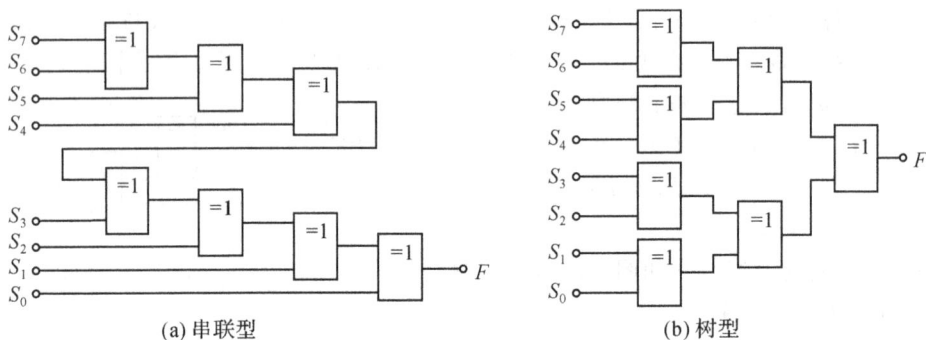

(a) 串联型   (b) 树型

图 2-2-7　例 2-2-5 逻辑图

四、实现两位二进制数平方的逻辑电路及制作

要实现两位二进制数平方的逻辑功能,电路必须有 2 个输入变量和 4 个输出变量。设 A、B 为 2 个输入变量,W、X、Y、Z 为 4 个输出变量,则根据命题要求可列出真值表如表 2-2-4 所示。由真值表可得各输出变量的函数表达式为:

$$W = AB$$
$$X = A\overline{B}$$
$$Y = 0$$
$$Z = B$$

表 2-2-4　两位二进制数的平方

A	B	W	X	Y	Z
0	0	0	0	0	0
0	1	0	0	0	1
1	0	0	1	0	0
1	1	1	0	0	1

根据所得表达式,可用非门和与非门实现命题所要求的功能,逻辑图如图 2-2-8 所示。

实际制作时可用一片 74LS00(四-2 输入与非门)和一片 74LS04(六反相器)来完成,也可用两片 74LS00 来实现。用两片 74LS00 来实现时,可将其中一个非门的输入端接地,则该门的输出端即为高电平 1;把这个高电平分别接到 3 个与非门的各 1 个输入端,则这三个与非门完成的就是非门的逻辑功能。考虑到该电路比较简单,负载门的数目不多,所以也可以将二输入与非门的 2 个输入端直接短接在一起作为一个输入端,

则二输入与非门也实现了非的逻辑功能。

在二进制数平方电路的设计制作中,我们学习了利用门电路来组成实用组合逻辑电路的方法。但实际上,由于大多数实用数字电路的逻辑功能比较复杂,要求较高,用纯粹的集成门电路实现就显得非常的繁琐,也不现实。所以熟悉常见的集成组合逻辑电路,掌握其功能特点并能灵活应用成了解决众多实际复杂问题的关键。

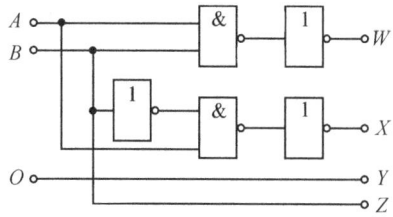

图 2-2-8

2.2.2　典型中规模组合逻辑集成电路

一、编码器及其功能表的识读

用二进制数 0、1 组成的一串数码代表某个具有特定含义信息的过程称为编码。所谓信息可包括十进制数、英文字母、符号、控制信号等,如项目一中学过 0110 在 8421BCD 码中代表 6,余 3 码中代表 3。

具有编码功能的电路称为编码器。按编码规则不同,分为二进制编码器、二—十进制编码器等,无论何种编码器,它们一般具有 m 个输入端(编码对象),n 个输出端(码),码与编码对象的对应关系是唯一的,不能两个信息共用一个码。

1. 二进制编码器

图 2-2-9 是普通 3 位二进制编码器的一个例图,其中 8 个输入信号是编码对象,分别用 I_0、I_1、$\cdots$、I_7 表示,低电平有效,任一时刻只能对其中一路信息进行编码;输出 $L_2 L_1 L_0$ 组成 3 位二进制数码,是编码结果。这种编码器有 8 根输入线、3 根输出线,常称为 8/3 线编码器。

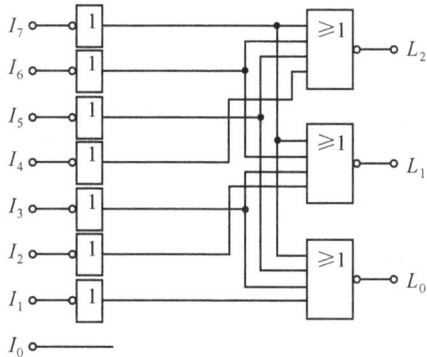

图 2-2-9　3 位二进制编码器

对该图进行分析,可写出如下逻辑式:

$$L_2 = \overline{\overline{I_7} + \overline{I_6} + \overline{I_5} + \overline{I_4}}$$
$$L_1 = \overline{\overline{I_7} + \overline{I_6} + \overline{I_3} + \overline{I_2}}$$
$$L_0 = \overline{\overline{I_7} + \overline{I_5} + \overline{I_3} + \overline{I_1}}$$

将输入信息代入各式,可得对应输出,如 I_7 为 0、其他输入为 1 时,$L_2L_1L_0=000$,依次算完,可列出如表 2-2-5 所示真值表,由表可见,它的确具有二进制编码功能。

表 2-2-5　图 2-2-9 真值表

输　　入								输　　出		
I_7	I_6	I_5	I_4	I_3	I_2	I_1	I_0	L_2	L_1	L_0
0	1	1	1	1	1	1	1	0	0	0
1	0	1	1	1	1	1	1	0	0	1
1	1	0	1	1	1	1	1	0	1	0
1	1	1	0	1	1	1	1	0	1	1
1	1	1	1	0	1	1	1	1	0	0
1	1	1	1	1	0	1	1	1	0	1
1	1	1	1	1	1	0	1	1	1	0
1	1	1	1	1	1	1	0	1	1	1

2. 二—十进制编码器

图 2-2-10 是 8421BCD 码普通编码器,高电平有效,其中 I_0、I_1、$\cdots$、I_9 为 10 个输入端,可对 10 个信号进行编码,高电平有效,$L_3L_2L_1L_0$ 组成 8421BCD 码输出。因有 10 根输入线、4 根输出线,常称为 10/4 线编码器。

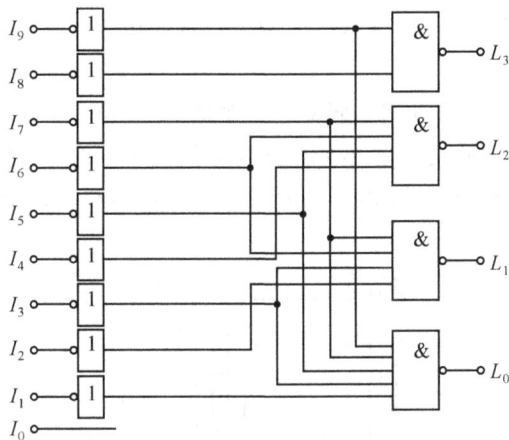

图 2-2-10　二—十进制编码器

按图可写出如下逻辑式:

$$L_3=\overline{\overline{I_9}\cdot\overline{I_8}}$$

$$L_2=\overline{\overline{I_7}\cdot\overline{I_6}\cdot\overline{I_5}\cdot\overline{I_4}}$$

$$L_1=\overline{\overline{I_7}\cdot\overline{I_6}\cdot\overline{I_3}\cdot\overline{I_2}}$$

$$L_0=\overline{\overline{I_9}\cdot\overline{I_7}\cdot\overline{I_5}\cdot\overline{I_3}\cdot\overline{I_1}}$$

同样,任一时刻只允许对一路信息编码,即一路输入为 1 时,其余输入为 0。如 I_9 为 1,其余为 0 时,可得 $L_3L_2L_1L_0=1001$。依次计算,可得如表 2-2-6 所示真值表,结果确为 8421BCD 码。

　　上面介绍的两种编码器存在同样的缺点:任一时刻只允许对一路信息编码,若同时有多路信息输入时,编码将出现错误。为此,实际集成电路产品常设计成优先编码方式。

表 2-2-6　图 2-2-10 真值表

输　入										输　出			
I_9	I_8	I_7	I_6	I_5	I_4	I_3	I_2	I_1	I_0	L_3	L_2	L_1	L_0
1	0	0	0	0	0	0	0	0	0	1	0	0	1
0	1	0	0	0	0	0	0	0	0	1	0	0	0
0	0	1	0	0	0	0	0	0	0	0	1	1	1
0	0	0	1	0	0	0	0	0	0	0	1	1	0
0	0	0	0	1	0	0	0	0	0	0	1	0	1
0	0	0	0	0	1	0	0	0	0	0	1	0	0
0	0	0	0	0	0	1	0	0	0	0	0	1	1
0	0	0	0	0	0	0	1	0	0	0	0	1	0
0	0	0	0	0	0	0	0	1	0	0	0	0	1
0	0	0	0	0	0	0	0	0	1	0	0	0	0

　　3.优先编码器

　　优先编码器在多个信息同时输入时也能得出正确结果,因为它只对多个输入中优先级别最高的信号编码,能保证编码的唯一性。

　　8/3 线优先编码器 CT74148 的逻辑图如图 2-2-11 所示。它是一个实际产品,除包

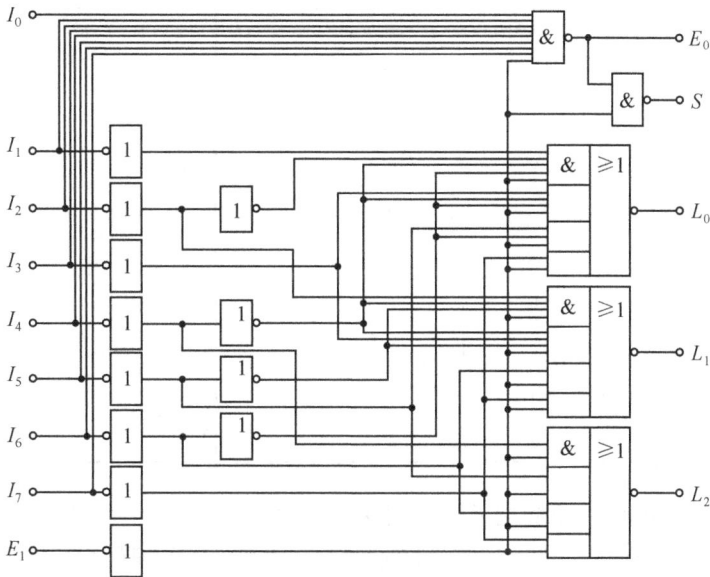

图 2-2-11　8/3 线优先编码器逻辑图

含完成 3 位二进制优先编码所需的电路外,还有一些辅助电路:增加了输入使能端 E_1、输出使能端 E_0 和优先标志端 S,比图 2-2-9 复杂得多。对于中、大规模集成电路产品,厂家除提供逻辑图外,还提供逻辑功能表。由于逻辑图往往比较复杂,分析它需用较多时间,因此学习重点是功能表,只要功能理解正确,会灵活应用即可。

由逻辑图可写出各输出端的逻辑式为

$$L_2 = \overline{\overline{E_1} \cdot \overline{I_4} + \overline{E_1} \cdot \overline{I_5} + \overline{E_1} \cdot \overline{I_6} + \overline{E_1} \cdot \overline{I_7}}$$

$$L_1 = \overline{\overline{E_1} \cdot \overline{I_2} I_4 I_5 + \overline{E_1} \cdot \overline{I_3} I_4 I_5 + \overline{E_1} \cdot \overline{I_6} + \overline{E_1} \cdot \overline{I_7}}$$

$$L_0 = \overline{\overline{E_1} \cdot \overline{I_1} I_2 I_4 I_6 + \overline{E_1} \cdot \overline{I_3} I_4 I_6 + \overline{E_1} \cdot \overline{I_5} I_6 + \overline{E_1} \cdot \overline{I_7}}$$

$$E_0 = \overline{E_1} I_0 I_1 I_2 I_3 I_4 I_5 I_6 I_7$$

$$S = \overline{\overline{E_1} E_0}$$

依次代入各输入量,可得如表 2-2-7 所示的 8/3 线优先编码器功能表。

下面具体介绍这张功能表:表第 1 行说明输入使能端 $E_1 = 1$ 时,无论 8 个输入信号取何值,输出 $L_2 L_1 L_0 = 111$,$E_0 = 1$,$S = 1$,表示编码器处于不工作状态。第 2 行 $E_1 = 0$,8 个信号输入端全为 1,输出 $L_2 L_1 L_0 = 111$,$S = 1$,$E_0 = 0$,说明编码器处于可工作状态,但无编码对象输入。从第 3 行开始,$E_1 = 0$,8 个信号输入端中至少有一个为 0(有编码对象),其他按优先级别取 1 或随意,输出 $L_2 L_1 L_0$ 为相应编码结果,$S = 0$,$E_0 = 1$,说明编码器处于优先编码状态。

表 2-2-7　8/3 线优先编码器功能表

输　　　入									输　　　出				
E_1	I_0	I_1	I_2	I_3	I_4	I_5	I_6	I_7	L_2	L_1	L_0	S	E_0
1	×	×	×	×	×	×	×	×	1	1	1	1	1
0	1	1	1	1	1	1	1	1	1	1	1	1	0
0	×	×	×	×	×	×	×	0	0	0	0	0	1
0	×	×	×	×	×	×	0	1	0	0	1	0	1
0	×	×	×	×	×	0	1	1	0	1	0	0	1
0	×	×	×	×	0	1	1	1	0	1	1	0	1
0	×	×	×	0	1	1	1	1	1	0	0	0	1
0	×	×	0	1	1	1	1	1	1	0	1	0	1
0	×	0	1	1	1	1	1	1	1	1	0	0	1
0	0	1	1	1	1	1	1	1	1	1	1	0	1

综观全表可知:输入使能端 $E_1 = 1$ 时编码器不工作,$E_1 = 0$ 时编码器工作;8 个信号输入端低电平有效。当 $I_7 = 0$,其他随意时,可得到唯一的编码输出;而 $I_0 = 0$ 时,只有其他均为 1,才能得出对应编码。由此可见,I_7 优先级别最高,I_0 最低;编码器不工作、可工作而无编码对象、I_0 为有效编码等 3 种情况下 $L_2 L_1 L_0$ 均为 111,区分它们的

标志是 S 端，$S=0$ 为优先编码工作，$S=1$ 为不工作或不编码；编码器不工作或处于优先编码状态时 $E_0=1$，只有在编码器处于可工作状态而又无编码对象请求编码时 $E_0=0$。所以，若把本片 E_0 与另一片的 E_1 端相接，这样，在本片不编码时可让另一片编码，组成具有片间优先功能的更多输入端的优先编码电路，即 E_0 可作为片扩展端。

二、译码及显示

译码器的功能与编码器正好相反，它能把编码所代表的信息翻译（还原）出来。

1. 二进制译码器

二进制译码器的输入为二进制码，若输入有 n 位，数码组合有 2^n 种，可译出 2^n 个输出。实际集成电路产品 $n=2$、3、4 等。现以 3 位二进制译码器 CT74LS138 为例加以说明。

CT74LS138 译码器的逻辑图和功能表分别如图 2-2-12 和表 2-2-8 所示。

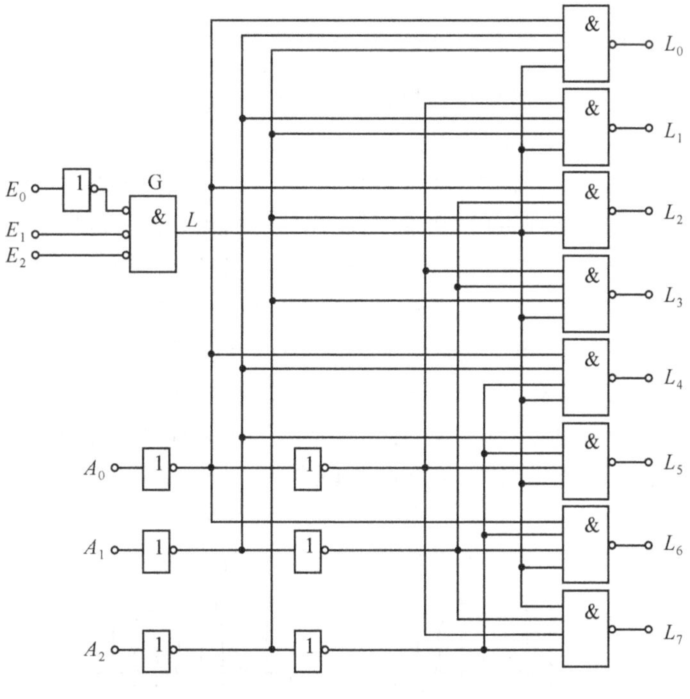

图 2-2-12 CT74LS138 译码器逻辑图

在 6 个输入端中，E_0、E_1、E_2 为使能端，用以控制译码器工作与否，$A_2 A_1 A_0$ 为 3 位二进制码，是译码对象，不同的数码组合选中不同的通道输出信号，所以也叫通道选择码。L_0、L_1、…、L_7 是译码输出端，共 8 个通道，用输出电平高低表示译码结果。

由于门 G 的输出 $L=E_0 \cdot \overline{E_1} \cdot \overline{E_2}$，所以当 $E_0=0$，E_1 和 E_2 任取时，$L=0$，芯片所有与非门的输入中至少有一端为零，与非门均关闭，$L_0 \sim L_7$ 全为 1，与 $A_2 A_1 A_0$ 数码无关，译码器处于不工作状态。只有当 $E_0=1$，E_1 和 E_2 均为零，即 $E_0 E_1 E_2 = 100$ 时，$L=1$，输出端所有与非门开启，输出 $L_0 \sim L_7$ 的电平决定于 $A_2 A_1 A_0$ 数码的取值，译码器处于工作状态。在工作状态下，对应一组输入数码，一根特定输出线为 0，其余输出为 1。可见译码输出为低电平有效。

表 2-2-8　CT74LS138 功能表

输　入					输　　出							
使　能		选　择　码										
E_0	E_1+E_2	A_2	A_1	A_0	L_0	L_1	L_2	L_3	L_4	L_5	L_6	L_7
×	1	×	×	×	1	1	1	1	1	1	1	1
0	×	×	×	×	1	1	1	1	1	1	1	1
1	0	0	0	0	0	1	1	1	1	1	1	1
1	0	0	0	1	1	0	1	1	1	1	1	1
1	0	0	1	0	1	1	0	1	1	1	1	1
1	0	0	1	1	1	1	1	0	1	1	1	1
1	0	1	0	0	1	1	1	1	0	1	1	1
1	0	1	0	1	1	1	1	1	1	0	1	1
1	0	1	1	0	1	1	1	1	1	1	0	1
1	0	1	1	1	1	1	1	1	1	1	1	0

　　由于输入线有 3 根,输出线有 8 根,所以这种译码器也称为 3/8 线译码器,相应地还有 2/4 线、4/16 线等译码器。

　　上述译码器应用很广。例如,在微机控制系统中,一台微机同时控制多个对象时,就是通过译码器选中不同通道的:在程序执行过程中,当计算机地址总线输出一组地址码时,经过译码器译码,其中一条输出线有信号输出,控制对应通道工作;计算机给出不同的地址码,经译码后选中不同的通道对象工作。除此之外,译码器还可作为数据分配器使用(将在稍后介绍),若和门电路配合,还可用来产生逻辑函数等。

　　例 2-2-6　试用两片 CT74LS138 组成 4/16 线译码器。

　　解　根据图 2-2-12,CT74LS138 有 3 个选择码输入端和 8 个输出端,若要用两片 CT74LS138 组成 4/16 线译码器,关键在于必须有 4 个选择码输入端。为此,可利用使能端 E_0、E_1 和 E_2,通过适当连接,使其中一片译码时,另一片不工作,得 8 个输出,两片交换工作,得另外 8 个输出,共 16 个输出,外部接线图如图 2-2-13 所示。

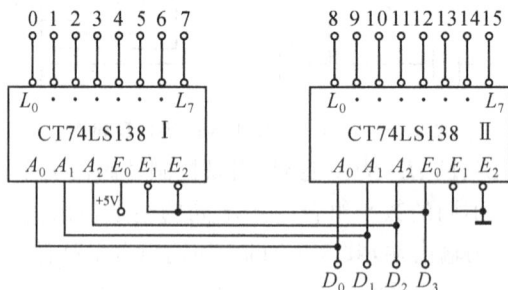

图 2-2-13　例 2-2-6 原理图

　　从图中可知,当 $D_3=0$ 时,$D_3D_2D_1D_0$ 对应的十进制数在 0～7 之间,此时 CT74LS138 Ⅱ号片由于其 $E_0=0$ 而不译码,对应的 8 个输出端全为 1,即 8～15 输出中无信息译出;而由于 CT74LS138 Ⅰ号片的 $E_0=1$ 且 $E_1=E_2=D_3=0$,所以工作,其 8 个输出端中将有信息译出,即 0～7 输出中将有一个对应于 $D_2D_1D_0$ 值的信息被译出。

$D_3=1$ 时的分析类似。

2.二—十进制译码器

8421BCD 码是最常用的二—十进制码,它以二进制数码 0000~1001 代表 0~9 等 10 个十进制数。因此,这种译码器应有 4 个输入端、10 个输出端。若译码结果为低电平有效,则输入一组数码,只有对应的一根输出线为 0,其余为 1,表示翻译出该组数码对应的那个十进制数。

实现上述功能的译码器逻辑图和功能表分别如图 2-2-14 和表 2-2-9 所示。

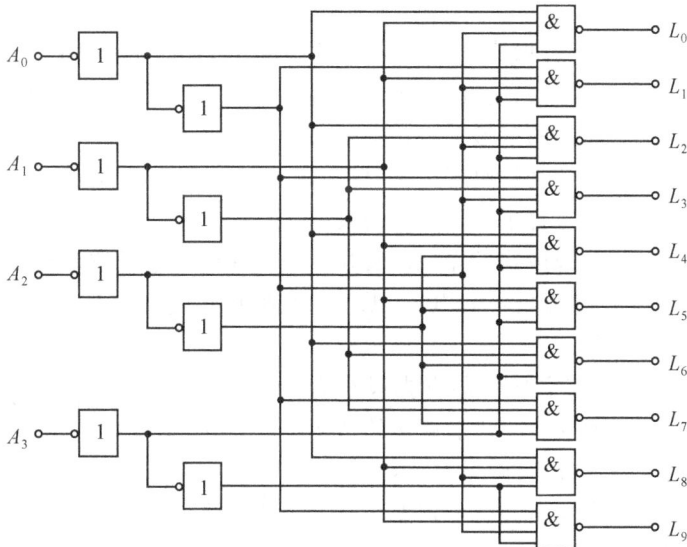

图 2-2-14 8421BCD 码译码器逻辑图

表 2-2-9 8421BCD 码译码器功能表

输		入		输					出				
A_3	A_2	A_1	A_0	L_0	L_1	L_2	L_3	L_4	L_5	L_6	L_7	L_8	L_9
0	0	0	0	0	1	1	1	1	1	1	1	1	1
0	0	0	1	1	0	1	1	1	1	1	1	1	1
0	0	1	0	1	1	0	1	1	1	1	1	1	1
0	0	1	1	1	1	1	0	1	1	1	1	1	1
0	1	0	0	1	1	1	1	0	1	1	1	1	1
0	1	0	1	1	1	1	1	1	0	1	1	1	1
0	1	1	0	1	1	1	1	1	1	0	1	1	1
0	1	1	1	1	1	1	1	1	1	1	0	1	1
1	0	0	0	1	1	1	1	1	1	1	1	0	1
1	0	0	1	1	1	1	1	1	1	1	1	1	0

图 2-2-14 中 $L_9=\overline{A_3\,\overline{A_2}\,\overline{A_1}\,A_0}$,我们将 $A_3A_2A_1A_0=1001$ 代入可得 $L_9=0$,其他与非门的各个输入端中至少有一个为 0,所以输出全为 1。

前面我们曾约定,某输出线为 0 表示译码结果对应着十进制的某个数符。对于用数字显示译码结果来说,这种约定很不直观,最好把数字直接显示出来。下面介绍的数字显示译码器就可直观地显示译码结果。

3. 数字显示译码器

(1)显示器件

数字显示器件的种类很多,按发光物质的不同有:半导体(发光二极管)显示器、液晶显示器、荧光显示器和辉光显示器等;按组成数字的方式不同,又可分为:分段式、点阵式、字形重叠式等。

字形重叠式:一个字符做成一个完整的字型,0~9 十个字重叠放置,作为 10 个相互绝缘的电极,另有一个公共电极,当某个电极相对于公共电极加上电压时,相应的字发亮。辉光数码管是典型的字形重叠式显示器,该类显示器适合与前面介绍的二—十进制译码器配合使用。辉光数码管工作时需加+150V 左右的直流电压,字形美观、富有艺术感,亮度也较高,适合于体积较大的设备。

目前使用最多的是分段式发光二极管显示器。在模拟电子技术部分曾经介绍过发光二极管,它需一定的工作电流和电压,无论单独使用还是组成分段式显示器,实际使用中都应注意电流定额。

图 2-2-15 是七段数字显示器发光段组合图,它有共阳、共阴两种接法。共阳接法的数码管(显示器),各段发光二极管阳极相接,则阴极电位低者亮;共阴接法恰好相反。所以要想显示某个数字,必须使相应的几段同时为低电平(共阳接法)或高电平(共阴接法)。显然,已介绍过

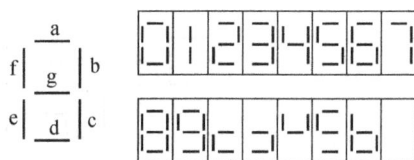

图 2-2-15　七段数字显示器发光段组合图

的二—十进制译码器不适合与分段式显示器配合,必须采用专门的显示译码器。

除了发光二极管显示器,荧光数码管和液晶显示器也属分段式显示器。荧光数码管内部有一个阴极(由灯丝兼作)、一个网状的栅极和七个或八个阳极(即字段),工作时须加 1.5~6V 的电压使灯丝加热而发射电子。荧光数码管的主要缺点是需加热灯丝,因而功耗较大、灯丝老化快、外壳易碎,主要优点是驱动电流较小、字形较亮。液晶显示器(LCD)的显著特点是耗电极省,且易制成点阵式,工作时要求在两极间加 50~500Hz 的交变电压(或对称方波),不显示时极间电压应为零,以提高其工作寿命。

(2)显示译码器

下面我们通过一个典型中规模集成电路 CT74LS248 介绍显示译码器的作用和工作原理,望能起到举一反三的作用。

CT74LS248 七段译码器逻辑图和功能表分别如图 2-2-16 和表 2-2-10 所示,译码输出高电平有效,适合与共阴接法七段数码管配合使用。

在图 2-2-16 中,主要输入和输出端有:A_0~A_3 为二进制码输入,a~g 为七段信号输出;辅助输入和输出端有:LT 为试灯输入,I_{BR} 为灭零输入,I_B/Q_{BR} 为灭灯输入/灭零输出,即该端可作输入,也可作输出。

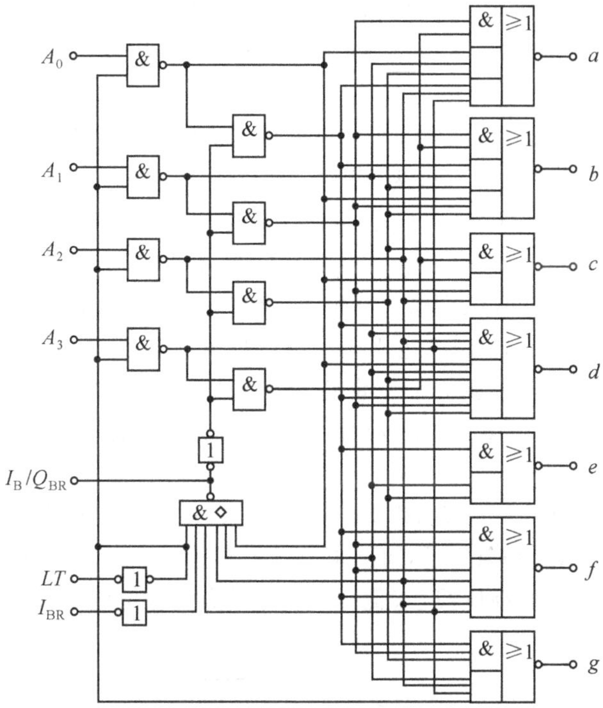

图 2-2-16　CT74LS248 逻辑图

表 2-2-10　CT74LS248 功能表

数字或功能	输 入							输 出						
	LT	I_{BR}	A_3	A_2	A_1	A_0	I_B/Q_{BR}	a	b	c	d	e	f	g
0	1	1	0	0	0	0	1	1	1	1	1	1	1	0
1	1	×	0	0	0	1	1	0	1	1	0	0	0	0
2	1	×	0	0	1	0	1	1	1	0	1	1	0	1
3	1	×	0	0	1	1	1	1	1	1	1	0	0	1
4	1	×	0	1	0	0	1	0	1	1	0	0	1	1
5	1	×	0	1	0	1	1	1	0	1	1	0	1	1
6	1	×	0	1	1	0	1	1	0	1	1	1	1	1
7	1	×	0	1	1	1	1	1	1	1	0	0	0	0
8	1	×	1	0	0	0	1	1	1	1	1	1	1	1
9	1	×	1	0	0	1	1	1	1	1	1	0	1	1
10	1	×	1	0	1	0	1	0	0	0	1	1	0	1
11	1	×	1	0	1	1	1	0	0	1	1	0	0	1
12	1	×	1	1	0	0	1	0	1	0	0	0	1	1
13	1	×	1	1	0	1	1	1	0	0	1	0	1	1
14	1	×	1	1	1	0	1	0	0	0	1	1	1	1
15	1	×	1	1	1	1	1	0	0	0	0	0	0	1
灭灯	×	×	×	×	×	×	0	0	0	0	0	0	0	0
灭零	1	0	0	0	0	0	0	0	0	0	0	0	0	0
试灯	0	×	×	×	×	×	1	1	1	1	1	1	1	1

若要数码管显示数字或符号，必须使译码器处于译码工作状态。为此，除 $A_3A_2A_1A_0$ 端应输入数码外，还应使 LT 为 1。为了接线方便，一般 I_{BR} 也取 1，此时 I_B/Q_{BR} 为输出方式。

LT 信号用来检查数码管好坏，当输入 LT 为 0 时，若七段均完好，应该全亮。试灯状态其他输入端电平随意，I_B/Q_{BR} 为输出方式。

I_B 信号用来灭灯，当 I_B 输入 0 时，数码管各段均熄灭，其他输入端电平随意。

I_{BR} 用来动态灭零，当输入 $I_{BR}=0$、$LT=1$、$A_3A_2A_1A_0=0000$ 时，逻辑运算使 $I_B/Q_{BR}=0$，效果与直接从 I_B/Q_{BR} 端输入 0 相同（灭灯），使数字 0 的各段熄灭，即该零不显示，此时 I_B/Q_{BR} 为输出方式，其低电平表示 0 已熄灭。若 $A_0\sim A_3$ 中有 1 存在，运算结果 $I_B/Q_{BR}=1$，不会灭灯，可显示非零数字。综上所述，在动态显示过程中，若使 I_{BR} 为零，则不会显 0，其他仍显示。利用该功能，可将有效数字前、后无用的零熄灭，这不仅便于读数，还可减少功耗。

在多位数字显示中，利用 I_{BR} 和 I_B/Q_{BR} 配合使多余 0 熄灭的例子如图 2-2-17 所示。在输入如图所示数码条件下，可将 050.400 显示为 50.4。其连接规律是：整数部分最高位 I_{BR} 接地，其余为高位 Q_{BR} 接低位 I_{BR}；小数点后最低位 I_{BR} 接地，其余低位 Q_{BR} 接高位 I_{BR}。

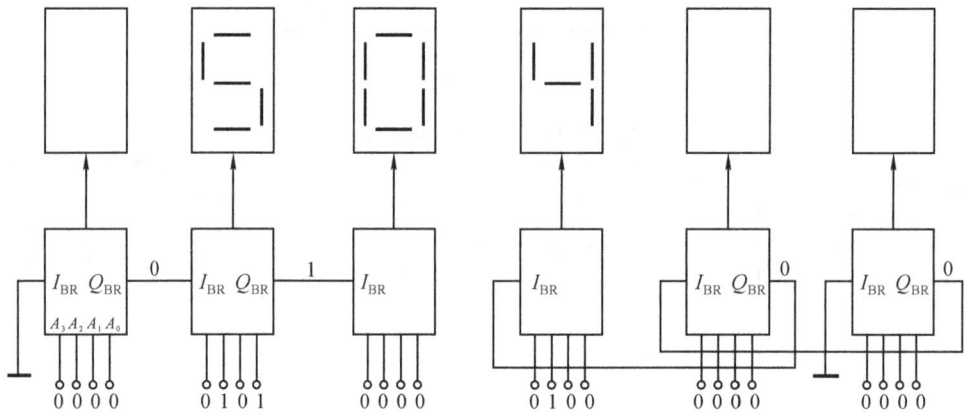

图 2-2-17 熄灭多余 0 示例

三、报警及显示的设计制作

为了实现报警功能，应用编码器来获得输入现场信息并进行编码。考虑到有可能出现 2 路及以上的报警信息输入，拟采用优先编码器 CD4532。我们采用七段共阴数码管来显示报警信息的通道号，则可用七段译码/驱动器 CD4511 来完成译码并驱动数码管工作。

1. CD4532 的管脚排列及功能说明

CD4532 是 8 位优先编码器，其管脚排列如图 2-2-18 所示。CD4532 能将最高优先级输入（$D_7\sim D_0$）编码为 3 位二进制输出，其中 D_7 具有最高优先级，D_0 最低；当片选信号 EI 为低电平时，编码器不工作，输出全为 0，见表 2-2-11。

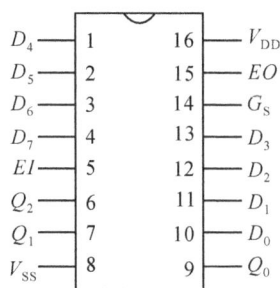

图 2-2-18　CD4532 的管脚排列

表 2-2-11　CD4532 的功能表

输入									输出				
EI	D_7	D_6	D_5	D_4	D_3	D_2	D_1	D_0	GS	Q_2	Q_1	Q_0	EO
0	×	×	×	×	×	×	×	×	0	0	0	0	0
1	0	0	0	0	0	0	0	0	0	0	0	0	1
1	1	×	×	×	×	×	×	×	1	1	1	1	0
1	0	1	×	×	×	×	×	×	1	1	1	0	0
1	0	0	1	×	×	×	×	×	1	1	0	1	0
1	0	0	0	1	×	×	×	×	1	1	0	0	0
1	0	0	0	0	1	×	×	×	1	0	1	1	0
1	0	0	0	0	0	1	×	×	1	0	1	0	0
1	0	0	0	0	0	0	1	×	1	0	0	1	0
1	0	0	0	0	0	0	0	1	1	0	0	0	0

从表中还可看出,当 EI 为高电平时,具有最高优先级输入的二进制编码就出现在输出 $Q_2 \sim Q_0$ 上,并且 GS 输出为高电平,表明存在优先输入。当无优先输入时,允许输出 EO 为高电平。

2. CD4511 的管脚排列及功能说明

CD4511 是 BCD-7 段锁存译码驱动器,其静态功耗很低,而抗干扰能力很强,且可直接驱动 LED 及其他显示器件,其管脚排列见图 2-2-19。CD4511 的 $LE/\overline{STB}$ 为 0 电平时译码,$\overline{LT}$ 为 0 电平时试灯,$\overline{BI}$ 为 0 电平时灭灯,输出高电平有效,即可直接驱动共阴极数码管。

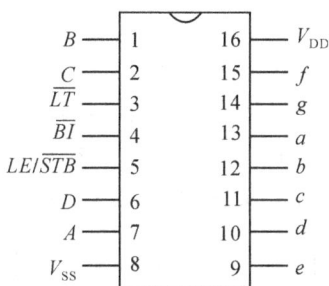

图 2-2-19　CD4511 的管脚排列

3. 报警及显示

(1)电路及工作原理

利用优先编码器 CD4532 和七段译码驱动器 CD4511 实现的报警指示电路如图 2-1-1所示,图中 SW-DIP8 可用 8 条导线代替,$R_2 \sim R_9$ 均为 $10k\Omega$ 电阻,$R_{10} \sim R_{16}$ 为 510Ω 电阻。当 SW-DIP8 中每个开关均接通时,CD4532 的 $D_0 \sim D_7$ 均为 0,则 $EO=1$,经 IC_4 的非门后得低电平,使 CD4511 的 $\overline{BI}=0$,则 CD4511 的七个输出均为 0,灭灯,不显示;当 $D_0 \sim D_7$ 中有开关断开时,CD4532 按优先法则得到对应编码的同时使 $EO=0$,则 CD4511 的 $\overline{BI}$,不能灭灯,电路就将断开的最高优先级开关编码译出显示。

(2)所需仪器设备及器件清单

名 称	数 量	说 明
+5V 直流电源	1	
数字万用表	1	
CD4532	1	优先编码器
CD4511	1	七段译码驱动器
CD4011	1	四-2 输入与非门
电 阻	10k×8,510Ω×7	
数码管	1	共阴 LED

(3)测试内容

① 按图接线。

② 操作 $K_0 \sim K_7$,观察数码管显示情况。

(4)问题

①如要实现 16 路报警,电路该作何修改? 为什么?

②如数码管显示与 $K_0 \sim K_7$ 编号不对应,可能是什么原因?

③如果要有声报警功能,电路应作何改动?

除以上介绍的编码器、译码器等典型组合逻辑电路外,常用的组合逻辑电路还有数据分配器、数据选择器、数字比较器、加法器等,下面一一介绍。

四、数据分配器

数据分配器能把一个输入数据有选择地分配给任意一个输出通道,因此它一般有一个数据输入端,多个输出端,另外还有通道选择地址码输入端和使能控制端。

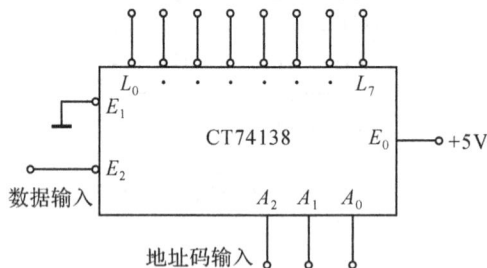

图 2-2-20　CT74138

根据数据分配器的功能,可利用 CT74138 作适当改变来实现。利用 CT74138(CT74138 的功能及管脚排列同 CT74LS138,见图 2-2-12)作数据分配器的外部接线图如图 2-2-20 所示。

输入 3 位二进制数码接 $A_2A_1A_0$,用来选择通道,使能端 E_0 接 +5V,E_2 接分配的数据信号。当 $E_2 = 0$ 时,译码器工作的所有条件均已满足,此时若 $A_2A_1A_0 = 000$,则 $L_0 = 0 = E_2$,数据分配给 0 通道……若 $A_2A_1A_0 = 111$,则 $L_7 = 0 = E_2$,数据分配给 7 通道。

由此可见,输入不同的地址码,可把数据分配给 $0 \sim 7$ 八个通道中的任意一路。由于 L_i $= E_2$(i 为 $A_2 A_1 A_0$ 对应的十进制数),该图为原码输出。

五、数据选择器

数据选择器正好与数据分配器相反,它有多个数据输入端,只有一个输出端,能在多个输入数据中择其一从输出端输出,具体有二选一、四选一、八选一、十六选一等。双四选一数据选择器 CT74153 如图 2-2-21 所示。

现以八选一数据选择器 CT74151 为例对其组成、功能和应用加以说明。CT74151 的逻辑图和功能表分别如图2-2-22和表 2-2-12 所示。

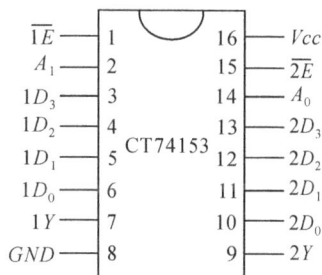

图 2-2-21 CT74153 管脚图

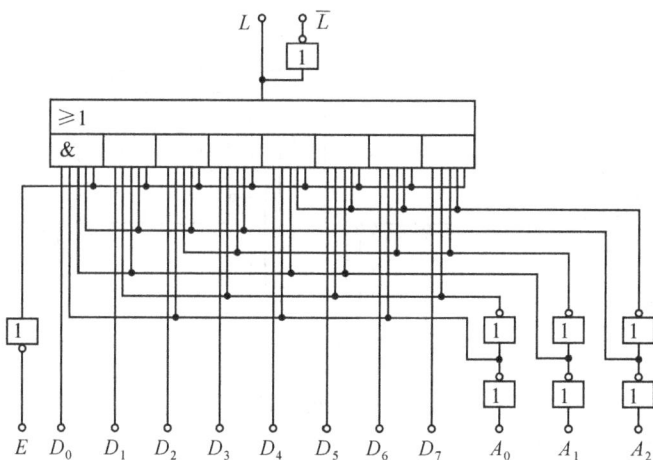

图 2-2-22 数据选择器 CT74151 逻辑图

图 2-2-22 中 $D_0 \sim D_7$ 为 8 个数据输入端,L 和 $\overline{L}$ 为互补输出端,$A_2 A_1 A_0$ 为通道选择地址码输入端,E 为使能端。

当 $E = 1$ 时,$\overline{E} = 0$,所有与门输入端中均有 0,无论 $A_2 A_1 A_0$ 为何值,与或非门输出 $\overline{L}$ $= 1$,$L = 0$,选择器不工作;而 $E = 0$ 时,$\overline{E} = 1$,所有与门开启,选择器处于工作状态。按图 2-2-22 可写出数据选择器输出端逻辑式(E $= 0$ 时)为

表 2-2-12 CT74151 功能表

输	入			输出
A_2	A_1	A_0	E	L
×	×	×	1	0
0	0	0	0	D_0
0	0	1	0	D_1
0	1	0	0	D_2
0	1	1	0	D_3
1	0	0	0	D_4
1	0	1	0	D_5
1	1	0	0	D_6
1	1	1	0	D_7

$$L = D_0 \, \overline{A_2} \, \overline{A_1} \, \overline{A_0} + D_1 \, \overline{A_2} \, \overline{A_1} \, A_0 + D_2 \, \overline{A_2} A_1 \overline{A_0} + D_3 \, \overline{A_2} A_1 A_0$$
$$+ D_4 \, A_2 \overline{A_1} \, \overline{A_0} + D_5 \, A_2 \overline{A_1} A_0 + D_6 \, A_2 A_1 \overline{A_0} + D_7 \, A_2 A_1 A_0 \qquad (2\text{-}2\text{-}3)$$

由式(2-2-3)可见,具体选中哪路信号决定于 $A_2 A_1 A_0$。如 $A_2 A_1 A_0 = 000$ 时,$L =$

D_0，$\overline{L}=\overline{D_0}$，选中 D_0；$A_2A_1A_0=111$ 时，$L=D_7$，$\overline{L}=\overline{D_7}$，选中 D_7。

六、数据选择器功能扩展及应用训练

在实际工作中，我们常常会遇到如何灵活应用数据选择器的问题，如位的扩展、作函数发生器用等。

1. 数据选择器位的扩展

要求用两片八选一数据选择器 CT74151 实现十六选一功能，并画出外部接线图。

这个问题的关键是通道选择，八选一数据选择器只有 3 个地址码输入端，要实现十六选一，必须有 4 个地址码输入。为此，可以把使能端当作地址输入端用，其接线图如图 2-2-23 所示。

当 $A_3=0$ 时，Ⅰ号片工作，在 $D_0\sim D_7$ 中选一；当 $A_3=1$ 时，Ⅱ号片工作，在 $D_8\sim D_{15}$ 中选一，总计达十六选一。

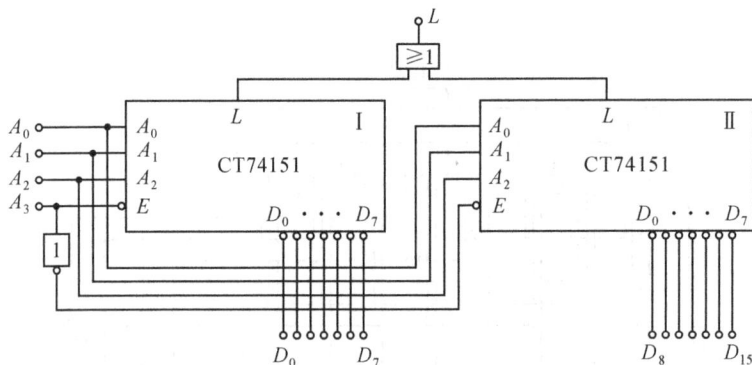

图 2-2-23　数据选择器位的扩展

2. 数据选择器用于函数发生

例 2-2-7　将八选一数据选择器当作函数发生器用，试实现函数

$$L(A、B、C)=\overline{A}\cdot\overline{B}\cdot\overline{C}+A\overline{C}+ABC \tag{2-2-4}$$

并画出外部接线图。

解　①将式(2-2-4)展开成最小项式

$$L(A、B、C)=\overline{A}\cdot\overline{B}\cdot\overline{C}+A\overline{B}\cdot\overline{C}+AB\overline{C}+ABC$$
$$=m_0+m_4+m_6+m_7 \tag{2-2-5}$$

②用数据选择器产生逻辑函数是一种新颖的方法，充分显示了灵活应用中规模集成电路的重要性，其步骤如下：

先将式(2-2-3)改写为：

$$L=D_0m_0+D_1m_1+D_2m_2+D_3m_3+D_4m_4+D_5m_5+D_6m_6+D_7m_7 \tag{2-2-6}$$

再令逻辑函数自变量和选择器地址码之间的对应关系为：

$A=A_2$

$B=A_1$

$C=A_0$

在此基础上，将式(2-2-5)和式(2-2-6)进行比较。其结果表明，暂不考虑数据端 D

的取值时,该函数只有选择器逻辑式中的 4 个最小项(m_0、m_4、m_6、m_7),另外 4 个最小项(m_1、m_2、m_3、m_5)不存在。而最小项的取舍正好利用数据端 D,对函数中存在的最小项,对应数据 D 取 1,最小项不存在时,对应数据 D 取 0。

③根据上述分析,外部接线图应如图 2-2-24 所示。

由此可见,用中规模集成电路实现逻辑函数比用小规模集成门电路简单得多。

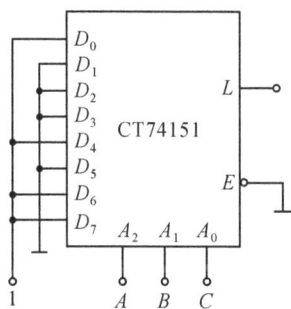

图 2-2-24 例 2-2-7 接线图

七、数字比较器

数字比较器能对两个二进制数进行比较,在包括电子计算机在内的数字系统中得到广泛应用。

1.1 位数字比较器的设计

众所周知,若要比较 1 位二进制数 A 和 B,结果有 3 种:$A>B$、$A<B$、$A=B$,由此可列出如表 2-2-13 所示的真值表。

根据真值表可写出如下逻辑式:

$$L_1 = A\overline{B}$$

$$L_2 = \overline{A}B$$

$$L_3 = \overline{A} \cdot \overline{B} + AB = \overline{A\overline{B} + \overline{A}B}$$

按上面三式可画出如图 2-2-25 所示的逻辑图。

表 2-2-13 1 位数字比较器真值表

输 入		输 出		
A	B	L_1 $A>B$	L_2 $A<B$	L_3 $A=B$
0	0	0	0	1
0	1	0	1	0
1	0	1	0	0
1	1	0	0	1

2.4 位数字比较器 CT7485

若两个 4 位二进制数 A、B,分别表示为 $A_3A_2A_1A_0$ 和 $B_3B_2B_1B_0$,对它们进行比较时,应该先比较最高位 A_3 和 B_3。当 $A_3 >$

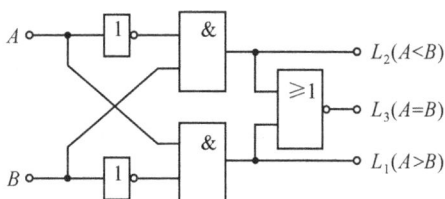

图 2-2-25 1 位数字比较器

B_3 时,$A>B$;当 $A_3<B_3$ 时,$A<B$,比较最高位就能得出结果;若 $A_3 = B_3$,则应对 A_2 和 B_2 进行比较,比较结果还是 3 种。同理,若 $A_2 = B_2$,还应比较 A_1 和 B_1;A_1、B_1 又相等时,只有比较 A_0、B_0 才能得出最终结果。

根据上述比较思路设计生产的中规模集成 4 位比较器 CT7485,其逻辑图和功能表分别如图 2-2-26 和表 2-2-14 所示。

逻辑图 2-2-26 表明,4 位比较器由 4 个 1 位比较器和若干逻辑门组成,1 位比较器是 4 位比较器的基础。另外,除 A、B 两个 4 位二进制数的 8 个输入端和反映总的比较结果的 3 个输出端 L_1、L_2 和 L_3 外,还有 3 个输入扩展端 L_1'、L_2' 和 L_3'。

按图 2-2-26 可写出 4 位比较结果的逻辑式:

$$L_1 = L_{31} + L_{33}L_{21} + L_{33}L_{23}L_{11} + L_{33}L_{23}L_{13}L_{01} + L_1'L_{33}L_{23}L_{13}L_{03}$$

$$L_2 = L_{32} + L_{33}L_{22} + L_{33}L_{23}L_{12} + L_{33}L_{23}L_{13}L_{02} + L_2'L_{33}L_{23}L_{13}L_{03}$$

$$L_3 = L_3'L_{33}L_{23}L_{13}L_{03}$$

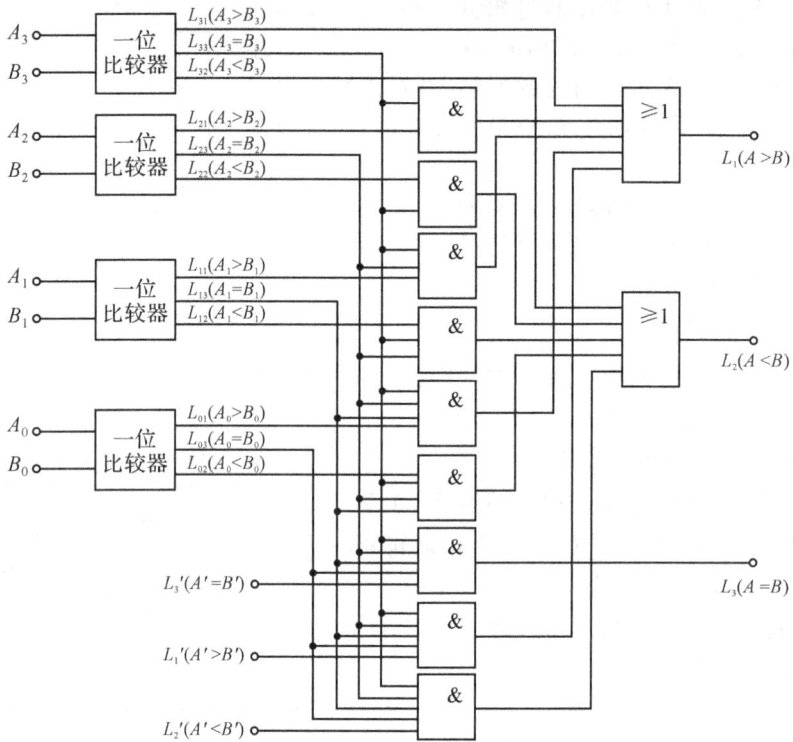

图 2-2-26　4 位比较器 CT7485 逻辑图

该组逻辑式清楚地体现了前述多位比较器的工作原理。

表 2-2-14　4 位比较器 CT7485 功能表

输　入							输　出		
A_3　B_3	A_2　B_2	A_1　B_1	A_0　B_0	$A'>B'$	$A'<B'$	$A'=B'$	L_1 $(A>B)$	L_2 $(A<B)$	L_3 $(A=B)$
$A_3>B_3$	$\times$	$\times$	$\times$	$\times$	$\times$	$\times$	1	0	0
$A_3<B_3$	$\times$	$\times$	$\times$	$\times$	$\times$	$\times$	0	1	0
$A_3=B_3$	$A_2>B_2$	$\times$	$\times$	$\times$	$\times$	$\times$	1	0	0
$A_3=B_3$	$A_2<B_2$	$\times$	$\times$	$\times$	$\times$	$\times$	0	1	0
$A_3=B_3$	$A_2=B_2$	$A_1>B_1$	$\times$	$\times$	$\times$	$\times$	1	0	0
$A_3=B_3$	$A_2=B_2$	$A_1<B_1$	$\times$	$\times$	$\times$	$\times$	0	1	0
$A_3=B_3$	$A_2=B_2$	$A_1=B_1$	$A_0>B_0$	$\times$	$\times$	$\times$	1	0	0
$A_3=B_3$	$A_2=B_2$	$A_1=B_1$	$A_0<B_0$	$\times$	$\times$	$\times$	0	1	0
$A_3=B_3$	$A_2=B_2$	$A_1=B_1$	$A_0=B_0$	1	0	0	1	0	0
$A_3=B_3$	$A_2=B_2$	$A_1=B_1$	$A_0=B_0$	0	1	0	0	1	0
$A_3=B_3$	$A_2=B_2$	$A_1=B_1$	$A_0=B_0$	0	0	1	0	0	1

例如,只要 $A_3>B_3$,必然 $L_{31}=1$,无论其他 3 位大小如何,比较结果 $L_1=1$,即 $A>B$;同理,若 $A_3<B_3$,可得 $L_{32}=1$,其他 3 位随意,比较结果 $L_2=1$,即 $A<B$。

特别值得强调的是：如果 $A \neq B$，比较结果与 $L_1{}'L_2{}'L_3{}'$ 无关，即比较结果决定于两数本身；若 $A = B$，比较结果还与 $L_1{}'L_2{}'L_3{}'$ 有关，这就提出了如何正确处理扩展端的问题。为了使输出能正确地反映比较结果，在一片单独使用时，显然 $L_1{}'$、$L_2{}'$ 应接地，$L_3{}'$ 则接高电平；多片联合使用扩展比较位数时，需要视具体要求灵活处理扩展端。由于比较器扩展有实用价值，下面作专门讨论。

3. 比较器位数的扩展

厂家生产的比较器位数一般为 4 位或 8 位，若要进行更多位数的比较，必然会遇到位数扩展的问题。

例如，若要求用两片 4 位比较器实现 8 位数字比较，根据功能表，只要将低 4 位比较器扩展端按一片单独使用的接法连接，而把它们的输出端接到高 4 位比较器的对应扩展端，高 4 位比较器的输出为总的比较结果，由此组成如图 2-2-27 所示的外部接线图。这种接法使片间关系完全符合多位比较原理，即从高位开始比较，高 4 位不等时，比较结果决定于高 4 位；高 4 位相等时，总的比较结果决定于低 4 位的比较。

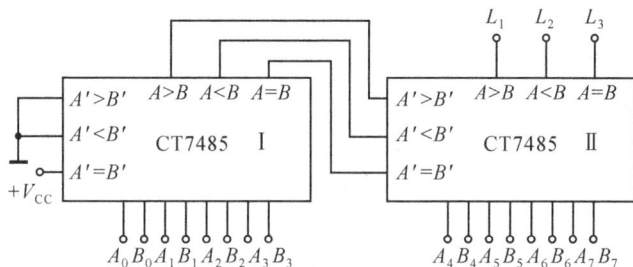

图 2-2-27 比较器位数的扩展

在图 2-2-27 中，最终比较结果要等到低 4 位比较结果送入高 4 位比较器后才能获得，所以属串行比较，速度较慢，但接法简单。并行比较速度快，但较复杂，这部分内容读者可参阅其他文献。

八、加法器

电子计算机中常将减、乘、除运算转化为加运算。因此，用于加法运算的加法器是最基本的运算电路。

两个二进制数相加，进行其中任意一位加法运算时，参与运算的除两数的本位外，还应有低位来的进位，实现这种加法运算的电路称为全加器；而不考虑低位进位的加法运算电路称为半加器。这里先介绍 1 位半加器和全加器的简单设计，然后介绍 4 位全加器。

1. 半加器

根据上述半加的定义，可列出 A_i、B_i 两个 1 位二进制半加的真值表，如表 2-2-15 所示，

表 2-2-15 半加器真值表

输 入		输 出	
A_i	B_i	S_i	C_i
0	0	0	0
0	1	1	0
1	0	1	0
1	1	0	1

其中 S_i 为本位的和，C_i 为向高位发出的进位。

由真值表可写出如下逻辑式：

$$S_i = \overline{A_i}B_i + A_i\overline{B_i} = A_i \oplus B_i$$

$$C_i = A_iB_i$$

按逻辑式可画出如图 2-2-28 所示逻辑图。

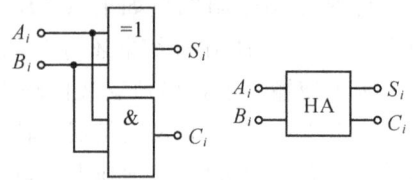

图 2-2-28　半加器

2. 全加器

根据前述全加的定义，若以 C_{i-1} 表示来自低位的进位，其他变量符号与半加器相同，可列出全加器的真值表，如表 2-2-16 所示。

由真值表可写出逻辑式：

$$
\begin{aligned}
S_i &= \overline{A_i} \cdot \overline{B_i}C_{i-1} + \overline{A_i}B_i\overline{C_{i-1}} \\
&\quad + A_i\overline{B_i} \cdot \overline{C_{i-1}} + A_iB_iC_{i-1} \\
&= (\overline{A_i}B_i + A_i\overline{B_i})\overline{C_{i-1}} + (A_iB_i \\
&\quad + \overline{A_i} \cdot \overline{B_i})C_{i-1} \\
&= (A_i \oplus B_i)\overline{C_{i-1}} + (\overline{A_i \oplus B_i})C_{i-1} \\
&= A_i \oplus B_i \oplus C_{i-1} \\
C_i &= \overline{A_i}B_iC_{i-1} + A_i\overline{B_i}C_{i-1} + A_iB_i\overline{C_{i-1}} \\
&\quad + A_iB_iC_{i-1} \\
&= A_iB_i(C_{i-1} + \overline{C_{i-1}}) + (A_i \oplus B_i)C_{i-1} \\
&= A_iB_i + (A_i \oplus B_i)C_{i-1}
\end{aligned}
$$

表 2-2-16　全加器真值表

输　入			输　出	
A_i	B_i	C_{i-1}	S_i	C_i
0	0	0	0	0
0	0	1	1	0
0	1	0	1	0
0	1	1	0	1
1	0	0	1	0
1	0	1	0	1
1	1	0	0	1
1	1	1	1	1

由逻辑式可见，用两个半加器和一个或门可组成全加器，如图 2-2-29 所示。

上述用异或门、与门、或门组成全加器仅仅是方案之一，经过不同的变换和化简，还有多种实现方案，此处不再详述。

3. 多位加法器

实用加法器往往是多位全加器，其基本形式有串行进位加法器和超前进位加法器两种。

(1)串行进位加法器

图 2-2-30 是 4 位串行进位加法器的组成框图，它由 4 个 1 位全加器组成。

图 2-2-30 表明，串行进位方案简单，每一位运算的最终结果，要等到低位运算结束

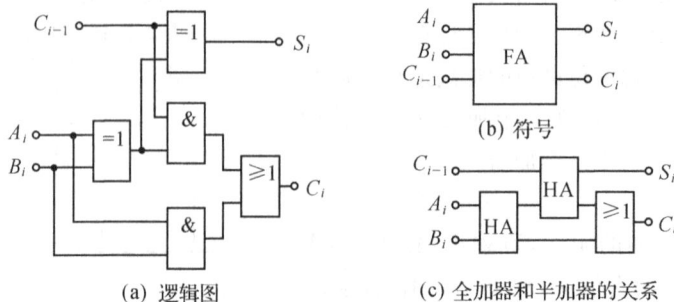

(a) 逻辑图　　　　(b) 符号　　　　(c) 全加器和半加器的关系

图 2-2-29　全加器

产生进位并参与运算以后才能获得,因此运算速度较慢。例如,当参与运算的两个数分别为 1111 和 0001 时,4 位全加器最终的进位信号 C_3 的产生,要通过一连串进位信号传递,经历时间较长。为了提高运算速度,实际中规模集成加法器多设计成超前进位方式。

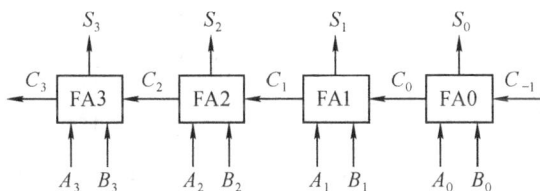

图 2-2-30 四位串行进行加法器

（2）4 位超前进位加法器 CT74283

由加法规律可知,送到第 i 位的进位信号 C_{i-1},决定于第 i 位前参与运算的数,进位的产生有规律性。如 A、B 两个二进制数相加,当 $A_{i-1}=B_{i-1}=1$ 时,$C_{i-1}=1$,有进位;当 $A_{i-1}+B_{i-1}=1$ 且 $C_{i-2}=1$ 时,$C_{i-1}=1$,也有进位;其他情况下无进位产生;C_{i-2} 的产生同样符合上述规律,可一直推论下去。若设 $C_{i-2}=0$,C_{i-1} 是否为 1 仅仅决定于 A_{i-1} 和 B_{i-1}。由此可见,根据参与运算的数可事先（超前）知道有无进位信号,即进位信号可并行产生,而不必像串行进位加法器逐级传送进位信号,这种基本想法就是构成超前进位加法器的基础。

图 2-2-31 是中规模集成电路芯片 4 位超前进位加法器 CT74283 逻辑图。图 2-3-31 中,$A_3A_2A_1A_0$ 和 $B_3B_2B_1B_0$ 是参与运算的两个 4 位二进制数,$S_3S_2S_1S_0$ 是运算结果的本位和;C_{-1} 在多片联合使用组成更多位加法器时,接低位片的进位端,一片单独使用时接地;C_3 是本片向高位片的进位输出端。

逻辑图 2-2-31 仍以 1 位全加器为基础,此处不详细分析,也不介绍设计过程,仅就进位问题加以说明。

对 CT74283 4 位超前进位加法器,应把它作为一个整体来看待,片内各位进位与使用者无关,且产生原理与 C_3 相同,因此着重讨论 C_3。

由逻辑图可写出 C_3 的逻辑式:

$$C_3=\overline{\overline{A_3+B_3}+\overline{A_3B_3}\cdot\overline{A_2+B_2}+\overline{A_3B_3}\cdot\overline{A_2B_2}\cdot\overline{A_1+B_1}+\overline{A_3B_3}\cdot\overline{A_2B_2}\cdot\overline{A_1B_1}\cdot\overline{A_0+B_0}+\overline{A_3B_3}\cdot\overline{A_2B_2}\cdot\overline{A_1B_1}\cdot\overline{A_0B_0}\cdot\overline{C_{-1}}}$$

读者若代入数据逐一计算,可得如下结论:

① C_3 的取值完全符合两个 4 位二进制数相加产生进位的规律。如 $A_3=B_3=1$ 时,无论其他各位和 C_{-1} 取何值,必得 $C_3=1$,即有进位。

② 若来自低位片的进位信号 $C_{-1}=0$,C_3 只与 A、B 两个参与运算的数有关,即片内产生 C_3 是并行的,属超前进位,同时也说明了一片单独使用时 C_{-1} 端应接地的理由。

③ 当 $C_{-1}=1$ 时,C_3 不仅与 A、B 有关,还依赖于来自低位片的进位信号 C_{-1},因此多片联合扩展加法运算时,片间进位仍属串行。

除加法器外,目前厂家还提供算术逻辑单元（ALU）集成电路,CT74LS381 就是其中

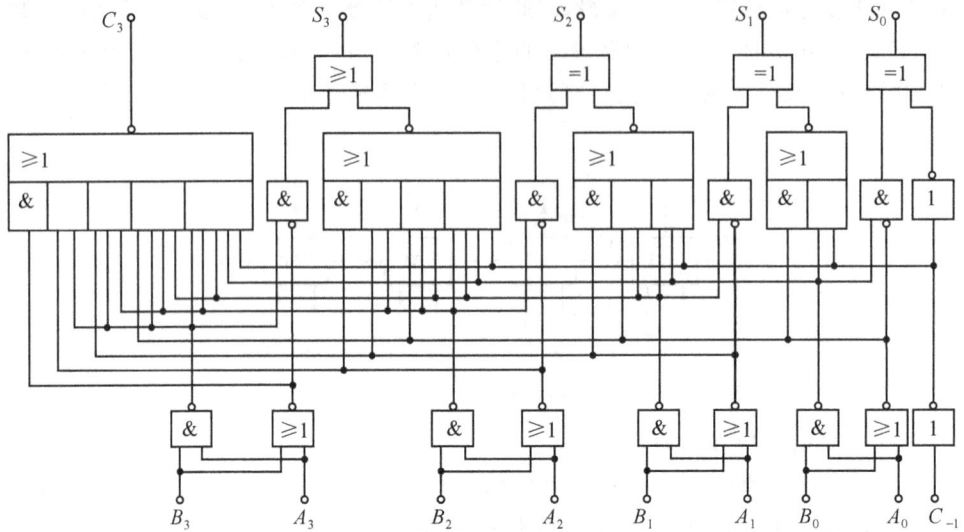

图 2-2-31　4 位超前进位加法器

的一种,可进行加法、减法及其他逻辑运算和操作,共 8 种功能,读者可参阅其他相关文献。

2.2.3　组合逻辑电路中的竞争冒险

在实际工作中,有时会遇到下述情况:按本项目配套知识所述设计方法设计出的组合逻辑电路,从原理上分析是正确的,但工作起来就是不正常。从设计角度看,究其原因,主要是设计者把集成器件和传输线路理想化了,没有考虑它们的传输延迟时间,因此就会出现稳定状态下逻辑关系能得以满足,而在输入信号变化过程中逻辑关系出现错误的现象,即产生竞争冒险。

一、产生竞争冒险的原因

产生竞争冒险的原因比较复杂,为建立基本概念,我们从分析简单的或门电路入手。或门逻辑图和输入、输出波形如图 2-2-32 所示。

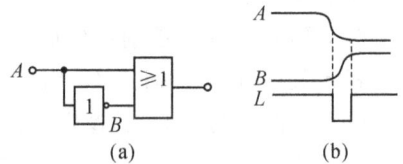

图 2-2-32　分析竞争冒险用图

当电路处于稳态时,根据或门功能,无论 A $=1(B=0)$,还是 $A=0(B=1)$,均可得 $L=A+B$ $=A+\overline{A}=1$,即输出恒为高电平,这已为我们熟知。但当 A 由"1"变"0"时,由于非门的传输时延,$\overline{A}$ 即 B 要经 t_{pd} 才由"0"变"1",在此期间 A 和 B 同时为 0,致使 $L=0$,产生负向干扰——毛刺电压(有的系统可能是正向干扰),如图 2-2-32(b)所示,这就是前面所述的竞争冒险现象。

由此可见,就单独使用的一个门而言,竞争冒险是多个输入信号变化速度有差异所致。如果该门是数字系统中的一个门,造成它的两个输入信号如此变化乃至产生竞争冒险,除系统各个信号本身变化速度不同的原因外,更主要的是即使在输入信号变化速度相同的条件下,由于信号传输的路径不同,或者门的平均传输时延不同,也会使各路信号传送到门输入端的时间各不相同,这种现象称为竞争。若竞争结果在输出端产生干扰脉冲,则称为冒险。

综上所述,集成器件及传输线存在传输延迟时间、多个输入信号变化速度存在差异是组合逻辑电路产生竞争冒险的原因,因而竞争冒险是客观存在的。

需要指出的是,有竞争未必就有冒险,图 2-2-32 中 A 由"0"上升为"1"时,就是如此;有冒险也未必就有危害,这主要决定于负载对干扰脉冲的响应速度,负载对窄脉冲的响应越灵敏,危害性也就越大。

二、竞争冒险现象的判断

判断组合逻辑电路中是否可能产生竞争冒险现象有两种常用的方法,即代数法和卡诺图法。

若电路的输出函数表达式在一定条件下可写成 $A+\overline{A}$ 或者 $A \cdot \overline{A}$ 的形式,则电路可能产生竞争冒险现象,该方法称为代数法。如函数 $F=AC+\overline{A}B$,发现当 $B=C=1$ 时 $F=A+\overline{A}$,所以直接用与门和或门实现函数 $F=AC+\overline{A}B$ 给定功能时就有产生竞争冒险现象的可能。

若作出电路输出函数的卡诺图,并按函数中的"与项"画出对应的卡诺圈,如发现卡诺圈之间存在相切的关系(即卡诺圈之间存在不被同一卡诺圈包围的相邻最小项),则电路可能产生竞争冒险现象,该方法称为卡诺图法。作出 $F=AC+\overline{A}B$ 卡诺图如图 2-2-33所示,可见图中 m_3 和 m_7 是不被同一卡诺圈包围的相邻项,所以存在竞争冒险的可能。

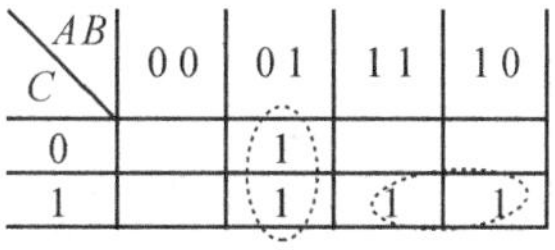

C＼AB	00	01	11	10
0		1		
1		1	1	1

图 2-2-33

三、消除竞争冒险的方法

产生竞争冒险的原因不同,消除的方法也各有差异,下面简略介绍几种消除的方法。

1.选择可靠性高的码制

项目一学过的格雷码,任一时刻只有一位变化。因此,在系统设计中需要自己选定码制时,在其他条件合适的前提下,若选择格雷码,可大大减少产生竞争冒险的可能性。

2.引入封锁脉冲

在系统输出门的一个输入端引入封锁脉冲。在信号变化过程中,封锁脉冲使输出门封锁,输出端不会出现干扰脉冲;待信号稳定后,封锁脉冲消失,输出门有正常信号输出。

3.引入选通脉冲

选通和封锁是两种相反的措施,但目的是相同的。在信号变化过程中,选通脉冲无效,输出信号不会改变;待信号稳定后,选通脉冲有效,输出门开启,输出正常信号。因此,封锁脉冲封锁了信号的过渡过程,脉冲较窄;选通脉冲选通信号的稳定,脉冲较宽。

这就是封锁和选通的区别。

4. 接滤波电容

无论是正向毛刺电压还是负向毛刺电压,脉宽一般都很窄,可通过在输出端并联适当小电容进行滤波,把毛刺电压幅度降低到系统允许的范围之内。电容容量大小具体由试验决定。这是一种简单而有效的办法,但输出波形变差。

5. 增加冗余项

该法通过修改设计,增加冗余项(此时系统不再最简)来达到消除竞争冒险的目的。如 $F=AB+\overline{A}C$,当 $B=C=1$ 时 $F=A+\overline{A}$,则当 A 由"1"变"0"时,将由于非门的传输时延 t_{pd} 而出现竞争冒险的现象,此时引入乘积项 BC,即 $F=AB+\overline{A}C+BC$,则竞争冒险就可消除,而逻辑功能不变。

2.2.4　组合逻辑集成电路实用举例

一、由 CD4514 构成的水箱水位检测及无线发送电路

图 2-2-34 是由 4/16 线译码器 CD4514 构成的水箱水位检测无线发送电路,适用于工厂、学校、家庭等水箱或水塔的水位检测控制。

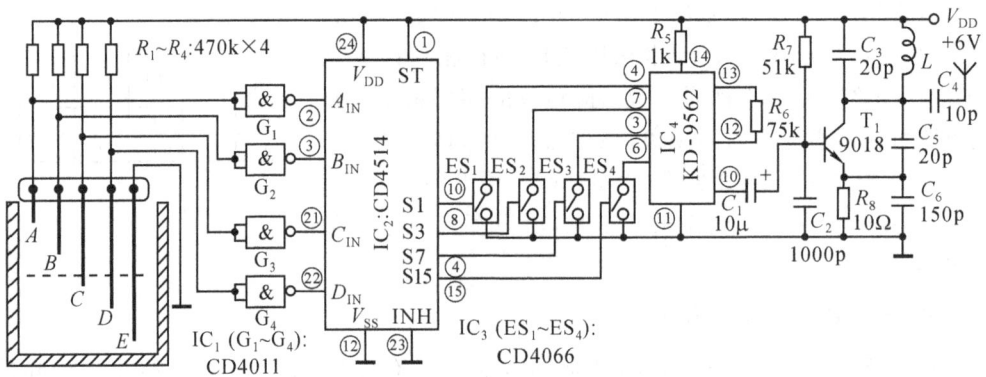

图 2-2-34　由 4/16 线译码器 CD4514 构成的水箱水位检测无线发送电路

1. 电路组成

图 2-2-34 电路主要由四块集成电路 $IC_1 \sim IC_4$ 和一只晶体三极管 T_1 为主组成。其中:IC_1 的型号为 CD4011,是一块 2 输入端四与非门数字集成电路;IC_2 的型号为 CD4514,是一块 4/16 线译码器(高电平有效)数字集成电路;IC_3 的型号为 CC4066,是一块四双向模拟开关集成电路;IC_4 的型号为 KD-9562,是一块音响发生集成电路,可发出铃声、枪声、救护车声、爆炸声;T_1 为高频三极管,与外围元件构成了载频振荡器,用于将 IC_4 输出的音响信号进行调制。

2. 工作原理

(1) 水位检测与信号转换

水箱中的 A～E 为五根不锈钢探针,用于检测水位的高低。$G_1 \sim G_4$ 组成了四个反相器,将水位高低转换为四组四位二进制码加到 IC_2 的②、③、㉑、㉒脚上。

（2）信号译码

IC₂ 是一种 4/16 线译码器,该集成电路将上述水位信号进行译码,译码后的结果由 IC₂ 的⑩、⑧、④、⑮脚输出,分别去控制 IC₃ 内的四个模拟开关 ES₁～ES₄ 导通或截止。

（3）音响发生与控制

IC₄ 是一块语音集成电路,受控于 IC₃ 的状态,当 IC₃ 中四个模拟开关 ES₁～ES₄ 之一导通时,就会使 IC₄ 的④、⑦、③、⑥脚中的某一脚等效接地,由此就会使 IC₄ 产生相应的语音信号。水箱中的水位与 IC₄ 产生的声音之间的对应关系如表 2-2-17 中所列。

（4）载频振荡电路

IC₄ 根据水位产生的声响信号从其⑩脚输出,经 C_1 耦合加到由 T_1 管等组成的载频振荡器上,经对信号进行调制以后,以调频的方式经 C_4 耦合由天线向外发射。

表 2-2-17　水箱水位与二进制码、IC₂、IC₄ 脚电平及声音之间的对应关系

水　　位	二进制码	IC₂ 相应脚电平	IC₄ 相应脚电平	IC₄ 产生的语音
D	0001	⑩脚为高电平	④脚为低电平	铃声
C	0011	⑧脚为高电平	⑦脚为低电平	枪声
B	0111	④脚为高电平	③脚为低电平	救护车声
A	1111	⑮脚为高电平	⑥脚为低电平	爆炸声

提示:图 2-2-34 发送电路的接收是由一只成品调频接收机来实现的,根据接收机中发出声音的不同,即可得知水箱(或水塔)内水位的高低情况。

二、由 CD4518 构成的电风扇仿自然风周波调速电路

1. 电路组成

图 2-2-35 是由双 BCD 加法计数器 CD4518 构成的电风扇仿自然风周波调速电路。该电路主要由 IC₁(CD4518)、T_1、S_4～S_1 开关等组成。

2. 工作原理

（1）供电电路

220V 交流电压经 FU 熔断器以后,一路提供给风扇电机强电控制电路;另一路经 C_1 和 R_5 的并联电路降压限流、D_6 与 D_7 整流、D_8 稳压、C_2 滤波,得到的直流电压提供给仿自然风周波调速电路。

（2）市电同步脉冲电路

市电同步脉冲电路由 R_1、D_1 构成。它是利用高阻值电阻 R_1 限流从市电中提取,并经稳压二极管 D_1 双向限幅后得到幅度为 $-0.7～+9V$ 的脉冲信号,该信号加至 IC₁ 的②脚。

（3）DIP 拨码开关电路

微型 DIP 拨码开关连接在 IC_1 的⑪～⑭脚（通过 D_2～D_5 发光二极管）与 T_1 管基极（通过 R_3 电阻）之间，当 DIP 拨码开关 S_1～S_4 某一接通时，IC_1⑪～⑭脚输出的高电平信号一方面使 D_2～D_5 中相应的发光二极管导通发光，另一方面经 R_3 使 T_1 管导通，进而为双向可控硅 VS_1 提供触发电压而使 VS_1 也导通，使风扇电机得电工作。

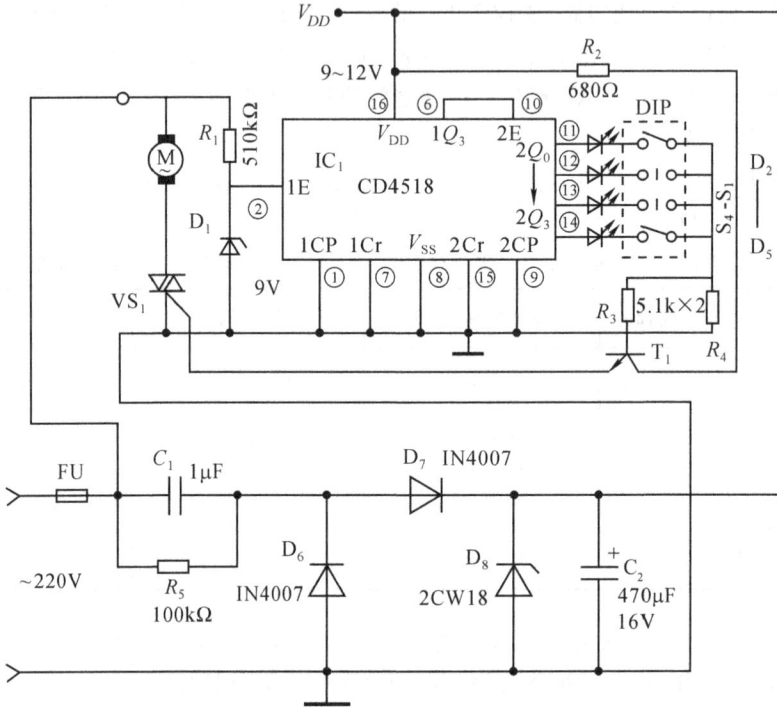

图 2-2-35　CD4518 构成的电风扇仿自然风周波调速电路

通过四位 DIP 拨码开关的巧妙组合，可得到相当于全速状态下的 0%、20%、40% 以及 50%、60%、70%、80% 和 90% 共 8 个挡位的风速。开关状态与风速之间的关系如表 2-2-18 中所列。

表 2-2-18　开关状态与风速之间的关系

风　　速		0	20%	40%	50%	60%	70%	80%	90%
开关状态	S_1	−	−	−	+	−	+	+	+
	S_2	−	−	+/−	−	+/−	+	+	+
	S_3	−	−	−/+	−	−/+	−	+	+
	S_4	−	+	−	−	+	−	−	+

注：表中"＋"表示闭合，"−"表示断开。

开关状态的不同组合可以控制 T_1 管的导通时间，进而控制 VS_1 的导通角来实现风速的调整。

IC$_1$11~14 脚输出端所接的发光二极管 D$_2$~D$_5$ 既起电气隔离作用,又可作为风速挡位指示用。

提示:图 2-2-35 电路还可进行扩展,如将 DIP 拨码开关换成由数字控制的模拟开关 CD4066 等。

三、由 CD4511 构成的两位抽奖号码产生及显示电路

1. 电路组成

图 2-2-36 是由 BCD-7 段译码显示驱动器 CD4511 构成的两位抽奖号码产生及显示电路。该电路主要由四块集成电路为主构成。IC$_1$、IC$_2$(均为 CD4511)是一种 BCD-7 段译码显示驱动器;IC$_3$(CD4518)是一种双 BCD 加法计数器;IC$_4$(CD4011)是一种四-2 输入与非门。

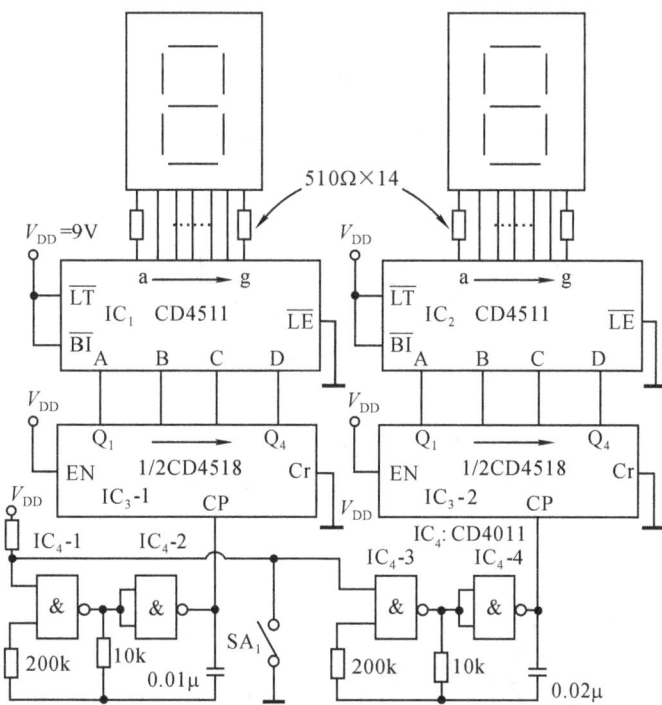

图 2-2-36 CD4511 构成的两位抽奖号码产生及显示电路

2. 工作原理

IC$_4$-1 与 IC$_4$-2、IC$_4$-3 与 IC$_4$-4 分别组成了几百赫兹的脉冲振荡器,供给 IC$_3$ 作计数脉冲,计数的结果由 IC$_1$、IC$_2$ 驱动 LED 数码管显示。合上 SA$_1$,振荡器停振,数码管显示的数字即为中奖号码。

提示:对图 2-2-36 进行扩展以后,即可组成多位抽奖号码显示器。

小　结

　　本项目以报警器的设计制作、调试为线索,结合组合逻辑电路的分析与设计方法,学习了解了组合逻辑电路的特点、组合逻辑电路的竞争冒险及其原因、判断与消除,掌握了常用中规模组合逻辑集成电路的功能阅读、管脚功能识别,了解到数字系统的核心主要由中、大规模集成电路组成,但外围辅助控制电路仍然少不了用小规模集成电路。

　　基于上述原因,读者既应掌握好用小规模集成电路组成的数字系统的分析和设计,更应熟悉各种常用中规模集成电路的功能,并会用它们组成实用系统。中、大规模集成电路的应用比较灵活,尤其是它们的使能端和扩展端。构成系统时,设计步骤没有一定规范,更多依赖于设计者对各种集成电路的熟悉程度和经验,望读者能予以足够的重视。

思考题与习题

2-1　组合逻辑电路如图所示,试分析该电路的逻辑功能。

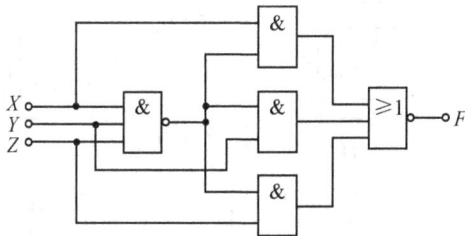

题 2-1 图

2-2　试写出如图所示组合逻辑电路的输出逻辑表达式,并画出与之功能相同的简化逻辑电路。

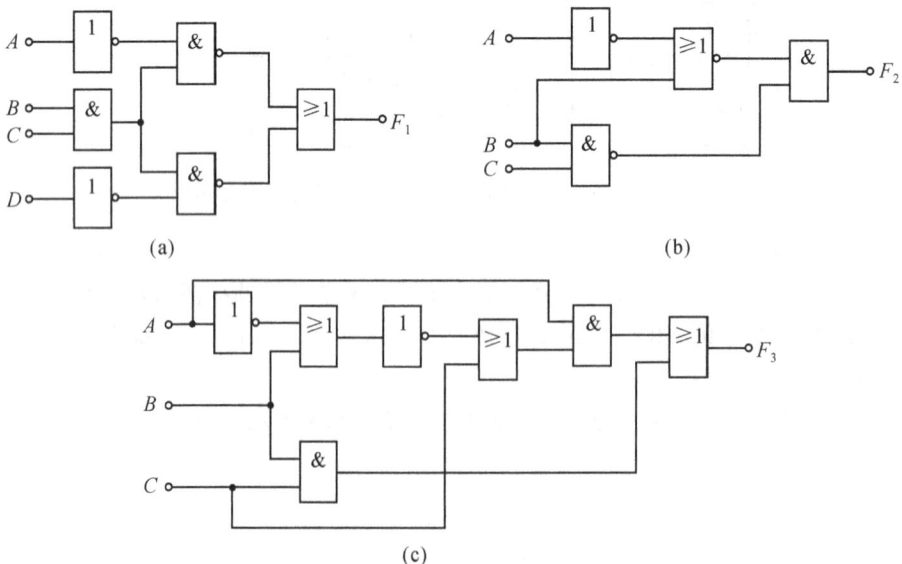

题 2-2 图

2-3　分析如图所示组合逻辑电路,写出逻辑表达式,列出真值表。

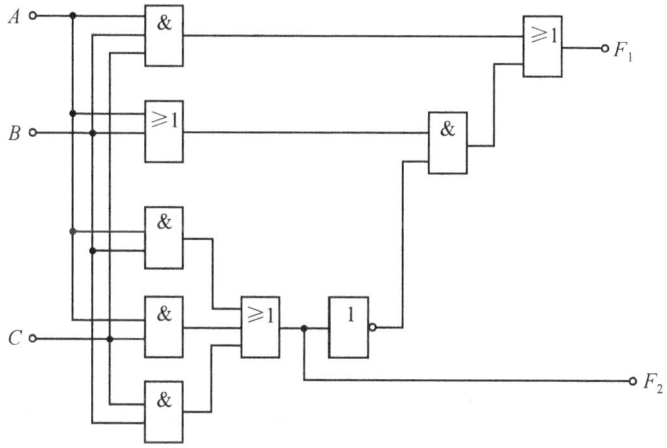

题 2-3 图

2-4　试用与非门设计一译码器,译出对应 $ABCD=0010$、1010、1110 状态的 3 个信号。

2-5　在举重比赛中,有甲、乙、丙 3 名裁判,其中甲为主裁判。当有两名或两名以上裁判(其中必须包括主裁判在内)认为运动员上举合格时,才能判定运动员上举成功。试用与非门设计实现运动员是否上举成功的判断电路。

2-6　设有 A、B、C 三个变量,要求每次只能选取一个变量,三变量的选取排队先后次序为 A 最先,B 次之,C 最后。试画出实现该三变量的排队逻辑电路。

2-7　试分别设计能实现下列逻辑功能的组合逻辑电路(要求列出真值表)。

(1) 输入为 8421BCD 码,能被 3 整除时输出为 1,否则为 0。

(2) 输入为 8421BCD 码,只能被 1 和自身整除时输出为 1,否则为 0。

(3) 输入为余 3 码,当输入大于等于 3 且小于等于 8 时输出为 1,否则为 0。

2-8　设计一个编码器,6 个输入信号和输出的 3 位代码之间的对应关系如表所示。

题 2-8 表

输入信号						输出代码		
I_5	I_4	I_3	I_2	I_1	I_0	A_2	A_1	A_0
0	0	0	0	0	1	1	1	1
0	0	0	0	1	0	1	1	0
0	0	0	1	0	0	1	0	1
0	0	1	0	0	0	1	0	0
0	1	0	0	0	0	0	1	1
1	0	0	0	0	0	0	1	0

2-9　写出如图所示电路的逻辑函数,并化简为最简与或表达式。

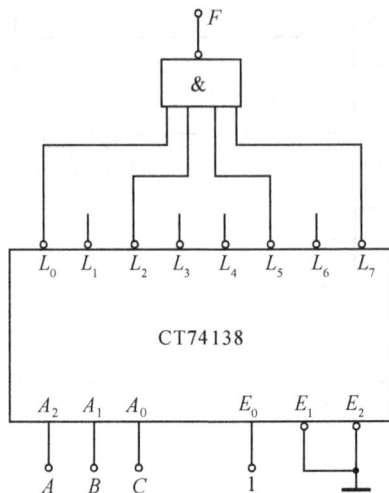

题 2-9 图

2-10　试用 3/8 线译码器和与非门实现下列逻辑函数:

$$F_1(A,B,C) = ABC + \overline{A}C$$

$$F_2(A,B,C) = \sum m(0,2,3,6)$$

$$F_3(A,B,C) = (A+B)(\overline{A}+B+C)$$

2-11　试用四选一数据选择器实现下列逻辑函数:

(1) $F(A,B,C) = \sum m(0,1,3,5,7)$

(2) $F(A,B,C) = A\overline{B}C + \overline{A}(B+C)$

2-12　设计一个组合逻辑电路,其功能是将 8421BCD 码转换成 2421(B)BCD 码。

2-13　设计一个 3 位二进制数码的奇偶校验电路,它的逻辑功能是,在 3 个输入信号中有奇数个为高电平时,输出是高电平,否则为低电平。

2-14　试查阅 74LS153 的逻辑功能,并用文字说明。

2-15*　试设计一个四变量输入组合逻辑电路,当 4 个输入中有奇数个高电平时,电路输出为高电平 1,否则输出为低电平 0。要求用双四选一数据选择器 74153 实现。

2-16*　八选一数据选择器 74151 的连线方式和各输入端的波形分别如图(a)、(b)所示,画出 Y 的波形。

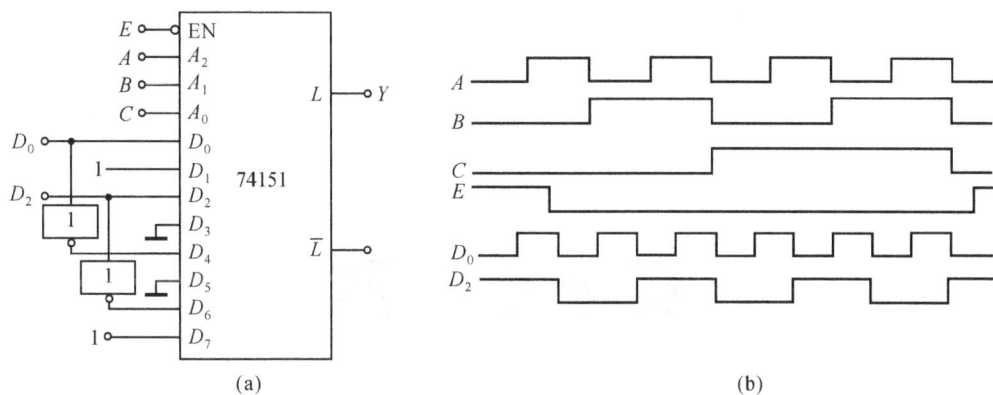

题 2-16 图

2-17* 　利用 74LS151 实现 16 个两位二进制数的数据选择。

2-18 　某与非电路的逻辑表达式为

$$F=\overline{\overline{AB\overline{C}} \cdot \overline{ACD} \cdot \overline{A\overline{C}D}}$$

请判断该电路产生竞争冒险的可能性。若可能产生,请用增加无关项的方法予以消除。

2-19 　写一篇 350 字以上的学习心得。

智能抢答器

本项目典型工作任务

▲ 典型工作任务一：按钮开关的防抖动

▲ 典型工作任务二：智能抢答器的制作与调试

本项目配套知识

▲ RS 触发器

▲ JK 触发器

▲ D 触发器及集成触发器

▲ CMOS 触发器及触发器之间的相互转换

本项目建议学时数

▲ 12 学时

本项目的任务及目标

▲ 能阅读理解常用触发器的逻辑功能、直接置零（位）信号及时钟脉冲的有效沿等。

▲ 了解常用触发器之间相互转换的方法。

▲ 了解智能抢答器的典型逻辑功能及实现方法。

3.1 典型工作任务

3.1.1 典型工作任务一：按钮开关的防抖动

一、所需知识

1.RS 触发器的逻辑功能，详见 3.2.1 小节。

2.时序逻辑电路的分析方法。

二、所需能力

1.时序逻辑电路的分析能力。

2.实用开关电路的动作过程分析。

三、参考工作过程

1.资料及知识预备:教师下发典型工作任务书,讲解基本 RS 触发器、时钟 RS 触发器和主从 RS 触发器的逻辑功能及特点,引出按钮开关防抖动的必要性等。

2.计划与方案的制订:学生人员分工,制订工作计划,列出工具、仪器仪表、元器件清单;教师审核工作计划与实施方案,引导学生确定可行的最终工作计划与实施方案。

3.实施:学生选择并测试 RS 触发器,观察按钮开关抖动带来的电平变化现象,采用防抖动措施,分析测试结果并得出结论。

4.汇报与评估:

① 学生汇报计划与方案的实施过程,回答同学与教师的相关提问。

② 教师与同学共同分析评价工作任务的计划与实施过程,重点检查学生对按钮开关抖动的理解及抖动消除的原理。

③ 自评、互评、教师点评相结合:本组学生在汇报前先进行自评,并把自评小结进行全班汇报;以小组为单位分别对其他组的工作计划、过程与结果进行评价,并提出建议;教师对自评和互评结果进行评价,指出每个小组成员完成计划、方案及所得结果的优点,并提出改进意见。

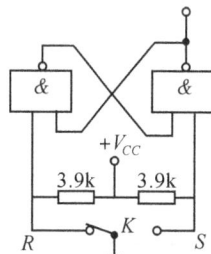

图 3-1-1　防抖动开关

四、参考任务方案简介

任务目标:利用基本 RS 触发器消除按钮开关的抖动现象。

步骤:① 观察按钮开关的抖动现象,并仔细体会;② 利用 74LS00 集成与非门接成基本 RS 触发器并测试其逻辑功能;③ 把基本 RS 触发器引入按钮开关,再观察开关的输出电平变化情况;④分析总结基本 RS 触发器的逻辑功能及其防抖动的效果。

防抖动开关原理电路如图 3-1-1 所示。

3.1.2　典型工作任务二:智能抢答器的制作与调试

一、所需知识

1.D 触发器的逻辑功能,详见 3.2.3 小节。

2.常用触发器之间的相互转换,详见 3.2.4 小节

二、所需能力

1.集成触发器逻辑功能的阅读能力,管脚功能的识别能力。

2.利用时钟信号在触发器工作过程中的作用实现相关信号的控制能力。

三、参考工作过程。

1.资料及知识预备:教师下发典型工作任务书,讲解 JK 触发器、D 触发器的逻辑功能,集成 D 触发器功能表的阅读、管脚功能的识别及时钟信号在触发器工作过程中的作用;分析智能抢答器典型的逻辑功能及抢答器的工作过程等。

2.计划与方案的制订:学生人员分工,制订工作计划,画出抢答信号的产生电路、清零信号的产生电路,分析抢答信号的显示方法,画出总体电路图,列出所需工具、仪器仪表及元器件清单;教师审核工作计划与实施方案,引导学生确定可行的最终工作计划与实施方案。

3.实施:学生进行智能抢答器的制作与调试,并对调试结果进行分析总结,解答时钟信号频率对抢答器工作的影响、抢答定时的实现等实际问题。

4.汇报与评估:

① 学生汇报计划与方案的实施过程,回答同学与教师的相关提问。

② 教师与同学共同分析评价工作任务的计划与实施过程,重点评价抢答信号的产生方法、最先抢答的判别方法。

③ 自评、互评、教师点评相结合:本组学生在汇报前先进行自评,并把自评小结进行全班汇报;以小组为单位分别对其他组的工作计划、过程与结果进行评价,并提出建议;教师对自评和互评结果进行评价,指出每个小组成员完成计划、方案及所得结果的优点,并提出改进意见。

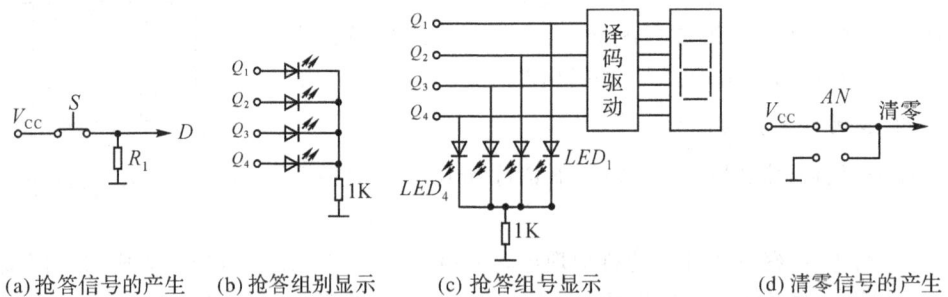

(a) 抢答信号的产生　　(b) 抢答组别显示　　(c) 抢答组号显示　　(d) 清零信号的产生

图 3-1-2　抢答器相关信号的产生电路

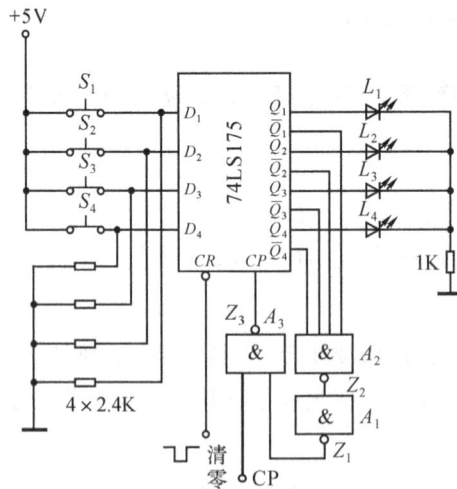

图 3-1-3　智能抢答器电路原理图

四、参考任务方案简介

任务目标:利用 74LS00、74LS20、74LS175 等元器件实现智能抢答器的逻辑功能。要求分析解释抢答信号产生电路的工作原理、最先抢答的判别、清零信号的产生原理,画出总体电路图,并制作与调试。

提示:部分设计电路如图 3-1-2、3-1-3 所示。

3.2　相关配套知识

3.2.1　RS 触发器

RS 为 Reset(复位)和 Set(置位)的缩写,所以 RS 触发器又称为复位置位触发器。

一、基本 RS 触发器及其防抖动功能

1. 电路及分析

基本 RS 触发器可由与非门组成,也可由或非门组成,下面以与非门组成的 RS 触发器为例说明其工作过程和逻辑功能。

如图 3-2-1(a)所示即为由与非门组成的基本 RS 触发器,具有两个输入端和两个输出端,图(b)为其逻辑符号。输出端 Q 代表触发器的输出状态:当 $Q=1$,$\overline{Q}=0$ 时,我们称触发器处于 1 态;当 $Q=0$,$\overline{Q}=1$ 时,我们称触发器处于 0 态,即该触发器具有 1 和 0 两个稳定状态,属于双稳态触发器。根据与非门的逻辑功能可得

$$Q=\overline{\overline{Q} \cdot S} \tag{3-2-1}$$

$$\overline{Q}=\overline{Q \cdot R} \tag{3-2-2}$$

根据以上两式,可把基本 RS 触发器分成下面 4 种情况来分析。

(1)$R=0$、$S=1$

由式(3-2-1)和(3-2-2)可知,当 $R=0$ 时,$\overline{Q}=1$,由于 $S=1$,所以 $Q=0$。我们称触发器处于 0 态。

(2)$R=1$,$S=0$

由式(3-2-1)可知,$Q=1$,再由式(3-2-2)可得 $\overline{Q}=0$。我们称触发器处于 1 态。

由上可知,当触发器的两个输入端加上不同的逻辑电平时,其输出端 Q 和 $\overline{Q}$ 便有两种不同的稳定状态:当 R 端加上负脉冲,触发器置 0,所以 R 端称置 0 端;当 S 端加上负脉冲,触发器置 1,所以 S 端称置 1 端。逻辑符号图下面输入端的小圆圈,即表示负脉冲有效。

(3)$R=S=1$

当 $R=S=1$ 时,如我们把电路原来的状态用 Q^n 和 $\overline{Q^n}$ 表示,输入信号作用后的状态用 Q^{n+1} 和 $\overline{Q^{n+1}}$ 表示,则 $Q^{n+1}=Q^n$、$\overline{Q^{n+1}}=$

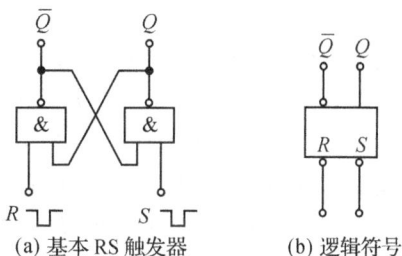

(a) 基本 RS 触发器　　　(b) 逻辑符号

图 3-2-1　由与非门组成的基本 RS 触发器

$\overline{Q^n}$,说明电路保持原状态不变,即体现了触发器的记忆功能。

(4)$R=S=0$

当 R 和 S 端的负脉冲同时出现时,根据与非门的功能,此种情况,两个输出端 Q 和 $\overline{Q}$ 全为 1。但两输入端的低电平是不会持久的,当两个负脉冲同时撤除后,由于两个与非门的延迟时间不可能完全相等,将不能确定触发器处于 0 态还是 1 态,故这种情况应当避免。

上述逻辑关系可用表 3-2-1 所示的真值表来描述。

图 3-2-1(b)是基本 RS 触发器的逻辑符号。我们以后用 FF 表示触发器。符号图输入端靠近方框的小圆圈表示低电平触发,或称低电平有效。

基本 RS 触发器也可用两个或非门组成,其逻辑图如图 3-2-2(a)所示,图 3-2-2(b)是其逻辑符号图。

表 3-2-1　基本 RS 触发器真值表

R	S	Q
0	1	0
1	0	1
1	1	不变
0	0	不定

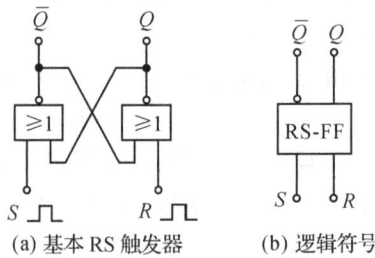

(a) 基本 RS 触发器　(b) 逻辑符号

图 3-2-2　由或非门组成的基本 RS 触发器

R 端仍为置 0 端,S 端仍为置 1 端。由于是正脉冲触发器,所以以逻辑符号图输入端靠近方框处不加小圆圈。由图 3-2-2 可得触发器输出端的逻辑表达式为:

$$Q=\overline{R+\overline{Q}} \quad (3\text{-}2\text{-}3)$$

$$\overline{Q}=\overline{S+Q} \quad (3\text{-}2\text{-}4)$$

其真值表如表 3-2-2 所示。

表 3-2-2　或非门构成基本 RS 触发器真值表

R	S	Q
1	0	0
0	1	1
0	0	不变
1	1	不定

2. 防抖动功能

基本 RS 触发器的最典型应用就是按键(开关)的防抖动,如图 3-2-3 所示。设开关 K 原来的位置在 R 端,则 $R=0$、$S=1$,使 $Q=0$;当 K 离开 R 向 S 端转变的过程中,由于 K 已离开 R 但还未接触 S,则 $R=S=1$,很明显 $Q=0$ 不变;K 一旦接触 S,则 $R=1$,$S=0$,使 $Q=1$。如果由于某种原因造成了 K 的弹动(抖动),即 $R=S=1$,Q 也不变,即操作开关

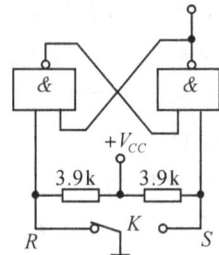

图 3-2-3　基本 RS-FF 的防抖动功能

一次,Q 最多变化一次。因此,该电路具有防抖动功能,在实际工作中被广泛应用。

二、同步 RS 触发器及其空翻现象

综上所述,基本 RS 触发器的输出状态直接受输入信号的控制。实际应用中,往往要求触发器能按照一定的时间节拍把 R、S 端的状态反映到输出端。这个时间节拍由外加的时钟脉冲 CP(Clock Pulse 的缩写)来控制。典型电路如图 3-2-4 所示。

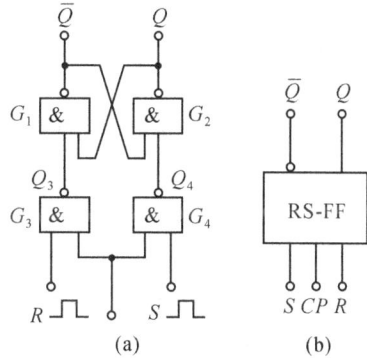

图 3-2-4　同步 RS 触发器

由图 3-2-4 可知,当 $CP=0$ 时,门 G_3、G_4 关闭,输入端 R、S 的状态传不过去,其 G_3、G_4 的输出端 $Q_3=Q_4=1$,可见 Q 和 $\overline{Q}$ 将保持原来的状态不变。只有当 $CP=1$ 时,R、S 的状态才能传到 Q_3、Q_4 端,从而决定 Q 和 $\overline{Q}$ 的状态。如 $R=1$、$S=0$,则

$$Q_3=\overline{R \cdot CP}=\overline{R}=0$$
$$Q_4=\overline{S \cdot CP}=\overline{S}=1$$

由基本 RS 触发器功能可知,此时 $Q=0$,$\overline{Q}=1$,即触发器处于 0 态。其余类推,我们可以得到同步 RS 触发器的真值表,如表 3-2-3 所示。

表 3-2-3　同步 RS 触发器真值表

R	S	Q^n	Q^{n+1}	说　明
0	0	0	0 ⎫ Q^n	输出状态不变
0	0	1	1 ⎭	
1	0	0	0 ⎫ 0	输出状态和 S 相同
1	0	1	0 ⎭	
0	1	0	1 ⎫ 1	输出状态和 S 相同
0	1	1	1 ⎭	
1	1	0	—	输出状态不定
1	1	1	—	

表 3-2-3 中 Q^n、Q^{n+1} 分别表示 CP 作用前、后触发器 Q 端的状态,Q^n 称现态,Q^{n+1} 称次态。

由真值表可作出 Q^{n+1} 的卡诺图,如图 3-2-5 所示。当 $R=S=1$ 时,触发器的状态不定,此状态可当作无关项处理。由卡诺图可以得到同步 RS 触发器次态 Q^{n+1} 的方程式,也称触发器的特性方程或状态方程:

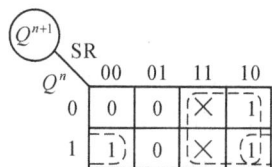

图 3-2-5　Q^{n+1} 的卡诺图

$$\begin{cases} Q^{n+1}=S+\overline{R}Q^n \\ SR=0(约束条件) \end{cases}$$

$$(3-2-5)$$

为了防止触发器处于不定状态,规定了约束条件,即 $RS=0$。

在图 3-2-4 所示的同步 RS 触发器中,若原始状态为 $Q=0$、$\overline{Q}=1$,R、S 的信号波形

已知,根据表 3-2-3 的逻辑关系,可画出相应的 Q_3、Q_4 和 Q、$\overline{Q}$ 的波形,如图 3-2-6 所示即为同步 RS 触发器的工作波形图,也称时序图。

由图 3-2-6 可知,这种触发器在 CP 上升为高电平时翻转。在 CP 为高电平期间,G_3、G_4 处于开启状态,R、S 的状态变化将引起触发器状态的变化,即在同一个 CP 周期的 $CP=1$ 期间,R、S 的变化将引起输出状态两次或两次以上的变化,我们把这种现象称为触发器的空翻现象。因此,这种触发器

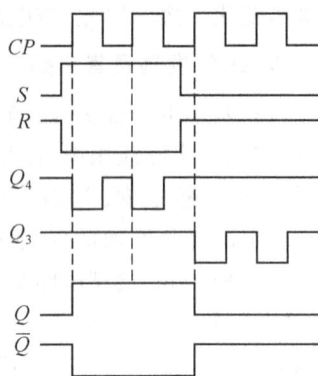

图 3-2-6　同步 RS 触发器工作波形图

的应用受到了一定限制。为了克服空翻现象,下面介绍一种受某一时刻(时钟脉冲的上升或下降沿)控制的触发器。

三、主从 RS 触发器

主从 RS 触发器的基本电路如图 3-2-7 所示,它由主触发器和从触发器组成。主、从触发器的结构均与同步 RS 触发器相同。时钟脉冲 CP 通过 G_9 为主、从触发器提供两个互补的控制信号。

当 $CP=1$ 时,输入端 R、S 的状态传到主触发器的输出端 Q' 和 $\overline{Q'}$,其状态传递关系符合表 3-2-3。在 $CP=1$ 期间,由于 $G_9=0$,从触发器被封锁,主触发器的状态对从触发器无影响,即从触发器的状态不变。

当 CP 由 1 变 0 后,门 G_3、G_4 打开,主触发器的状态 Q' 和 $\overline{Q'}$ 将传至从触发器。Q' 和 $\overline{Q'}$ 相当于从触发器的 R、S 输入端,其状态传递关系也符合表 3-2-3。此时门 G_7、G_8 被封锁,R、S 的状态不影响电路的状态。由此可见,这种主从 RS 触发器是在时钟脉冲 CP 的控制下,严格按照节拍将输入端 R、S 的状态传送至输出端 $\overline{Q}$ 和 Q。当 $CP=0$ 时,输入端 R、S 的状态不影响触发器的状态。当 CP 由 0 变 1(即 $CP\uparrow$)时,R、S 的状态影响主触发器的状态,同时从触发器被封锁,主触发器的状态不影响从触发器的状态。只有当 CP 由 1 变 0(即 $CP\downarrow$)时,主触发器被封锁,主触发器原存的状态决定了从触发器的状态,即整个触发器的输出状态,换言之,CP 从 1 变 0(即 $CP\downarrow$)前瞬间的 R、S 状态才对整个触发器的输出有影响。

主从 RS 触发器的真值表和特性方程与同步 RS 触发器相同。

如图 3-2-7 所示触发器还设置了直接置 0 端 $\overline{R_D}$ 和置 1 端 $\overline{S_D}$。$\overline{R_D}$ 和 $\overline{S_D}$ 平时为高电平 1。当 $\overline{R_D}=0$、$\overline{S_D}=1$ 时,无论输入端 R、S 的状态如何,也无论 CP 为 1 或为 0,都可以使触发器置于 0 态,即 $Q=0$,$\overline{Q}=1$。当 $\overline{R_D}=1$、$\overline{S_D}=0$ 时,可使触发器置于 1 态,即 $Q=1$,$\overline{Q}=0$。

图 3-2-7(b)是它的逻辑符号图。CP 靠方框处小圆圈及框内小三角表示 CP 下降沿触发。

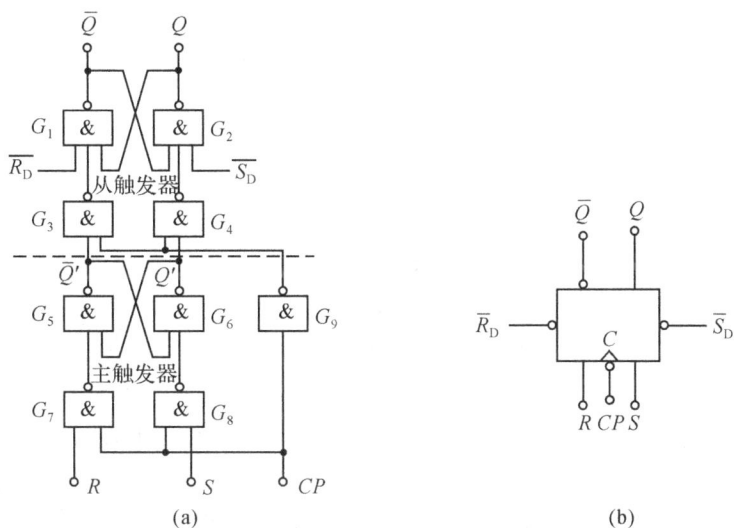

图 3-2-7　主从 RS 触发器及逻辑符号

应用触发器组成时序电路时,往往是知道触发器当前状态 Q^n 和指定的下一状态 Q^{n+1},需要确定触发器由 Q^n 变为 Q^{n+1} 时的输入条件。这种由已知的 Q^n 和 Q^{n+1} 的值确定输入端取值的关系表,叫触发器的激励表。触发器的激励表是真值表的变形,它可由特性方程和约束条件决定。

图 3-2-2 所示 RS 触发器的激励表如表 3-2-4 所示,表中符号×表示任意状态。

表 3-2-4　RS 触发器的激励表

Q^n	Q^{n+1}	R	S
0	0	×	0
0	1	0	1
1	0	1	0
1	1	0	×

特别要指出的是,由于主从触发器属于电平触发,所以存在一次翻转现象:从图 3-2-7(a)可见,当 $Q^n=0$ 时,在 $CP=1$ 期间,如 R、S 的状态从 $RS=00$($CP\downarrow$ 作用后对应从触发器输出应仍为 0)变为 $RS=01$(对应主触发器输出变为 1),又变为 $RS=00$(主触发器的 1 状态被保留),我们发现 $CP\downarrow$ 后触发器输出变为了最终的 1 而不是原来应保持的状态 0。即在 $CP=1$ 期间主触发器的状态将受干扰信号的影响,从而影响整个触发器逻辑功能的可靠性。从上分析可知,产生一次翻转现象的根本原因是主触发器将 S 由 0 变 1 后产生的状态储存了下来,使从触发器按该状态决定次态。

3.2.2　JK 触发器

一、主从 JK 触发器及其功能的识读

由表 3-2-3 可知,当 R、S 端全部为 1 时,输出状态不定。为了避免此情况,我们将图 3-2-7(a)所示电路中的 Q 和 $\overline{Q}$ 端反馈到 G_7、G_8 的输入端,成为主从 JK-FF,其逻辑符号如图 3-2-8 所示,其中 $K_1K_2=K$,$J_1J_2=J$;直接置 0、置 1 端平时为高电平(无效状态),即 $\overline{R_D}$ 和 $\overline{S_D}$ 为低电平有效;CP 信号下降沿有效。经如此改进后的 JK 触发器具有如表 3-2-5 所示的逻辑功能。

从表 3-2-5 可读出 JK-FF 的逻辑功能具体如下(表中 CP "↓"表示下降沿触发):

(1)当 $J=K=1$ 时,$Q^{n+1}=\overline{Q^n}$,$\overline{Q^{n+1}}=Q^n$,即当 $J=K=1$ 时,CP 信号下降沿作用后,电路翻转;如原来电路状态为 1,则现变为 0;若原来电路状态为 0,则现变为 1。

(2)当 $J=1$、$K=0$ 时,不管电路原来状态是什么,CP 信号下降沿作用后,$Q^{n+1}=1$,$\overline{Q^{n+1}}=0$,即当 $J=1$、$K=0$ 时,触发器在 CP 下降沿作用下完成触发器置 1 的功能。

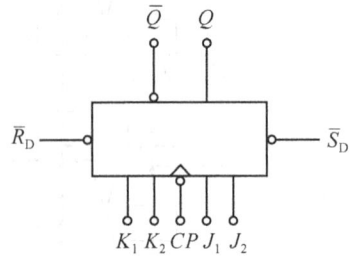

图 3-2-8　主从 JK 触发器的逻辑符号

(3)当 $J=0$、$K=1$ 时,不管电路原来状态是什么,CP 信号下降沿作用后,$Q^{n+1}=0$,$\overline{Q^{n+1}}=1$,即当 $J=0$、$K=1$ 时,触发器在 CP 下降沿作用下完成触发器复位的功能。

(4)当 $J=K=0$ 时,CP 信号下降沿作用后,$Q^{n+1}=Q^n$,$\overline{Q^{n+1}}=\overline{Q^n}$,即当 $J=K=0$ 时,触发器在 CP 下降沿作用后处于保持状态:原来是什么状态,CP 脉冲作用后仍是什么状态。

由表 3-2-5 还可得出 JK 触发器的特性方程为:

表 3-2-5　主从 JK 触发器的真值表

J	K	Q^n	CP	Q^{n+1}	说　明
0	0	0		0	输出状态不变
0	0	1	↓	1	
0	1	0		0	输出状态与 J 同
0	1	1	↓	0	(置 0)
1	0	0		1	输出状态与 J 同
1	0	1	↓	1	(置 1)
1	1	0		1	$Q^{n+1}=\overline{Q^n}$
1	1	1	↓	0	

$$Q^{n+1}=J\,\overline{Q^n}+\overline{K}Q^n$$

从以上分析可得,JK 触发器不需要约束条件。

但由于主从 JK-FF 也属电平触发,因此也存在一次翻转现象。为了克服一次翻转现象,设计了边沿触发器。

二、边沿 JK 触发器

图 3-2-9 是一脉冲负边沿触发的边沿 JK 触发器逻辑电路,其工作原理分析如下:

(1)$CP=0$ 时触发器处于稳态

$CP=0$,G_7、G_8 被封锁,$Q_7=Q_8=1$;同时 G_3、G_4 也被封锁,$Q_3=Q_4=0$,因而由与或非门组成的触发器处于某个稳态,输出状态 Q、$\overline{Q}$ 不变。

(2)CP 由 0 变 1 时,触发器不翻转,但为接收输入信号作准备。

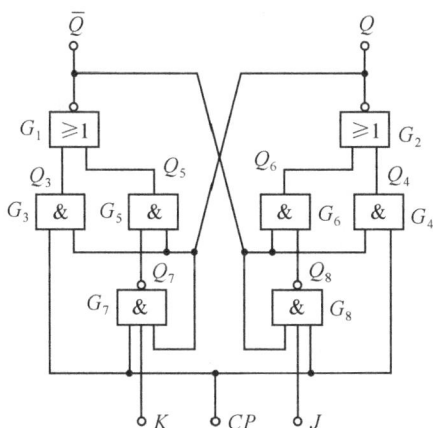

图 3-2-9 边沿 JK 触发器逻辑图

设触发器原状态为 $Q=0$、$\overline{Q}=1$。当 CP 由 0 变 1 时，Q_4 首先由 0 变 1，此时无论 Q_6 为何状态，都将使 $Q=0$ 的状态不变；由于 $Q=0$，使 $Q_3=Q_5=0$，$\overline{Q}=1$，原状态不变。由于电路的对称性，若原状态 $Q=1$，$\overline{Q}=0$，在 CP 由 0 变 1 时，其状态也不会改变。

（3）CP 由 1 变 0 时触发器翻转

设触发器原状态 $Q=0$，$\overline{Q}=1$，如此时的输入信号 $J=1$、$K=0$，则 $Q_8=0$、$Q_7=1$，这时 G_5、G_6 的输出均为 0。当 CP 的下降沿到来时，Q_4 由 1 变 0，使 $Q=1$，从而使 $Q_5=1$，故 $\overline{Q}=0$，触发器由 0 态变为 1 态。

当 CP 变 0 后，G_3、G_4 和 G_7、G_8 被封锁，使 $Q_7=Q_8=1$，由于原状态 $\overline{Q}=1$，有可能使 $Q_6=1$。但由于与非门（如图中的 G_8）的延迟时间比与门（如图中的 G_5）长（在制造工艺上予以保证），在 Q_8 变 1 前，Q_5 已为 1，使 $\overline{Q}$ 变为 0，则 $Q_6=0$，因而保证 $Q=1$。由于各门的延迟时间不同，使触发器在 CP 的下降沿翻转。CP 一旦变为 0 电平，触发器被封锁，处于（1）所分析的情况。

同理，不难分析在其他输入条件下（J、K 和 Q^n 不同状态）触发器的工作情况。由此可得出边沿 JK 触发器的逻辑功能同表 3-2-5。

由图 3-2-9 可见，在 CP 下降沿到来后 G_3 和 G_4 的输出均为 0，因此 G_5、G_6 的状态决定了触发器的状态。而 Q_5、Q_6 的状态在 CP 下降沿到来前任何时刻只和 J、K 及 Q、$\overline{Q}$ 的状态有关，即随 J、K 的变化而变化。J、K 的任何干扰信号并不能储存起来，所以边沿触发器不会产生一次翻转现象。

3.2.3 D 触发器及集成触发器

一、D 触发器

前面介绍的 JK 触发器由于无需约束条件，所以使用灵活、方便，应用较多。很多场合，可在 K 输入端前引入一反相器再和 J 输入端相连，这样输入端只有一个，用 D 表示,即为 D 触发器,如图 3-2-10(a)所示,D 触发器的真值表如表 3-2-6 所示。

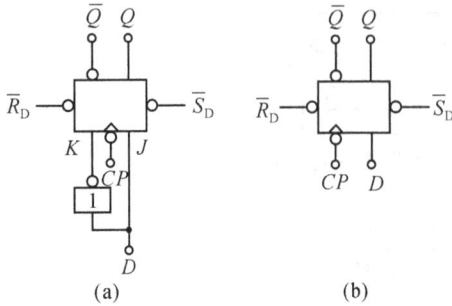

(a)　　　　　　　(b)

图 3-2-10　主从 D 触发器

表 3-2-6　D 触发器的真值表

D	Q^n	CP	Q^{n+1}	说　明
0	0	↓	0	输出状态
0	1	↓	0	与 CP 作
1	0	↓	1	用前的 D
1	1	↓	1	相同

　　主从 D 触发器与其他主从型触发器一样,也存在一次翻转现象。目前,用得较多的边沿触发器(也叫做维持阻塞型 D 触发器)就克服了一次翻转现象。维持阻塞型 D 触发器的内部结构及工作原理此处不再详述。

二、集成 D 触发器及智能抢答器的设计制作

1. 4D 集成触发器 74LS175 及其功能测试

　　目前实际使用的触发器均采用集成触发器。集成触发器种类很多,如图 3-2-11 所示是一个 74LS175-4D 集成电路的内部结构示意图。图中可见,这 4 个 D 触发器的时钟脉冲 CP 和清零端 CR 公用,4 个触发器均采用边沿触发方式,表 3-2-7 是它的功能表。为了进一步认识 4D 集成触发器 74LS175,我们可以安排如下测试任务:

表 3-2-7

输　　入			输　出
CR	CP	D	
0	×	×	0
1	↑	1	1
1	↑	0	0

　　(1)验证 D-FF 的逻辑功能;

　　(2)测试获得清零信号的有效电平和 CP 信号的有效沿。测试方法自拟。

2. 智能抢答器的设计

　　在介绍智能抢答器的制作与调试典型工作任务时,我们曾指出了实现基本抢答功能需要解决的几个问题。下面我们一一介绍解决这些问题的单元电路。

　　(1)抢答信号的产生

　　如图 3-1-2(a)所示即为抢答信号的产生电路:当按扭 S 按下时,信号 D 为 1,当按钮 S 释放时,D 为 0。如果我们采用 TTL 型集成 D-FF,如 74LS175,图中 R_1 可取 2.4 kΩ。

　　如果有 4 组参与抢答,则 74LS175 的各个

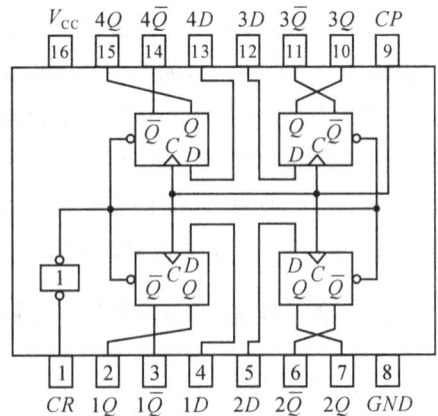

图 3-2-11　74LS175-4D 集成电路内部结构

D 端接相同的电路即可,如图 3-1-3 所示。

(2)抢答信号的显示

4 路抢答器的显示电路如图 3-1-2(b)所示。当有抢答信号时,对应的发光二极管发光。因为一般情况下只有一组抢答成功,即 4 个发光二极管只有一个会亮,所以共用一个限流电阻就可以了。当然也可采用图 3-1-2(c)所示方案:当一个组抢答成功时,不但对应的发光二极管发光,而且还由数码管显示抢答的组号,使信息更明确。在图 3-1-2(c)所示方案中,各个发光二极管可以与对应组的按钮做在一起,用以提醒各组:自己抢答成功了吗? 而把数码管放在使用场合比较显眼的位置,以使在场所有人员都能方便地观察到该抢答组的编号。

(3)最先抢答的识别

参阅图 3-1-3,当 1~4 号组中有人抢答时,如 3 号组最先抢答,则 S_3 已按下,得 D_3 $=1$,CP 上升作用后立即使 $Q_3=1$,L_3 发光;同时 $\overline{Q_3}=0$,则 $Z_2=1$,$Z_1=0$,使 CP 信号无法进入 D-FF,也即其他三组的抢答信号通路被关闭,实现了谁最先抢答的识别。

最基本的 4 路智能抢答器如图 3-1-3 所示,其工作原理如下:

比赛前各触发器清 0,则 $Q_1=Q_2=Q_3=Q_4=0$,指示灯($L_1\sim L_4$)均不亮。门 A_2 输出 $Z_2=\overline{\overline{Q_1}\cdot\overline{Q_2}\cdot\overline{Q_3}\cdot\overline{Q_4}}=0$,$Z_1=1$,门 A_3 开启,时钟脉冲 CP 可送至触发器 CP 端。参赛者控制的 4 个按钮($S_1\sim S_4$)都没按下,则 D_1、D_2、D_3、D_4 都等于 0,此时触发器的状态不变,4 个指示灯仍不亮。抢答时,哪个按钮最先按下,相应触发器的输出电平变高,指示灯亮。同时相应的 $\overline{Q}$ 使门 A_1 输出为 0,将门 A_3 封锁,CP 便不能进入触发器,其他抢答组的按钮即便按下,也不起作用。

3.智能抢答器的制作及改进

(1)制作

按图 3-1-3 所示 4 路智能抢答器电路制作时所需器材如表 3-2-8 所示。

每一组拉出 4 条导线(长度稍长以适应不同面积的场合使用),分别接电源 V_{CC}、74LS175 对应的输入端、输出端及 $1k\Omega$ 电阻端;在电源端和 74LS175 输入端之间接按钮,输出端和 $1k\Omega$ 电阻端之间接发光二极管,并把编号相同的按钮和发光二极管固定在同一个基板上,以使参赛人员操作。

再在 74LS175 的清零信号 CR 端、电源 V_{CC} 端和地线上各拉出一条线,如图 3-1-2(d) 所示以产生清零信号,按钮 AN 放在主持人易操作的地方。

表 3-2-8　4 路抢答器所需器材

型号或名称	数量
74LS175	1
74LS00	1
74LS20	1
LED	4
2.4kΩ 电阻	5
1kΩ 电阻	1
按钮	5
导线	若干米
外壳	1 个
电路板	1 块
固定用基板	5 块

其他部分只要按电路安装焊接即可。值得注意的是,由于共有 3 片集成芯片组成,

所以管脚排列及电源端千万别出错,地线不能忘了连;发光二极管的极性也要小心,以免接反。当然,电路的布局也很重要。另外,CP 信号的频率不能太低,一般取 1kHz。如果 CP 信号频率太低,则抢答先后的判别精度就会下降。

(2)改进

前面设计制作的抢答器仅具有基本功能,可以进一步完善。例如,用图 3-1-2(c)所示电路来完成抢答组号的显示;设计一个定时报警电路,一旦抢答开始,定时器立即启动工作,定时时间一到就报警,以提醒答题者抢答超时等。

3.2.4　CMOS 触发器及触发器之间的相互转换

CMOS 数字集成电路中的触发器普遍采用主从结构,这里以主从 D 和 JK 触发器为例来说明其结构和工作原理。

一、主从 D 触发器

图 3-2-12 是 CMOS 主从 D 触发器的逻辑图。由图可知,D 触发器是由传输门(TG)和反相器(G)组成的主从串联式双稳电路。TG_1、TG_2、G_1 和 G_2 组成主触发器,TG_3、TG_4、G_3 和 G_4 组成从触发器。CP 和 $\overline{CP}$ 为互补的时钟脉冲。工作过程分两个节拍:

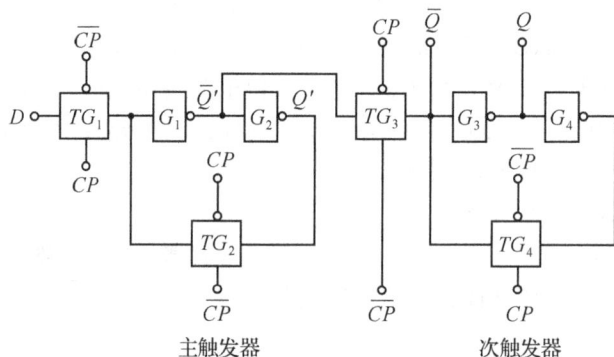

图 3-2-12　CMOS 触发器逻辑图

①当 $CP=1$ 时,TG_1 导通,TG_2 截止,D 信号送入主触发器。例如 $D=1$ 时,经 TG_1 传到 G_1 和 G_2,使 $\overline{Q'}=0$,$Q'=1$。由于 TG_3 截止,从触发器状态不变。

②当 $CP=0$ 时,TG_1 截止,切断触发器与 D 端的联系,保持原状态不变。此时 TG_3 导通,TG_4 截止,主触发器的状态送入从触发器,使 $\overline{Q}=\overline{Q'}=0$,$Q=Q'=1$。由此可见,D 触发器在 CP 负跳变后翻转。由于 CP 和 $\overline{CP}$ 的作用,使 TG_1、TG_4 和 TG_2、TG_3 不会同时导通和截止,这就使主触发器和从触发器一个打开,另一个被封锁,因而不会产生空翻。

二、主从 JK 触发器

主从 JK 触发器逻辑图如图 3-2-13 所示。图中虚线右边是具有直接置 1 置 0 功能的 D 触发器。R_D、S_D 平时均为 0,图中所有或非门的输出和另一输入端是反相关系,虚线右边部分和图 3-2-12 相同,是一个 D 触发器。

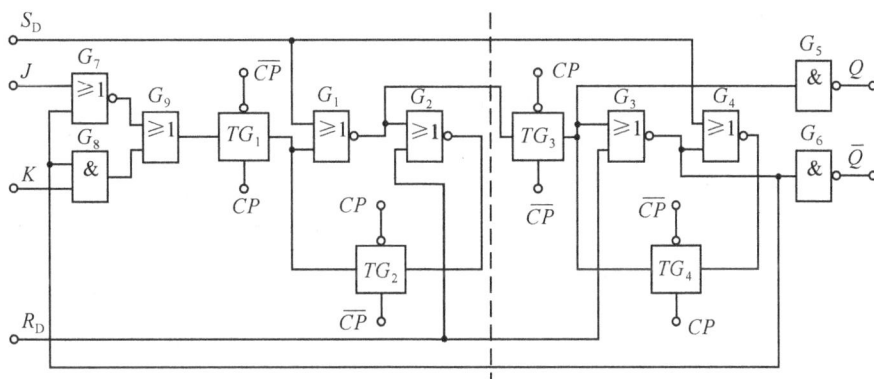

图 3-2-13 CMOS 主从 JK 触发器逻辑图

当 $S_D=1$、$R_D=0$ 时，G_1 和 G_4 输出为 0。CP 正跳变时，G_4 的输出经 TG_4 传输给 G_5，使 $Q=1$；同时 G_3 的二输入端全为 0，G_3 输出为 1，经 G_6，使 $\overline{Q}=0$，触发器被置 1。当 CP 负跳变时，G_1 的输出经 TG_3 传输给 G_3，G_3 的二输入端仍为 0，则其输出为 1，经 G_6 反相，使 $\overline{Q}=0$，同时 G_1 的输出经 TG_3 传输给 G_5，使 $Q=1$。因此，当 $R_D=0$、$S_D=1$ 时，不管 CP 处于什么状态，触发器均置 1。

同理可得：当 $R_D=1$、$S_D=0$ 时，无论 CP 处于什么状态，触发器均能置 0。

从图 3-2-13 还可得到：

$$D=\overline{\overline{J+\overline{Q}}+Q\overline{K}}=(J+\overline{Q})\cdot \overline{Q\overline{K}}$$
$$=J\,\overline{Q}+\overline{K}Q$$

因为 $Q^{n+1}=D$，所以 $Q^{n+1}=J\,\overline{Q^n}+\overline{K}Q^n$。

此即为 JK 触发器的特性方程。根据逻辑图可得此触发器为 CP 下降沿有效。

三、触发器之间的相互转换

1.JK 触发器转换成 T 触发器

在 JK 触发器中，使 $J=K=T$ 时，JK 触发器就成了 T 触发器，如图 3-2-14 所示。根据 JK 触发器的逻辑功能可得：当 $T=0$ 时，触发器处于保持状态，即在 CP 下降沿作用后，$Q^{n+1}=Q^n$；当 $T=1$ 时，触发器可触发翻转，即在 CP 下降沿作用后，$Q^{n+1}=\overline{Q^n}$。图 3-2-14(a) 所示 T 触发器的真值表如表 3-2-9 所示。

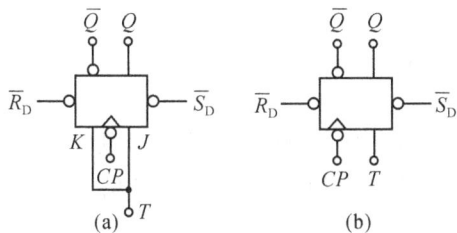

图 3-2-14 T 触发器

表 3-2-9 T 触发器真值表

T	Q^n	CP	Q^{n+1}	说 明
0	0	↓	0	$Q^{n+1}=Q^n$
0	1	↓	1	
1	0	↓	1	$Q^{n+1}=\overline{Q^n}$
1	1	↓	0	

2．用 D 触发器实现 JK 触发器的功能

从 D 触发器和 JK 触发器的逻辑功能可得：

$$Q^{n+1}=D \qquad \text{(D-FF)}$$
$$Q^{n+1}=J\overline{Q^n}+\overline{K}Q^n \qquad \text{(JK-FF)}$$

则 $D=J\overline{Q^n}+\overline{K}Q^n$，对应的接线图如图 3-2-15 所示。

3．用 D 触发器实现 T 触发器的逻辑功能

根据 T 触发器和 D 触发器的逻辑功能可得：$D=\overline{T}Q^n+T\overline{Q^n}=T\oplus Q^n$

对应的接线图如图 3-2-16 所示。

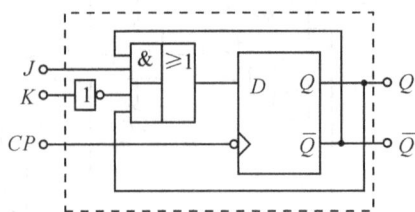

图 3-2-15　用 D-FF 实现 JK-FF 的功能

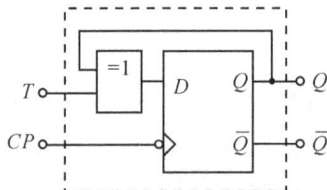

图 3-2-16　用 D 触发器实现的 T 触发器

对常用触发器之间的互相转换，要求熟悉所用触发器的逻辑功能，根据实际情况分析。

现在我们再对触发器的分类及功能总结如下：

（1）基本 RS-FF 只由输入信号控制，它可作为二进制数码寄存器，也可作为简单的逻辑控制单元。此外，它也是其他触发器的基本组成部分。

（2）就逻辑功能而言，触发器包括 RS、JK、D 和 T 几种基本形式。RS-FF 具有置1、置0 和记忆功能，存在约束条件；JK-FF 逻辑功能类似于 RS-FF，但它不存在约束条件，并具有计数功能；D-FF 具有接收并记忆信息的功能，所以又称为锁存器（闩锁器）；T-FF 即 $J=K$ 时的 JK-FF。

（3）各种逻辑功能的触发器外接适当的逻辑电路可以互相转换。

（4）就电路结构和触发方式而言，大致分为基本 RS-FF、脉冲控制的 RS-FF（即同步 RS-FF）、主从触发器和边沿触发器。主从触发器和边沿触发器都是脉冲边沿触发，但主从触发器存在一次翻转现象，边沿触发器解决了一次翻转问题，抗干扰性能好，工作速度快。

（5）集成触发器除了触发信号输入端、时钟脉冲输入端外，通常还专门设有直接置0 端 R_D 和直接置 1 端 S_D，在 R_D、S_D 取特定逻辑值时，强制触发器的状态为 0 或 1。对这类触发器而言，使用时禁止 S_D 和 R_D 电平同时有效。

小　结

本项目以完成智能抢答器的设计制作为目标，介绍各种常用触发器及其特点。

触发器是时序逻辑电路的基本组成单元，具有两个稳定状态，在 CP 信号作用下，可以从一个稳态转变为另一稳态。

触发器的逻辑功能和结构形式是两个不同的概念。所谓逻辑功能，是指触发器的次态输出和现态及输入信号的关系。根据逻辑功能，触发器分为 RS、D、T 和 JK 等几

种类型。同一逻辑功能的触发器,可以用不同的电路结构形式来实现。相反,同一种电路结构形式,也可以构成不同功能的各类触发器。

集成触发器应用广泛,种类较多。由于一般采用宽脉冲触发或电平触发,在触发脉冲持续时间里(包括前沿、平顶和后沿),都有可能对触发器发生作用,使触发器空翻或出现一次翻转现象而造成误动作。因而我们采用边沿触发器来克服这些现象,改善某些性能。

思考题与习题

3-1 边沿 JK 触发器解决了主从 JK 触发器的_____问题。

3-2 简述基本触发器、同步触发器、主从触发器及边沿触发器各自的主要特点。

3-3 如题图所示为触发器电路。

(1)$Q_1^{n+1} = $_____,该方程的有效时钟条件是_____。

(2)$Q_2^{n+1} = $_____,时钟脉冲 CP _____到来后有效,否则触发器将_____。

(3)$Q_3^{n+1} = $_____,$Q_4^{n+1} = $_____,触发器 FF_3 是 CP _____触发的,FF_4 是 CP _____触发的。

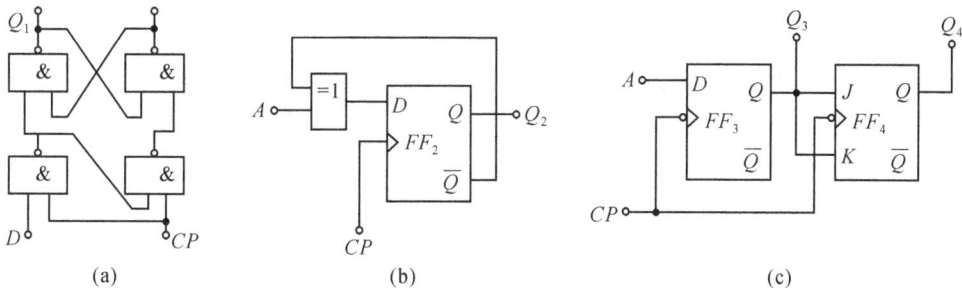

题 3-3 图

3-4 两个或非门组成的基本 RS 触发器及其输入信号波形如题图所示。在图(b)、(c)中,设触发器的初态为 0,画出 Q 和 $\overline{Q}$ 端的输出波形。

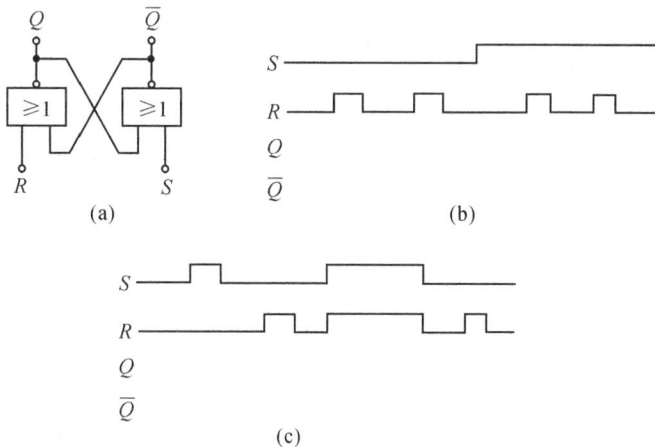

题 3-4 图

4

3-5 同步 RS 触发器的逻辑符号和输入波形如题图所示，设 Q 初态为 0。画出 Q、$\overline{Q}$ 端的波形。

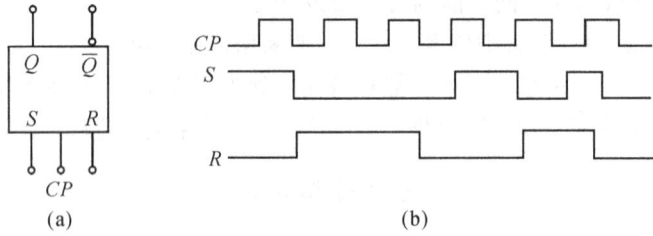

(a)　　　　(b)

题 3-5 图

3-6 触发器及 CP、J、K 的波形如题图所示，画出对应的 Q、$\overline{Q}$ 端的波形。

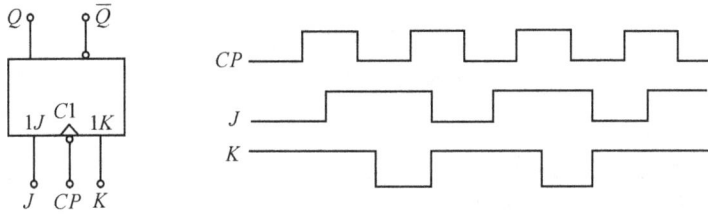

题 3-6 图

3-7 触发器及 CP 和 D 的波形如题图所示，画出对应的 Q、$\overline{Q}$ 端的波形。

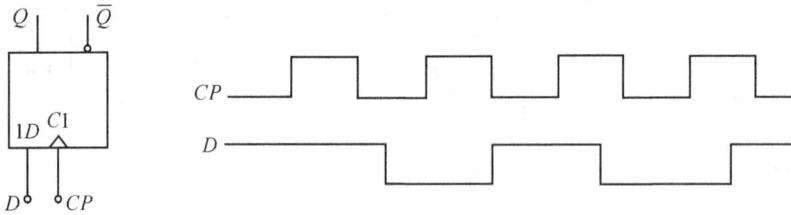

题 3-7 图

3-8 设题图中各个边沿触发器起始时 Q 皆为 0 状态，画出 Q 端波形。

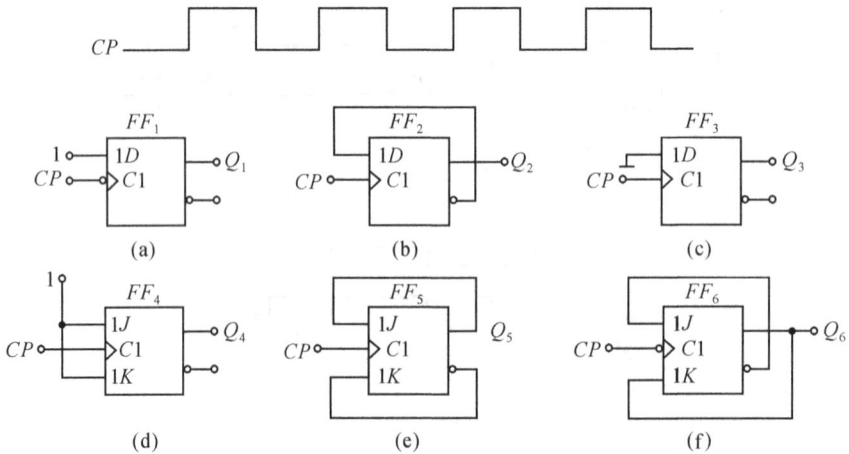

(a)　(b)　(c)　(d)　(e)　(f)

题 3-8 图

3-9　电路及 CP 和 K 的波形如题图所示：

　　(1)写出电路次态输出 Q^{n+1} 的逻辑表达式；

　　(2)对应画出 Q、$\overline{Q}$ 端的波形。

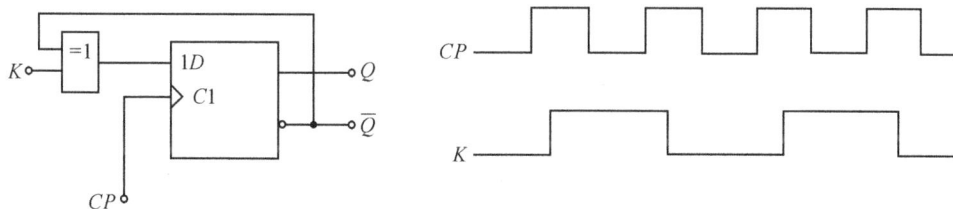

题 3-9 图

3-10　在题图(a)所示各电路中，$FF_1 \sim FF_4$ 均为边沿触发器；

　　(1) 写出各个触发器次态输出的函数表达式；

　　(2) CP 及 A、B、C 的波形见图(b)，试画出各电路 Q 端的波形。

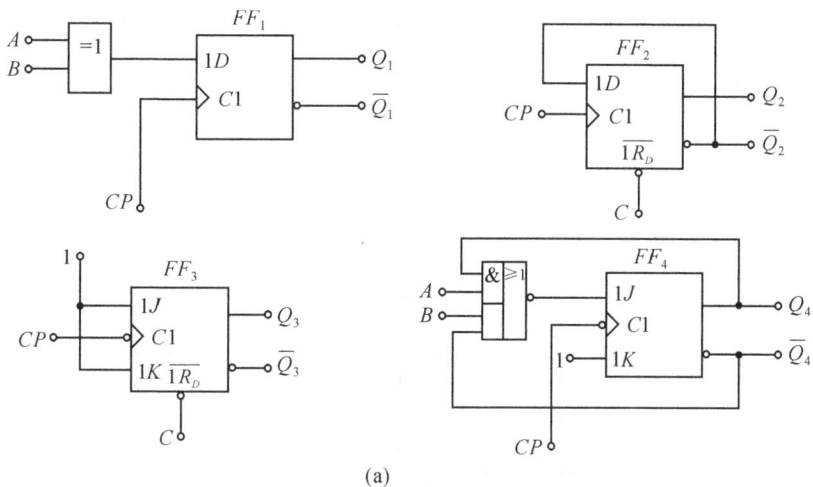

(a)

(b)

题 3-10 图

3-11 试对应画出如题图所示电路 Q_0、Q_1 的波形，FF_0、FF_1 的起始状态均为 0。

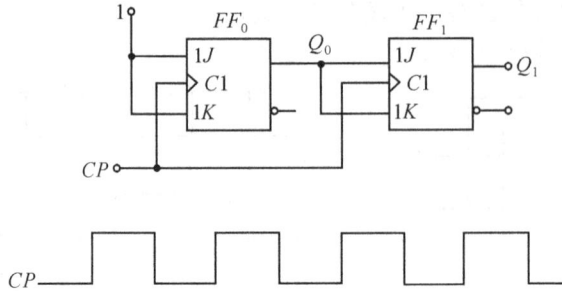

题 3-11 图

3-12 查阅电子器件手册，在题图(a)中纪录 74LS112 双 JK 触发器（负沿触发）的外引线符号，并在图(b)中画全触发器的逻辑符号图。

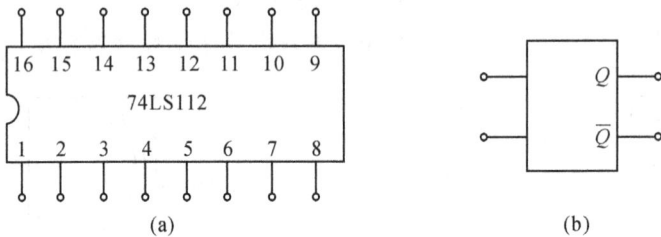

题 3-12 图

3-13 查阅电子器件手册，在题图(a)中纪录 CD4027 双 JK 触发器（正沿触发）的外引线符号，并在图(b)中画全触发器的逻辑符号图。

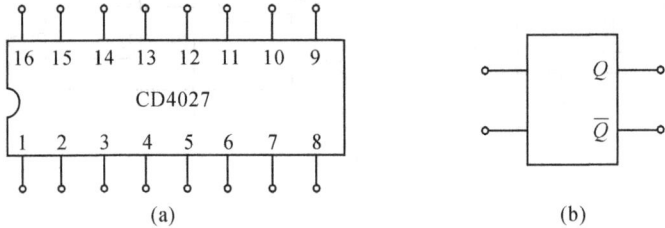

题 3-13 图

3-14 总结常用触发器的性能特点及使用注意事项。

拔河游戏机

本项目典型工作任务

▲ 典型工作任务一:可逆计数的控制

▲ 典型工作任务二:拔河游戏机的安装调试

本项目配套知识

▲ 寄存器

▲ 二进制计数器

▲ 十进制计数器

▲ 时序逻辑电路的分析

本项目建议学时数

▲ 8 学时

本项目的任务及目标

▲ 能阅读理解常用集成计数器的逻辑功能、预置、清零等功能。

▲ 理解并利用可逆计数功能。

▲ 能分析时序逻辑电路的自启动问题。

▲ 利用可逆计数功能方便实现拔河游戏等相关逻辑功能的控制。

4.1 典型工作任务

4.1.1 典型工作任务一:可逆计数的控制

一、所需知识

1.二进制计数器,时序逻辑电路的分析,详见 4.2.2 小节。

2.可逆计数的控制,详见 4.2.2 小节。

二、所需能力

1.时序逻辑电路的分析能力。

2.脉冲信号控制电路的设计能力。

3.实际所需信号产生电路的设计能力。

三、参考工作过程

1.资料及知识预备:教师下发典型工作任务书,讲解寄存器、二进制计数器等时序逻辑电路的分析、时序图的绘制方法等。

2.计划与方案的制订:学生人员分工,明确职责,制订工作计划,绘出拔河信号的产生电路、二进制计数器的可逆控制电路,列出工具、仪器仪表、元器件清单;教师审核工作计划与实施方案,引导学生确定可行的最终工作计划与实施方案。

3.实施:学生按给出的可逆计数控制电路接线,调试计数器,分析故障现象并排除故障,分析测试结果并得出结论。

4.汇报与评估:

① 学生汇报计划与方案的实施过程,回答同学与教师的相关提问。

② 教师与同学共同分析评价工作任务的计划与实施过程,重点评价可逆计数的控制方法。

③ 自评、互评、教师点评相结合:本组学生在汇报前先进行自评,并把自评小结进行全班汇报;以小组为单位分别对其他组的工作计划、过程与结果进行评价,并提出建议;教师对自评和互评结果进行评价,指出每个小组成员完成计划、方案及所得结果的优点,并提出改进意见。

四、参考任务方案简介

任务目标:利用若干集成门电路和集成同步可逆二进制计数器 CC40193、集成 4 线/16 线译码/分配器 CC4514 实现拔河信号的产生并控制计数器可逆计数,以实现拔河可逆计数的目的。

步骤:① 用集成门电路设计完成拔河(按键)信号的产生与整形;② 利用拔河双方产生的标准逻辑电平控制可逆计数器 CC40193 的可逆计数;③ 利用脉冲分配器 CC4514 实现拔河实时赛况的模拟显示;④ 分析总结安装、测试情况。

相关电路:略。

4.1.2 典型工作任务二:拔河游戏机的安装调试

一、所需知识

1.BCD-七段译码器,数码管,详见 2.2.2 小节。

2.十进制计数器,详见 4.2.3 小节。

3.时序逻辑电路的分析,详见 4.2.4 小节。

二、所需能力

1.有效脉冲信号计数译码电路的设计能力。

2.时序逻辑电路自启动功能的分析能力。

3.实用数字电路的安装调试能力。

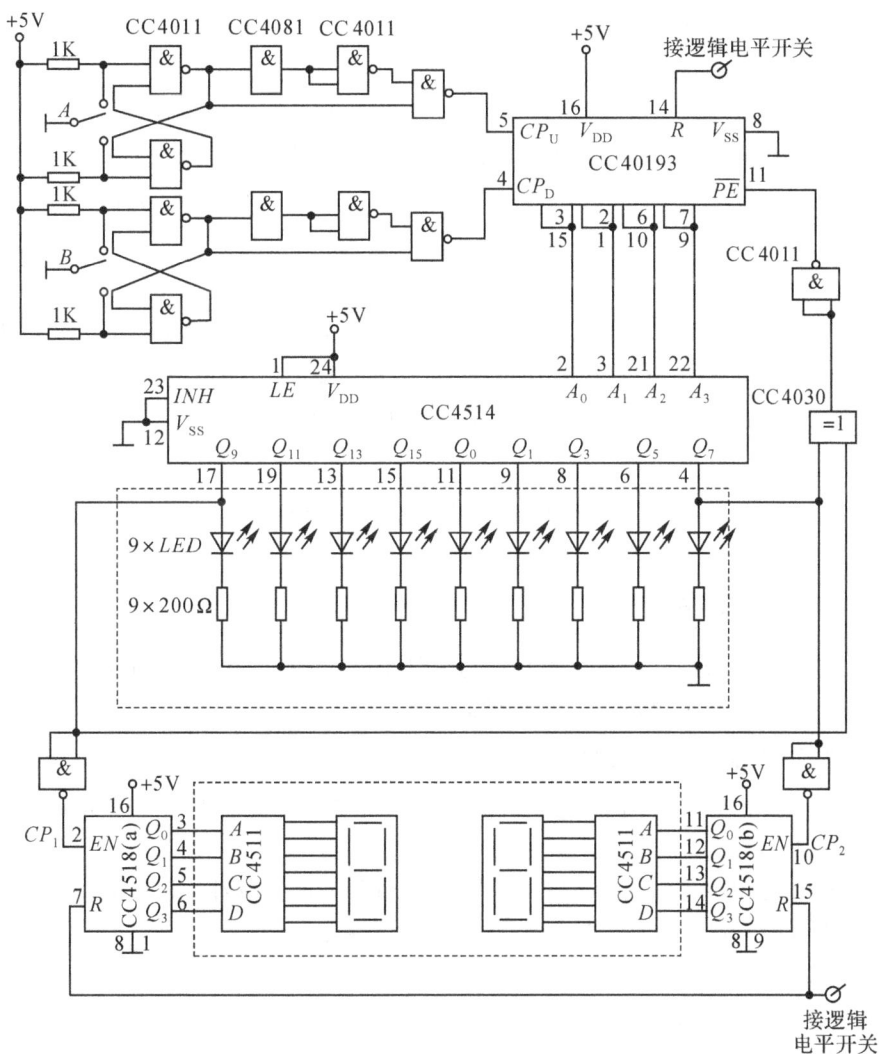

图 4-1-1　拔河游戏机参考电路图

三、参考工作过程

1.资料及知识预备:教师下发典型工作任务书,讲解集成十进制计数器逻辑功能表的阅读、管脚功能的识别及计数输出的译码显示方法;讲解拔河游戏机的逻辑功能,分析拔河游戏机的工作过程等。

2.计划与方案的制订:学生人员分工,明确职责,制订工作计划,画出总体电路图,列出所需工具、仪器仪表及元器件清单;教师审核工作计划与实施方案,引导学生确定可行的最终工作计划与实施方案。

3.实施:学生进行拔河游戏机的制作与调试,并对调试结果进行分析,总结拔河游戏机的工作情况。

4.汇报与评估:

① 学生汇报计划与方案的实施过程,回答同学与教师的相关提问。

② 教师与同学共同分析评价工作任务的计划与实施过程,重点评价拔河信号的整形、可逆计数的控制方法。

③ 自评、互评、教师点评相结合:本组学生在汇报前先进行自评,并把自评小结进行全班汇报;以小组为单位分别对其他组的工作计划、过程与结果进行评价,并提出建议;教师对自评和互评结果进行评价,指出每个小组成员完成计划、方案及所得结果的优点,并提出改进意见。

四、参考任务方案简介

任务目标:利用 CC4011、CC40193、CC4514、CC4518 等常用数字集成电路实现拔河游戏机的制作与调试,画出总体电路图,分析电路的工作原理,并总结设计制作的技巧。

提示:拔河游戏机总体参考电路如图 4-1-1 所示。

4.2　相关配套知识

4.2.1　寄存器

在数字系统中,常常要将一些数码、运算结果、指令等二进制信息暂时存放起来,需要时再取出来。用来存放数码的部件叫寄存器。

一、数码寄存器及其应用举例

寄存器主要由触发器构成,它具有接收、存放和输出数码的功能。在收到寄存指令时,把输入数码存入触发器中。

图 4-2-1 是由 D 触发器构成的 4 位数码寄存器。时钟脉冲 CP 作为寄存指令,只有在 CP 上升沿到达时,数码 $A_3 \sim A_0$ 才能存入寄存器中,即

$$Q_0^{n+1} = D_0^n = A_0$$
$$Q_1^{n+1} = D_1^n = A_1$$
$$Q_2^{n+1} = D_2^n = A_2$$
$$Q_3^{n+1} = D_3^n = A_3$$

这种能确定电路下一时刻状态(即次态)的函数,通常称为激励函数。就某一时刻而言,通常将该时刻电路的状态称为现态,如上式中的 D_0^n、D_1^n 等;而将下一时刻电路的

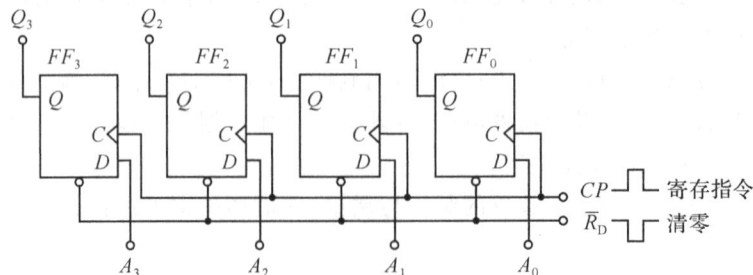

图 4-2-1　4 位数码寄存器

状态称为次态,如上式中的 Q_2^{n+1}、Q_3^{n+1} 等。

在下一个寄存指令到达之前,数码一直保存在寄存器中,故它又称锁存器。复位端 $\overline{R}_D$ 用来消除寄存器中的数码使之复位。当需要寄存多位数码时,只要按图 4-2-1 连接方法增加触发器的级数即可。

一种实用的 8 位 3 态输出寄存器(锁存器)74LS373(74373、74HC373)的引脚排列见图 4-2-2,它的内部结构基本与图 4-2-1 相同,它内含 8 个 D 触发器,输入为 $D_0 \sim D_7$,输出为 $Q_0 \sim Q_7$。CP(也记为 CLK)为 CP 脉冲输入端(触发端),上跳沿有效,该端在 CP 脉冲的上跳沿作用下,可将 $D_0 \sim D_7$ 的状态锁入触发器内部。当输出允许 $\overline{OE}$ 端加以低电平或负脉冲时,这些数据信息反映到输出端 $Q_0 \sim Q_7$ 上;当 $\overline{OE}$ 有效信号过后,$Q_0 \sim Q_7$ 端恢复为高阻状态。如果不需要 3 态,只要将 $\overline{OE}$ 端接地,即成为 2 态输出。

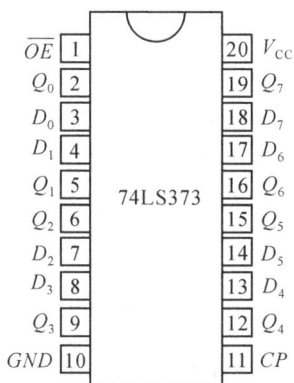

图 4-2-2 74LS373 的引脚图　　图 4-2-3 单片机控制多个继电器的电路

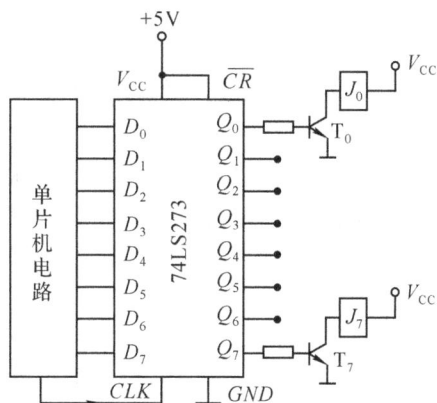

另两种常用的 2 态输出寄存器(锁存器)型号为 74LS273(74273、74HC273)和 74LS377(74377、74HC377),除了引脚 1 和输出是 2 态外,其余各引脚功能及排列完全与 74LS373 相同。如图 4-2-3 所示是它的一个常见例子,在某单片机应用电路中,需要控制若干个继电器 $J_0 \sim J_7$,通常是由单片机的 CPU(中央处理单元)送出各继电器的吸合或释放的信号。但由于 CPU 还必须与其他电路进行信号往来,它与各个电路的信号往来是分时进行的,也就是轮流地与各部分的电路打交道,因此 CPU 送出的继电器动作信号只能在瞬间出现,这就必须用寄存器把只在瞬间出现的信息"记忆"下来。图中使用 2 态寄存器 74LS273,在单片机的 CPU 从数据总线送出各继电器的动作信息时(吸合送 1,释放送 0),再送出一个脉冲信号给 74LS273 的"CLK"端,于是继电器动作信息便锁入 74LS273,并使各继电器实现相应的动作。

二、移位寄存器及其应用举例

在时钟脉冲作用下,能将数码从低位移至高位,或从高位移至低位的寄存器叫移位寄存器。图 4-2-4 是用边沿 D 触发器构成的 4 位左向移位寄存器。

数码由 D 端输入。若有数码 $I_3 I_2 I_1 I_0$(1101)从高位至低位依次移送到 D 端。第 1 个时钟脉冲上升沿过后,$Q_0 = I_3$。第 2 个脉冲过后,$Q_1 = D_1 = I_3$,$Q_0 = I_2$。依次类推。

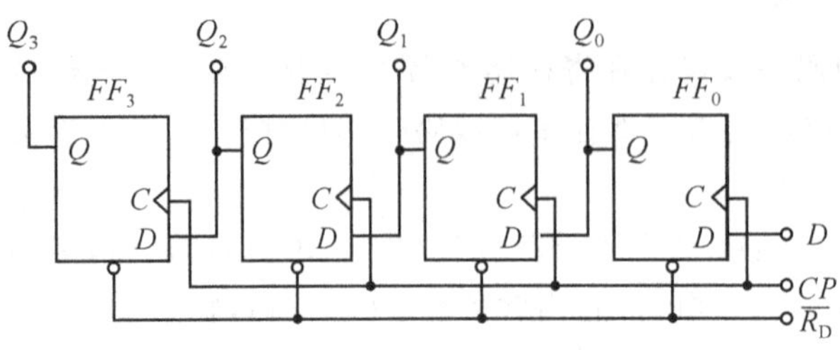

图 4-2-4　4 位左向移位寄存器

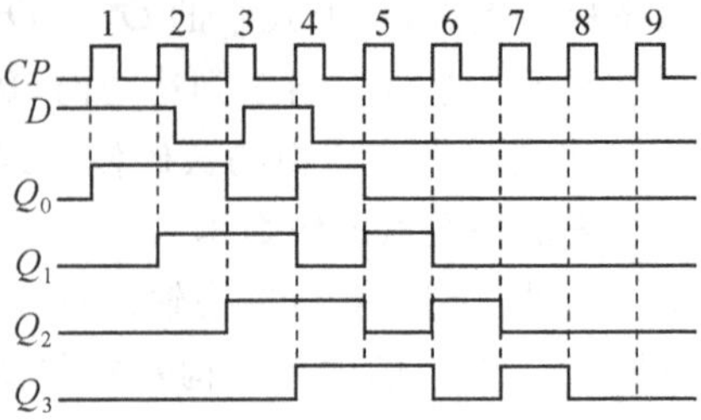

图 4-2-5　左向移位寄存器工作波形图

经过 4 个时钟脉冲,方可将数码 $I_3 I_2 I_1 I_0$ 左向移入 4 个触发器中,使 $Q_3 Q_2 Q_1 Q_0$ 与数码输入 $I_3 I_2 I_1 I_0$ 相对应。如数码 $I_3 I_2 I_1 I_0 = 1101$,在时钟脉冲作用下左向移入的工作波形如图 4-2-5 所示,工作波形图又叫时序图。从 D 端串行输入转换为从 Q 端并行输出,即串入/并出。还可发现,该寄存器经过第 7 个时钟脉冲,数码从 Q_3 端全部移出寄存器,即可实现串入/串出的寄存功能。

如果将图 4-2-4 电路中各触发器的连接顺序调换一下,让左边触发器的输出作为右邻触发器的数据输入,则可构成右向移位寄存器。若再增加一些控制门,则可构成既能左移又能右移的双向移位寄存器。图 4-2-6 便是用边沿 D 触发器组成的 4 位双向移位寄存器的一种方案。

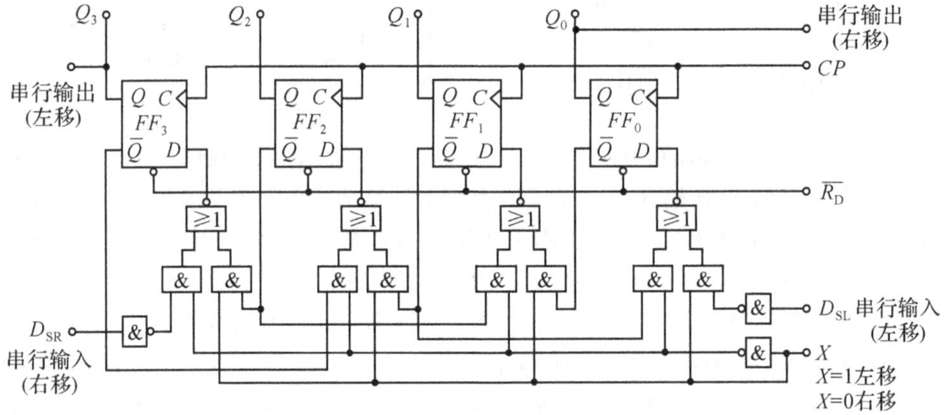

图 4-2-6　双向移位寄存器

图 4-2-6 中每个触发器的 D 端接与或非门组成的转换控制门,移位方向取决于移位控制端 X 的状态。当 $X=1$ 时,进行左移;当 $X=0$ 时,进行右移。D_{SL}、D_{SR} 分别为左、右移数码输入端,反相后接转换控制门。以 FF_0 为例,其数码输入端 D_0 的逻辑式为:

$$D_0 = \overline{X\,\overline{D_{SL}} + \overline{X} \cdot \overline{Q_1}}\qquad\qquad(4\text{-}2\text{-}1)$$

当 $X=1$ 时,$D_0 = D_{SL}$,相当于 FF_0 的 D 端与左移信号输入端 D_{SL} 相连,在时钟脉冲 CP 作用下实现左移。

当 $X=0$ 时,$D_0 = Q_1$,实现右移,使 $Q_0^{n+1} = Q_1^n$。同理,可以分析其他任意两位之间的移位情况。

由此可见,当 $X=1$ 时,数码作左向移位;当 $X=0$ 时,数码作右向移位。增加触发器的数量,便可增加寄存器的位数。

用触发器和一些门电路,还可以组成并行输入、并行输出的移位寄存器,或串并行输入、串并行输出以及双向移位寄存器。例如,国产中规模集成电路 T1194 型中速四位双向通用移位寄存器,就具有这种功能。

现在,各种功能的寄存器组件很多,如常用的 74LS194 便是一种 4 位双向移位寄存器,它的管脚图和逻辑功能见图 4-2-7 和表 4-2-1。这是一种功能较强的寄存器,它具有清零、保持、左移和右移功能,还可以并行输入数码。这些功能均在 CP 上升沿作用下工作(表 4-2-1)。

使用中大规模组件最关键的是理解它的控制端。S_0 和 S_1 是 74LS194 的主要控制端,它们状态的不同组合决定了寄存器的工作方式。例如,令 $S_1 S_0 = 01$,74LS194 便实现串行输入右移工作方式,即数码从 R 端输入,自动由 Q_A 向 Q_D 顺序按节拍移位,最后由 Q_D 端输出。

利用移位寄存器实现数据的传送时可以节约线路的数目(基本用线只需要数据线、时钟线、地线 3 根即可)。我们常说的计算机的"串口"(即串行通讯口),就是依靠移位寄存器来实现串行数据的传输的(单向传输基本用线只需 3 根,双向传输基本用线只需 4 根)。当它用于计算等目的时,可以方便地实现二进制数的乘、除运算,因为二进制数左移一位即相当于乘以 2,右移一位就相当于除以 2。

表 4-2-1　74LS194 逻辑功能表

CR	CP	S_1	S_0	功　能
0	$\times$	$\times$	$\times$	直接清零
1	$\uparrow$	0	0	保持
1	$\uparrow$	0	1	右移 (Q_A 向 Q_D 移)
1	$\uparrow$	1	0	左移 (Q_D 向 Q_A 移)
1	$\uparrow$	1	1	并行输入

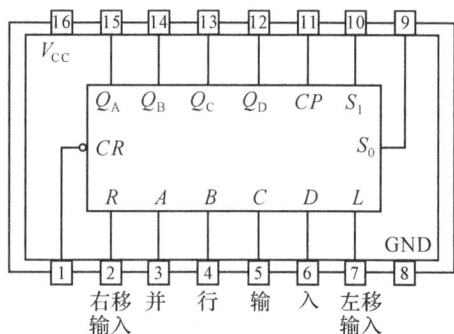

图 4-2-7　74LS194 管脚图

并行输入/串行(并行)输出寄存器的典型代表器件有 74LS164(74164、74HC164),其引脚排列如图 4-2-8 所示,各引脚的功能如下:

V_{CC}、GND:电源的正、负极;

A、B:串行数据输入端,实际使用时把 A、B 连在一起;

CLK:移位时钟输入端,当 CLK 信号为上跳沿时,数据右移一位;

$\overline{CR}$:清零输入端,低电平有效,当该端加低电平时,所有输出端 $Q_A \sim Q_H$ 均为低电平;

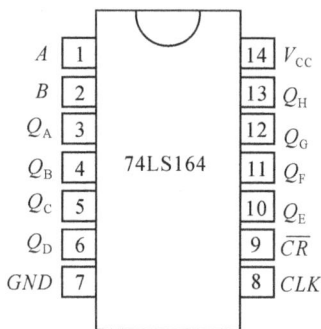

图 4-2-8　74LS164 的引脚图

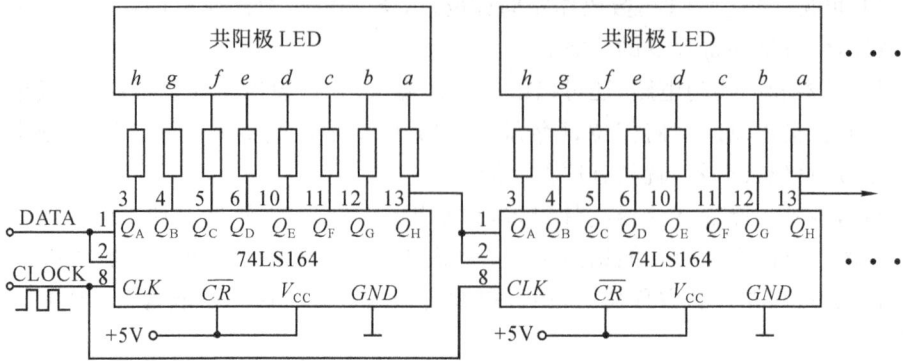

图 4-2-9　利用串/并转换电路 74LS164 构成的显示电路

$Q_A \sim Q_H$：并行数据输出端，同时 Q_H 端也是串行数据输出端，串行数据从 A、B 端最先进入的从 Q_H 端输出，最后进入的从 Q_A 输出。

74LS164 的典型应用见图 4-2-9，这也是一个显示电路，它使用共阳 8 段半导体数码管，在微机应用电路中常被用到。为了减少主电路与显示电路之间的连线，该电路使用了 74LS164 进行串行/并行转换，这在显示电路离主电路距离较远时意义尤为突出。

4.2.2　二进制计数器

在数字系统中，实现对脉冲个数进行计数的部件叫计数器，计数器由触发器组成。按触发器在计数过程中状态更新情况不同，分为同步计数器和异步计数器。因此，时序逻辑电路也可分为同步时序逻辑电路和异步时序逻辑电路。同步时序逻辑电路中各触发器共用同一时钟信号，即电路中各触发器状态的转换时刻在统一时钟信号控制下同步发生。前述寄存器就属于同步时序逻辑电路。异步时序逻辑电路没有统一的时钟信号在状态变化时进行同步控制。

计数器还可按计数体制分，有二进制计数器和非二进制计数器，现分述如下。

一、异步二进制加法计数器

二进制只有两个数码 0 和 1，所以一个双稳态触发器便可以计二进制数的一位。图 4-2-10 是用 JK 触发器（CP 下降沿触发）组成的 4 位二进制加法计数器的逻辑图。图中低位触发器的 Q 端接高位触发器 C 端（CP 输入端），这样低位由 1 变 0 时，给高位触发器一个负阶跃脉冲使其翻转。如在计数之前，各触发器都置 0，即 $Q_3=Q_2=Q_1=Q_0=0$，当计数脉冲输入后，各触发器状态转换及计数情况如表 4-2-2 所示。由表可知，第 1 个脉冲输入后，$Q_0=1$，其他触发器不变。当第 2 个脉冲过后，Q_0 由 1 变 0，Q_0 的这个负跳变，加在 FF_1 的 C 端，使 FF_1 翻转，Q_1 由 0 变 1，FF_2、FF_3 不变。依次类推。当第 16 个脉冲来到后，4 个触发器又复位到 0。计数器所累计的脉冲个数可用下式表示：

$$N_P = Q_3 \times 2^3 + Q_2 \times 2^2 + Q_1 \times 2^1 + Q_0 \times 2^0 \tag{4-2-2}$$

图 4-2-11 是图 4-2-10 二进制递增（加法）计数器的时序图。由时序图可以看出，每增加一级触发器，输出脉冲的周期增加一倍，即频率降低一倍。因此，一位二进制计

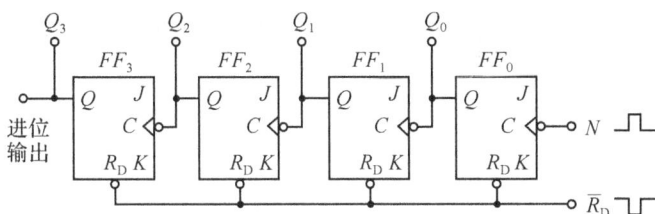

图 4-2-10 异步二进制加法计数器

表 4-2-2 4 位二进制加法计数器状态表

输入脉冲序号	Q_3 2^3	Q_2 2^2	Q_1 2^1	Q_0 2^0
0	0	0	0	0
1	0	0	0	1
2	0	0	1	0
3	0	0	1	1
4	0	1	0	0
5	0	1	0	1
6	0	1	1	0
7	0	1	1	1
8	1	0	0	0
9	1	0	0	1
10	1	0	1	0
11	1	0	1	1
12	1	1	0	0
13	1	1	0	1
14	1	1	1	0
15	1	1	1	1
16	0	0	0	0

数器便是一个二分频器。当触发器的个数为 n 时,最后一个触发器输出脉冲的频率为输入脉冲频率的 $\frac{1}{2^n}$,它能记录的最大脉冲个数为 2^n-1。

二、异步二进制减法计数器

二进制减法运算规则是 1 减 1 得 0,0 减 1 得 1,并向高位借 1。因此,减法计数器要满足下列条件:

(1)每进入一个脉冲,最低位的触发器要翻转一次;

(2)触发器由 0 变为 1 时,要产生一个阶跃脉冲作为借位信号。

用 JK 触发器组成的二进制减法计数器如图 4-2-12 所示。由于各触发器的 J、K 端均为高电平"1"(TTL 型电路输入悬空等效接高电平 1),所以触发控制端每来一个 CP 脉冲,触发器便翻转一次。由图 4-2-12 可知,除最低位触发器 FF_0 由计数脉冲触

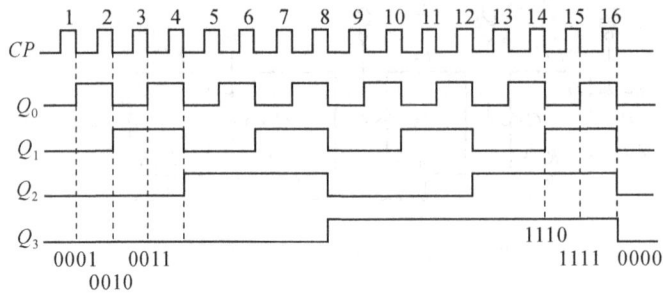

图 4-2-11　二进制加法计数器时序图

发外,其他各级触发器均由相邻低位的触发器输出信号触发。假设在计数前,各触发器均置 0,来了一个脉冲后,FF_0 翻转,Q_0 由 0 变 1,$\overline{Q_0}$ 由 1 变 0。$\overline{Q_0}$ 的这一负阶跃脉冲(即借位信号)使 FF_1 翻转,Q_1 由 0 变 1。依次类推,FF_2 和 FF_3 相继翻转,且 $\overline{Q_3}$ 产生一借位信号,这时计数器所存的数为 1111,即计数器所存的数 0000 减去 1 变为 1111,实际上是从高位(FF_4)借位再减去 1 的结果。

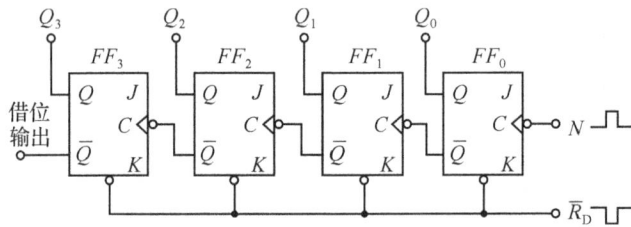

图 4-2-12　异步二进制递减计数器

当计数脉冲继续输入时,计数器里所存的数依次减少,直至第 16 个脉冲作用后,计数器里的数全减完,又变为 0000。图 4-2-12 所示计数器的时序图读者可自行分析画出,此处略去。

三、同步二进制递增计数器

异步计数器的缺点是工作速度慢。如图 4-2-12 所示计数器,FF_3 的输出要在计数器脉冲到来后经 4 个触发器的工作延时才能确定。为了提高工作速度,我们用时钟同时去触发计数器的全部触发器,使各触发器的状态变换与时钟脉冲同步,这种计数器称为同步计数器。图 4-2-13 是用 JK 触发器组成的同步 4 位二进制加法计数器。由于各触发器是用同一时钟脉冲触发,所以触发器的翻转状态由它们的输入信号决定。

由图 4-2-13 可知,各触发器 J、K 端的表达式(即激励函数)为

$$J_0 = K_0 = 1$$
$$J_1 = K_1 = Q_0$$
$$J_2 = K_2 = Q_0 Q_1$$
$$J_3 = K_3 = Q_0 Q_1 Q_2$$

由各触发器 J、K 端的表达式可得出:

①最低位触发器 FF_0 每输入一个时钟脉冲就翻转一次;

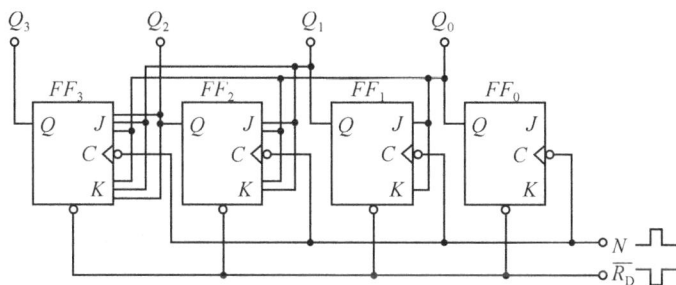

图 4-2-13 并行进位同步 4 位二进制加法计数器

②其他各触发器都是在其所有低位触发器输出端 Q 全为 1 时,再来一个时钟脉冲状态改变一次。

从上分析可知,图 4-2-13 所示电路的工作符合递增计数器的计数条件,所以它是一个同步 4 位二进制递增计数器。

四、同步二进制可逆计数器

既具有递增计数功能,又具有递减计数功能的计数器称可逆计数器。图 4-2-14 是一个同步二进制可逆计数器的逻辑图,进位控制方式是并行的。由两级与非门进行级间转换,同时完成并行进位功能。

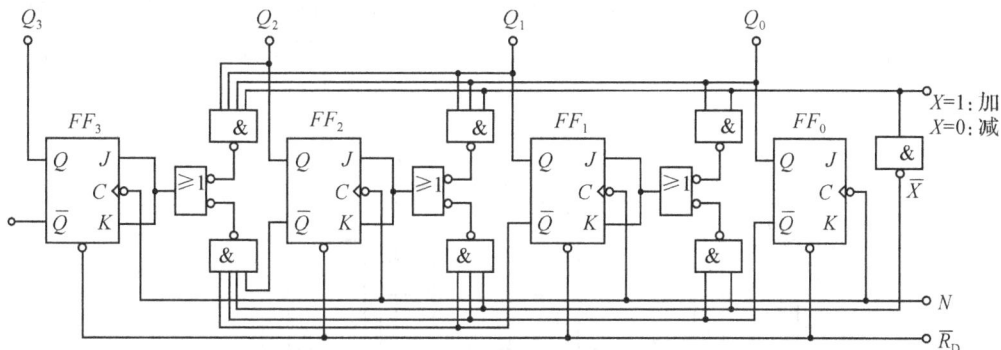

图 4-2-14 并行进位同步二进制可逆计数器

由图 4-2-14 可知,当 $X=1$ 时,下面 3 个与非门关闭,切断了后级触发器(高位)J、K 端与前级触发器(低位)$\overline{Q}$ 端的连接;同时上面 3 个与非门打开,将后级触发器的 J、K 端与前面各级触发器的 Q 端的与相连(参阅前述相关内容),计数器便可递增计数。同理,当 $X=0$ 时,下面 3 个与非门打开,各触发器的 J、K 端将按下列各式连接:

$$J_0 = K_0 = 1$$
$$J_1 = K_1 = \overline{Q}_0$$
$$J_2 = K_2 = \overline{Q}_0 \, \overline{Q}_1$$
$$J_3 = K_3 = \overline{Q}_0 \, \overline{Q}_1 \, \overline{Q}_2$$

触发器按此连接,便可保证 FF_0 每来一个脉冲翻转一次,FF_1 在 $Q_0 = 0$ 时翻转,FF_2 是在 $Q_0 = Q_1 = 0$ 时翻转,FF_3 是在 $Q_0 = Q_1 = Q_2 = 0$ 时翻转,这正好是二进制减法计数器中各触发器的翻转条件,所以当控制端 $X=0$ 时,进行递减计数。

在实际应用中常常采用集成计数器。TTL 型常用的集成二进制计数器有 T1293(7493)、T1193(74193);属 CMOS 型的集成二进制计数器有 C183(CD4020)、C184(CD40193)。

五、可逆计数控制训练

查阅集成同步可逆二进制计数器 CC40193 的逻辑功能表和管脚排列,并验证其可逆计数功能。验证方案自拟。

4.2.3　十进制计数器

二进制计数器电路结构简单、运算方便,但用得最多的还是十进制计数器。

十进制数,每一位都可以为 0、1、…、9 十个数码中的任意一个;从 0 开始计数,遇到 9 加 1,这一位要回到 0,并向高位进 1,即所谓"逢十进一"。

一个 4 位二进制计数器能计 16 个状态,用一个 4 位二进制计数器表示十进制数的一位,需要去掉其中 6 个状态。若去掉 1010～1111 六个状态,就是前面介绍的 8421BCD 码。

一、同步十进制递增计数

图 4-2-15 是 8421BCD 码同步十进制递增计数器的逻辑图。该计数器由 JK 触发器组成,由图可知,各触发器输入端 J、K 的逻辑表达式,即驱动方程如下(驱动方程亦称激励方程):

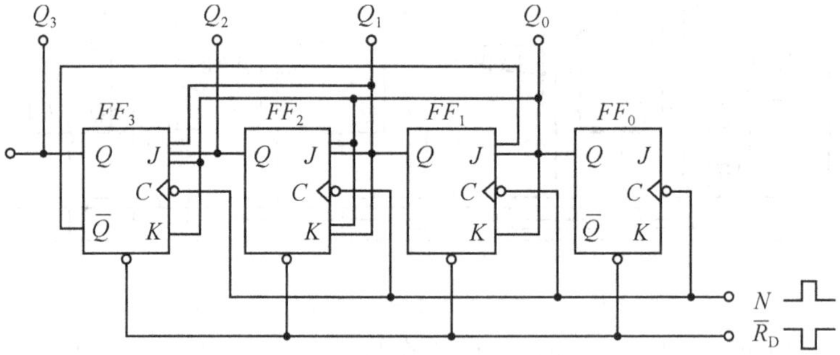

图 4-2-15　8421 码同步十进制递增计数器

$J_0=K_0=1$

$J_1=\overline{Q_3}Q_0$,　$K_1=Q_0$

$J_2=K_2=Q_1Q_0$

$J_3=Q_2Q_1Q_0$,　$K_3=Q_0$

将上述驱动方程代入 JK 触发器的特性方程,可得到状态方程如下:

$Q_0^{n+1}=\overline{Q_0^n}$

$Q_1^{n+1}=\overline{Q_3^n}\cdot\overline{Q_1^n}\cdot Q_0^n+Q_1^n\cdot\overline{Q_0^n}$

$Q_2^{n+1}=\overline{Q_2^n}\cdot Q_1^n\cdot Q_0^n+Q_2^n\cdot\overline{Q_1^nQ_0^n}$　　　　　　(4-2-3)

$$Q_3^{n+1} = \overline{Q_3^n} \cdot Q_2^n \cdot Q_1^n \cdot Q_0^n + Q_3^n \cdot \overline{Q_0^n}$$

设计数器的初始状态为 $Q_3Q_2Q_1Q_0 = 0000$，根据状态方程式 4-2-3，通过计算可以得到各触发器现态下的次态，如表 4-2-3 所示。由状态表可以看出，图 4-2-15 是 8421 码同步十进制递增计数器。

表 4-2-3　同步十进制计数器状态表

态序	解发器状态				对应的十进制数
	Q_3	Q_2	Q_1	Q_0	
0	0	0	0	0	0
1	0	0	0	1	1
2	0	0	1	0	2
3	0	0	1	1	3
4	0	1	0	0	4
5	0	1	0	1	5
6	0	1	1	0	6
7	0	1	1	1	7
8	1	0	0	0	8
9	1	0	0	1	9
10	0	0	0	0	0

二、同步十进制可逆计数器及功能表的识读

图 4-2-16 是国产 T1192 型同步十进制可逆计数器的逻辑图，它是一个中规模集成电路。该计数器利用 4 个主从 T 触发器和一些门电路组成，CP_+ 为递增计数时钟输入端，CP_- 为递减计数时钟输入端，两者彼此独立；CR 为清零端，当 $CR=1$ 时，各触发器置 0。$I_3 \sim I_0$ 为置数输入端，当置数指令 $\overline{LD}=0$ 时，可以将数据 $D_3 \sim D_0$ 从置数输入端 $I_3 \sim I_0$ 并行地存入计数器中。O_C 和 O_B 分别为进位输出和借位输出端。表 4-2-4 是图 4-2-16 所示计数器的功能表。

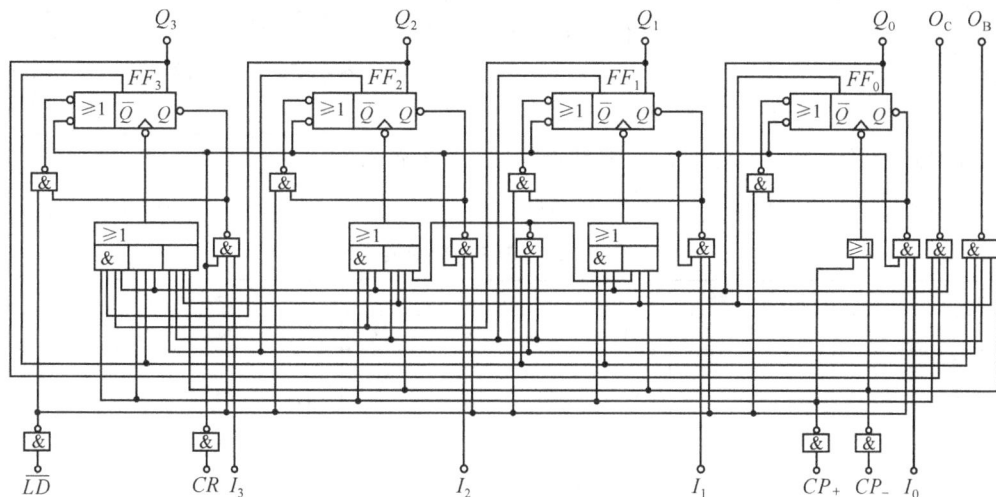

图 4-2-16　T1192 型同步十进制可逆计数器

表 4-2-4　图 4-2-16 所示计数器的功能表

CR	$\overline{LD}$	CP_+	CP_-	I_3	I_2	I_1	I_0	Q_3	Q_2	Q_1	Q_0
1	×	×	×	×	×	×	×	0	0	0	0
0	0	×	×	D_3	D_2	D_1	D_0	D_3	D_2	D_1	D_0
0	1	↑	1	×	×	×	×		递增计数		
0	1	1	↑	×	×	×	×		递减计数		
0	1	1	1	×	×	×	×		保　持		

由于计数器是用主从 T 触发器组成,所以每输入一个 CP 信号,触发器翻转一次,由图 4-2-16 可知,各触发器 CP 端的逻辑表达式为:

$$
\begin{cases}
CP_0 = \overline{CP_+} + \overline{CP_-} \\
CP_1 = \overline{CP_+} \cdot \overline{Q_3} Q_0 + \overline{CP_-} \cdot \overline{\overline{Q_3} \cdot \overline{Q_2} \cdot \overline{Q_1}} \cdot \overline{Q_0} \\
\quad = \overline{CP_+} \cdot \overline{Q_3} Q_0 + \overline{CP_-}(Q_3 + Q_2 + Q_1) \overline{Q_0} \\
CP_2 = \overline{CP_+} \cdot Q_1 Q_0 + \overline{CP_-} \cdot \overline{\overline{Q_3} \cdot \overline{Q_2} \cdot \overline{Q_1}} \cdot \overline{Q_0} \cdot \overline{Q_1} \\
\quad = \overline{CP_+} \cdot \overline{Q_1} Q_0 + \overline{CP_-}(Q_3 + Q_2 + Q_1) \overline{Q_1} \cdot \overline{Q_0} \\
CP_3 = \overline{CP_+}(Q_2 Q_1 Q_0 + \overline{Q_3} Q_0) + \overline{CP_-} \cdot \overline{Q_2} \cdot \overline{Q_1} \cdot \overline{Q_0}
\end{cases}
\tag{4-2-4}
$$

进位信号和借位信号逻辑表达式为:

$$
\begin{cases}
O_C = \overline{\overline{CP_+} \cdot Q_3 Q_0} \\
O_B = \overline{\overline{CP_-} \cdot \overline{Q_3} \cdot \overline{Q_2} \cdot \overline{Q_1} \cdot \overline{Q_0}}
\end{cases}
\tag{4-2-5}
$$

当 $\overline{CP_+} = 1$,$\overline{CP_-} = 0$,式(4-2-4)中各 CP 函数的第 2 项均为 0,此时只有递增计数输入脉冲 CP_+ 起作用,电路作递增计数。FF_0 每来一个 CP_+ 信号翻转一次;FF_1 只有在 $\overline{Q_3} Q_0 = 1$ 时,每来一个 CP_+ 信号翻转一次;其余类推。

当 $\overline{CP_-} = 1$,$\overline{CP_+} = 0$,式(4-2-4)中各 CP 函数的第 1 项为 0,此时只有递减计数输入脉冲 $\overline{CP_-}$ 起作用,电路作递减计数。

以上是十进制计数器的一位,当进行多位连接时,只要将低位的进位信号 O_C 和借位信号 O_B 分别接到 CP_+ 和 CP_- 端就行了。

中规模计数器组件种类很多,国产 T215 是二—十六进制同步可预置可逆计数器的典型产品,它的逻辑符号如图 4-2-17 所示,表 4-2-5 是它的功能表。

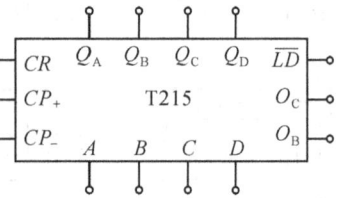

图 4-2-17　T215 逻辑符号

表 4-2-5　T215 的功能表

		输	入						输	出	
CR	LD	CP_-	CP_+	A	B	C	D	Q_A	Q_B	Q_C	Q_D
1	×	×	×	×	×	×	×	0	0	0	0
0	0	×	×	D_3	D_2	D_1	D_0	D_3	D_2	D_1	D_0
0	1	1	↑	×	×	×	×		加法计数		
0	1	↑	1	×	×	×	×		减法计数		

该组件设置有双时钟 CP_- 和 CP_+ 输入端。当进行加法计数时，令 $CP_-=1$，计数脉冲从 CP_+ 加入；当进行减法计数时，令 $CP_+=1$，计数脉冲从 CP_- 加入。

CR 是清零端，高电平有效；$\overline{LD}$ 是预置端，低电平有效。O_C 是进位输出，O_B 是借位输出，它们都是低电平有效。使用 T215 时应注意两点：

(1) T215 是通过触发器的置零端和置位端来完成预置功能的，所以只要预置端 LD 有负脉冲出现，计数器便立即被预置在输入数据上，它的状态预置与时钟是异步的，所以又称异步预置。

(2) 该组件的进位输出 O_C 和借位输出 O_B 与时钟同步工作，加法计数时，计数器全 1 态时 O_C 输出一负脉冲；减法计数时，计数器全 0 态时 O_B 输出一个负脉冲，逻辑表达式为：

$$\begin{cases} O_C = \overline{Q_A Q_B Q_C Q_D \cdot \overline{CP_+}} \\ O_B = \overline{\overline{Q_A} \cdot \overline{Q_B} \cdot \overline{Q_C} \cdot \overline{Q_D} \cdot \overline{CP_-}} \end{cases} \qquad (4\text{-}2\text{-}6)$$

灵活地运用双时钟端和进位、借位输出端，可以很方便地扩展组件的功能。

三、异步十进制计数器

图 4-2-18(a) 是用 JK 触发器组成的一位异步十进制递增计数器，O_C 是向高位发出的进位信号。

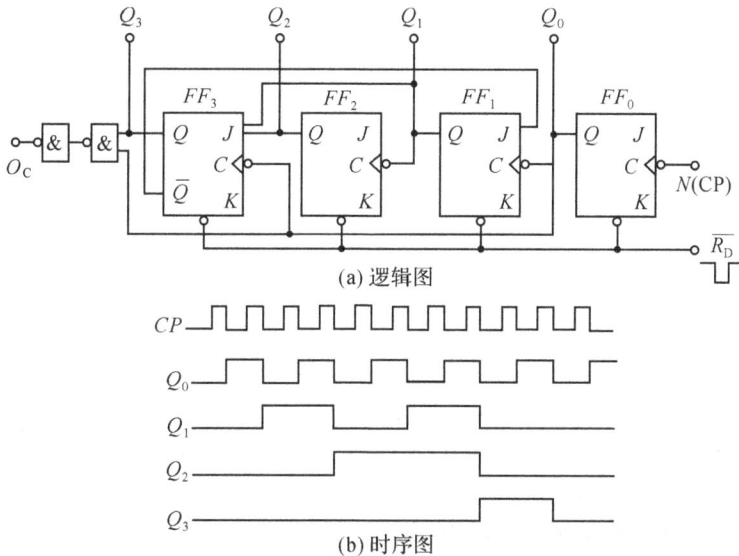

(a) 逻辑图

(b) 时序图

图 4-2-18　异步十进制递增计数器

由图 4-2-18 可知，各触发器的时钟脉冲是

$$CP_0 = CP$$
$$CP_1 = CP_3 = Q_0$$
$$CP_2 = Q_1$$

进位信号 $O_C = Q_3 Q_0$

各触发器 J、K 的逻辑表达式是：

$J_0 = K_0 = 1$

$J_1 = \overline{Q_3}, K_1 = 1$

$J_2 = K_2 = 1$

$J_3 = Q_2 Q_1, K_3 = 1$

触发器在异步时序电路工作时，其状态变化由逻辑表达式和触发脉冲 CP 确定。我们设定一个初态为 0000，依次进行分析计算，其结果如表 4-2-6 所示，表中各 CP 对应状态中，"0" 表示无下降沿，"1" 表示有下降沿。分析时要注意各触发器的时钟脉冲。只有当时钟脉冲到来时，触发器才能按照逻辑表达式转换。

由表 4-2-6 可知，它是一个 8421 码的十进制递增计数器，时序图如图 4-2-18(b) 所示。

表 4-2-6　异步十进制计数器状态表

态序 S	触 发 器 状 态				对应的十进制数	触 发 脉 冲			
	Q_3	Q_2	Q_1	Q_0		$CP_3\downarrow$	$CP_2\downarrow$	$CP_1\downarrow$	$CP_0\downarrow$
0	0	0	0	0	0	0	0	0	0
1	0	0	0	1	1	0	0	0	1
2	0	0	1	0	2	1	0	1	1
3	0	0	1	1	3	0	0	0	1
4	0	1	0	0	4	1	1	1	1
5	0	1	0	1	5	0	0	0	1
6	0	1	1	0	6	1	0	1	1
7	0	1	1	1	7	0	0	0	1
8	1	0	0	0	8	1	1	1	1
9	1	0	0	1	9	0	0	0	1
10	0	0	0	0	0	1	0	1	1

4.2.4　时序逻辑电路的分析

一、分析与设计的三个工具

组合逻辑电路的功能可用逻辑表达式和真值表来描述，由于时序逻辑电路的输出状态既与当前的输入，同时也与过去的输入有关，两者不发生在同一时刻，故不能简单地利用真值表来描述。

在时序逻辑电路的分析和设计过程中，为了清晰地反映输入、输出、现态、次态之间的关系，生动地描述电路的行为过程，引入状态表和状态图作为分析和设计的工具。

1.状态表

状态表是一种反映时序逻辑电路的输出、次态与输入、现态之间关系的表格,它能够完全描述时序电路在输入信号作用下的状态转换关系及相应的输出。

2.状态图

状态图是一种反映时序逻辑电路在输入时序信号作用下的状态转移规律,及相应输出响应的有向图。

状态图中,每个状态用一个圆圈表示,圈内标出状态名或状态编码,并用连接各圆圈的有向线段或弧线表示状态转移关系,连线旁边标出产生转移的输入条件及相应输出,如图 4-2-21(b)所示。

3.时序图

时序图又叫工作波形图,它以波形图的形式形象地表示输入信号、输出信号、电路状态的取值在时间上的对应关系。

二、同步时序逻辑电路的分析

在前面介绍计数器时,已初步涉及了这方面的知识,发现分析同步时序逻辑电路的常用方法有表格法和代数法两种,其一般过程如图 4-2-19 所示。

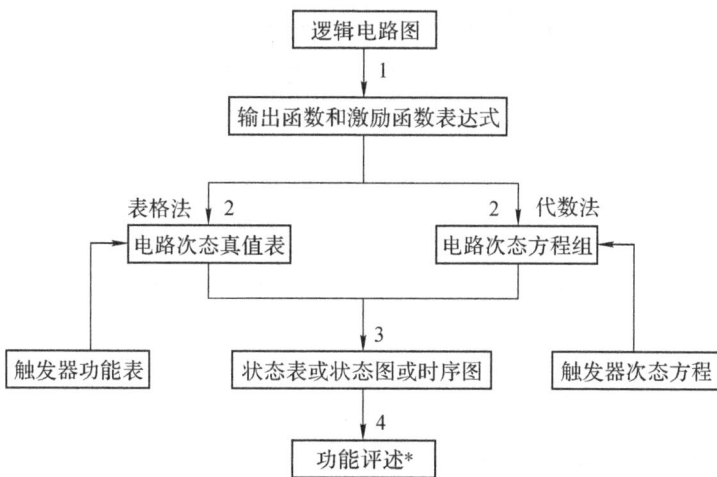

图 4-2-19　同步时序逻辑电路分析的一般过程

由图 4-2-19 可见,分析过程可分为 4 步,代数法和表格法也仅在第二步上有所不同。具体步骤如下:

分析前先了解电路的组成,确定输入、输出信号,组合逻辑电路部分的结构,触发器的类型。

(1)写出输出函数和激励函数表达式。根据给定的逻辑电路图,确定电路的输入变量、状态变量、激励函数和输出函数,并写出各触发器的激励函数表达式和电路的输出函数表达式。

(2)列出电路的次态真值表(表格法)或导出电路的次态方程组(代数法)。次态真值表列出了电路输入和现态下的次态,它反映电路的状态转移关系,通常又称为状态转移表。列表时一般先列出激励函数真值表,然后根据激励函数值和触发器功能表确定电路次态。

次态方程组:根据触发器类型列出电路中各触发器的次态方程,并将激励函数表达式代入相应次态方程,得到反映次态、输入和现态关系的方程组。

(3)画状态图(或状态表,或时序图)。根据次态真值表或次态方程组以及电路的输出函数表达式,作出电路状态表或画出相应的状态图。

(4*)功能评述。根据图表,分析电路输出对输入的相应,必要时可通过拟定典型输入序列画出时序图,然后给出对电路逻辑功能的文字描述。

通过分析,除了解电路的逻辑功能外,还可对设计方案的优劣作出评价。

例 4-2-1 分析如图 4-2-20 所示同步时序逻辑电路,说明该电路的功能。

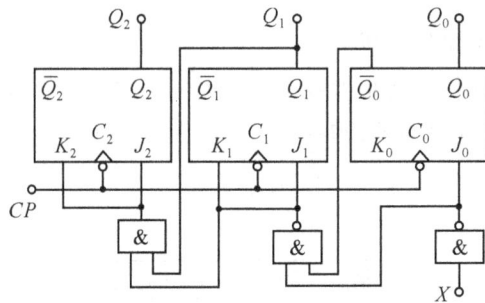

图 4-2-20 例 4-2-1 图一

解 该电路由三个 JK-FF 和三个逻辑门组成,各触发器受同一时钟信号控制。电路有一个外部输入 X,其外部输出即为各触发器的状态变量 Q_2、Q_1、Q_0,现采用表格法分析。

(1)写出激励函数表达式。

$$J_2 = K_2 = \overline{\overline{X} \cdot \overline{Q_0}} \cdot Q_1 = XQ_1 + Q_0 Q_1$$

$$J_1 = K_1 = \overline{\overline{X} \cdot \overline{Q_0}} = X + Q_0$$

$$J_0 = \overline{X}, \quad K_0 = 1$$

(2)列出电路次态真值表

根据激励函数表达式和 JK-FF 的逻辑功能,可作出电路次态真值表如表 4-2-7 所示。为了使推导过程清晰、方便,表中同时给出了在输入和现态各种取值下的激励函数。

表 4-2-7 例 4-2-1 的次态真值表

输入	现		态	激	励	函	数			次		态
X	Q_2^n	Q_1^n	Q_0^n	J_2	K_2	J_1	K_1	J_0	K_0	Q_2^{n+1}	Q_1^{n+1}	Q_0^{n+1}
0	0	0	0	0	0	0	0	1	1	0	0	1
0	0	0	1	0	0	1	1	1	1	0	1	0

续 表

输入	现 态			激 励 函 数						次 态		
X	Q_2^n	Q_1^n	Q_0^n	J_2	K_2	J_1	K_1	J_0	K_0	Q_2^{n+1}	Q_1^{n+1}	Q_0^{n+1}
0	0	1	0	0	0	0	0	1	1	0	1	1
0	0	1	1	1	1	1	1	1	1	1	0	0
0	1	0	0	0	0	0	0	1	1	1	0	1
0	1	0	1	0	0	1	1	1	1	1	1	0
0	1	1	0	0	0	0	0	1	1	1	1	1
0	1	1	1	1	1	1	1	1	1	0	0	0
1	0	0	0	0	0	1	1	0	1	0	1	0
1	0	0	1	0	0	1	1	0	1	0	1	0
1	0	1	0	1	1	1	1	0	1	1	0	0
1	0	1	1	1	1	1	1	0	1	1	0	0
1	1	0	0	0	0	1	1	0	1	1	1	0
1	1	0	1	0	0	1	1	0	1	1	1	0
1	1	1	0	1	1	1	1	0	1	0	0	0
1	1	1	1	1	1	1	1	0	1	0	0	0

(3)根据次态真值表作时序图,如图 4-2-21(a)所示,或状态图,如图 4-2-21(b)所示。

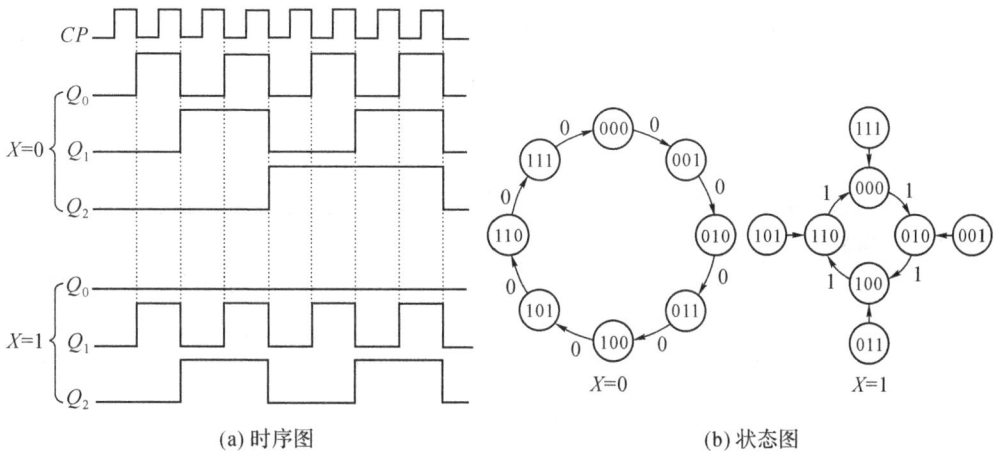

(a)时序图 　(b)状态图

图 4-2-21　例 4-2-1 图二

(4)功能评述:由图 4-2-21 可知,当 $X=0$ 时,电路在时钟脉冲下降沿作用下进行模为 8 的计数(8 进制递增计数器);当 $X=1$ 时,电路在时钟脉冲作用下进行模为 4 的计数(4 进制递增计数器)。由图 4-2-21(b)还可以看出,电路具有自启动功能(即当电路由于某种原因进入无效状态时,电路能自动进入有效状态)。因此,该电路是一个可控计数器,在输入 X 的控制下,可分别实现 4 进制或 8 进制递增计数。

例 4-2-2 试分析如图 4-2-22(a)所示电路的逻辑功能。

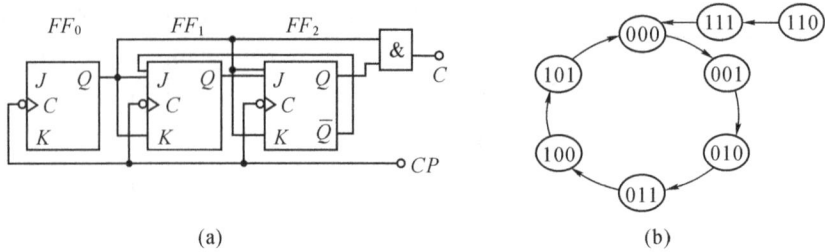

(a)　　　　　　　　　　　　　　(b)

图 4-2-22　例 4-2-2 图

解　电路由三个下降沿触发的 JK-FF 组成,输入是 CP,输出是 C。

(1)写出激励方程及输出方程。

$$J_0 = K_0 = 1$$

$$J_1 = Q_0^n \cdot \overline{Q_2^n}, \ K_1 = Q_0^n$$

$$J_2 = Q_1^n \cdot Q_0^n, \ K_2 = Q_0^n$$

$$C = Q_0 Q_2$$

(2)用代数法,结合前面列出的激励方程,列出电路的次态方程组:

$$Q_0^{n+1} = J_0 \ \overline{Q_0^n} + \overline{K_0} Q_0^n = \overline{Q_0^n}$$

$$Q_1^{n+1} = J_1 \ \overline{Q_1^n} + \overline{K_1} Q_1^n = Q_0^n \overline{Q_2^n} \cdot \overline{Q_1^n} + \overline{Q_0^n} \cdot Q_1^n$$

$$Q_2^{n+1} = J_2 \ \overline{Q_2^n} + \overline{K_2} Q_2^n = Q_0^n Q_1^n \cdot \overline{Q_2^n} + \overline{Q_0^n} \cdot Q_2^n$$

(3)假定电路初态为 000,则可列出状态表,如表 4-2-8 所示(略去了电路的现态),状态图见图 4-2-22 (b)所示。

(4)功能评述:由表 4-2-8 可知,图 4-2-22 所示为一个同步 6 进制递增计数器。从图 4-2-22(b)所示状态图可知,电路具有自启动功能。

表 4-2-8　图 4-2-22 的状态表

CP	Q_2	Q_1	Q_0	C
0	0	0	0	0
1	0	0	1	0
2	0	1	0	0
3	0	1	1	0
4	1	0	0	0
5	1	0	1	1
6	0	0	0	0

例 4-2-3 分析如图 4-2-23 所示同步时序逻辑电路,作出时序图,说明电路功能。

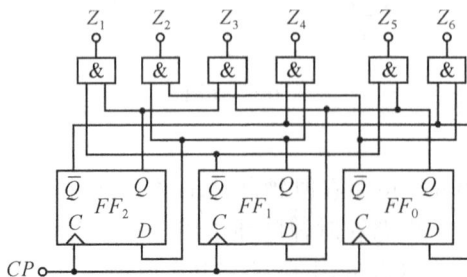

图 4-2-23　例 4-2-3 逻辑图

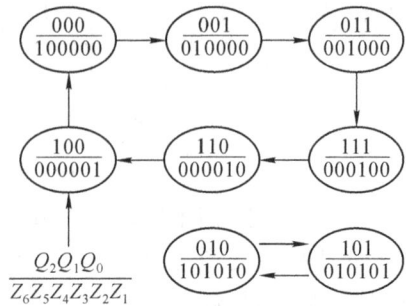

图 4-2-24　例 4-2-3 的状态图

解 电路由三个 D-FF 和 6 个与门组成,无外输入信号,仅在时钟脉冲 CP 作用下发生状态变化,并产生 6 个输出信号。

(1)写出输出函数和激励函数表达式。

$$Z_6 = \overline{Q_2} \cdot \overline{Q_0}$$
$$Z_5 = \overline{Q_1} Q_0$$
$$Z_4 = \overline{Q_2} Q_1$$
$$Z_3 = Q_2 Q_0$$
$$Z_2 = Q_1 \overline{Q_0}$$
$$Z_1 = Q_2 \overline{Q_1}$$
$$D_2 = Q_1$$
$$D_1 = Q_0$$
$$D_0 = \overline{Q_2}$$

(2)求出次态方程。

由激励函数及 D-FF 的特性方程可得到各触发器的次态方程为:

$$Q_2^{n+1} = Q_1^n$$
$$Q_1^{n+1} = Q_0^n$$
$$Q_0^{n+1} = \overline{Q_2^n}$$

(3)作出状态图。

根据次态方程和输出函数表达式,先求得 Q_2、Q_1 和 Q_0,再求出 Z_6、Z_5、Z_4、Z_3、Z_2 和 Z_1,可作出状态图,如图 4-2-24 所示。

(4)作出时序图,说明电路功能。

根据激励函数和触发器功能或状态图,作出如图 4-2-25 所示时序图。由时序图可知,该电路是一个脉冲分配器。从状态图发现,该电路中有两个无效状态,不具备自启动功能,并在无效状态下会产生错误输出。

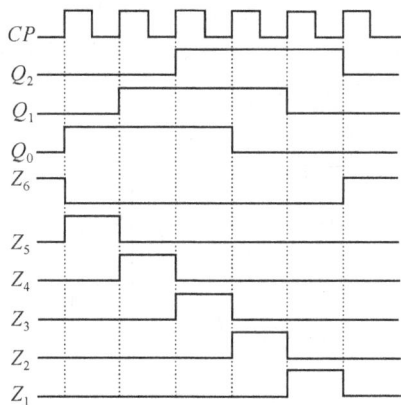

图 4-2-25 例 4-2-3 的时序图

三、拔河游戏机的制作与调试

参阅图 4-1-1 所示电路,根据所用集成电路管脚排列,按要求正确接线。通电后,逐级观察电路的工作情况,学习并掌握实用数字电路故障分析方法和排除方法。

1. 操作两个按钮开关 A、B,观察 CC40193 相关输出电平的变化情况及 CC4514 各相关输出端电平的变化情况;分析其工作过程。

2. 操作 A、B,观察 CC4514 第 4、第 17 管脚的电平变化规律和数码管显示值之间的关系,分析其工作过程。

3. 总结制作调试注意事项。

小　　结

本项目以拔河游戏机的制作与调试为目标,引出了时序逻辑电路的分析和应用,中间介绍了几款典型的时序逻辑电路。

分析时序逻辑电路常用的方法是根据给定的电路写出各触发器驱动方程和时钟方程,通过计算列出真值表,或画出状态转换图等,分析其逻辑功能;在评价逻辑功能时,一般要分析其自启动情况和无效状态等。掌握常用集成时序逻辑电路功能表的阅读方法、集成电路的管脚识别方法,有利于灵活应用电路,为时序逻辑电路在日常、工作等中的应用提供所必需的技能。

思考题与习题

4-1　时序逻辑电路和组合逻辑电路的根本区别是什么? 同步时序逻辑电路和异步时序逻辑电路有何不同?

4-2　构成模值为 256 的二进制计数器,需要多少级触发器?

4-3　下列各种触发器中,哪些可以用来构成移位寄存器和计数器:
(1)基本 RS 触发器;(2)同步 RS 触发器;(3)同步 D 锁存器;(4)主从 RS 触发器;(5)主从 JK 触发器;(6)边沿 D 触发器;(7)边沿 JK 触发器。

4-4　画出如题图所示电路的状态转换图。

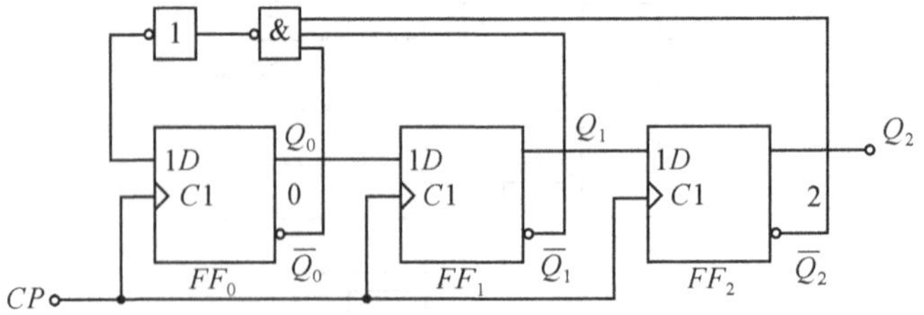

题 4-4 图

4-5　画出如题图所示电路的状态转换图和时序图,并简述其功能。

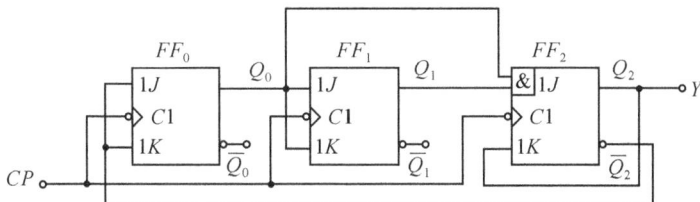

题 4-5 图

4-6　画出如题图所示电路的状态图和时序图,并简述其功能。

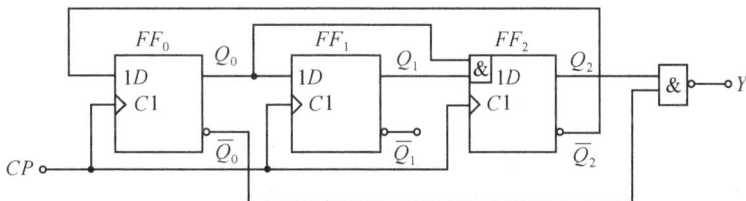

题 4-6 图

4-7　分析如题图所示电路,要求:

(1)写出各级触发器的驱动方程和状态方程;

(2)画出状态转换表和状态转换图;

(3)说明电路特点。

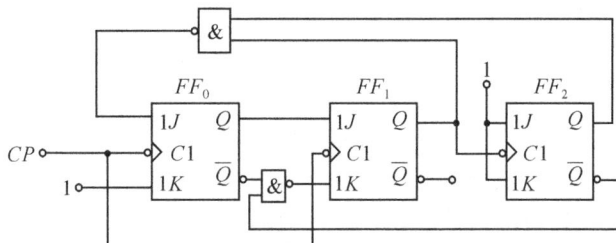

题 4-7 图

4-8　写一篇 300 字以上的学习心得。

项目五

电子钟

本项目典型工作任务

▲ 典型工作任务一：秒信号发生电路的设计与制作
▲ 典型工作任务二：时、分、秒计数译码显示电路的安装测试
▲ 典型工作任务三：时间校准及报时功能的实现

本项目配套知识

▲ 标准秒信号的产生
▲ 利用触发器进行时序逻辑电路的设计
▲ 任意进制计数器的设计
▲ 时序逻辑电路的应用

本项目建议学时数

▲ 8学时

本项目的任务及目标

▲ 能利用常用逻辑集成电路获取标准秒信号。
▲ 能利用常用的集成触发器设计简单同步时序逻辑电路。
▲ 利用模大的计数器设计模较小的计数器。
▲ 常用集成时序逻辑电路的简单应用。

5.1 典型工作任务

5.1.1 典型工作任务一：秒信号发生电路的设计与制作

一、所需知识

1. 频率稳定的标准秒信号的获取方法，详见5.2.1小节。
2. 同步时序逻辑电路的设计，详见5.2.1、5.2.2小节。

二、所需能力

1. 时序逻辑电路的分析能力。

2.设计产生所需频率矩形波信号的能力。

三、参考工作过程

1.资料及知识预备：教师下发典型工作任务书，讲解利用触发器进行同步时序逻辑电路设计的方法、频率稳定的振荡信号产生的方法及分频电路的简单设计方法等。

2.计划与方案的制订：学生人员分工，明确职责，制订工作计划，绘出频率稳定的多谐振荡电路原理图、所需分频电路等，列出工具、仪器仪表、元器件清单；教师审核工作计划与实施方案，引导学生确定可行的最终工作计划与实施方案。

3.实施：学生按最终设计确定的电路图进行接线，并进行调试；分析电路工作过程并讨论改变分频值的方法，分析测试结果并得出结论。

4.汇报与评估：

① 学生汇报计划与方案的实施过程，回答同学与教师的相关提问。

② 教师与同学共同分析评价工作任务的计划与实施过程，重点评价多谐振荡频率的选择及分频的实现方案。

③ 自评、互评、教师点评相结合：本组学生在汇报前先进行自评，并把自评小结进行全班汇报；以小组为单位分别对其他组的工作计划、过程与结果进行评价，并提出建议；教师对自评和互评结果进行评价，指出每个小组成员完成计划、方案及所得结果的优点，并提出改进意见。

四、参考任务方案简介

任务目标：利用若干分立元件和集成门电路、石英晶体产生所需频率的多谐振荡电路，并利用合适的集成计数（分频）器进行合理的分频，以便获得频率稳定的标准秒信号和校时信号。

参考方案电路如图 5-1-1 所示。

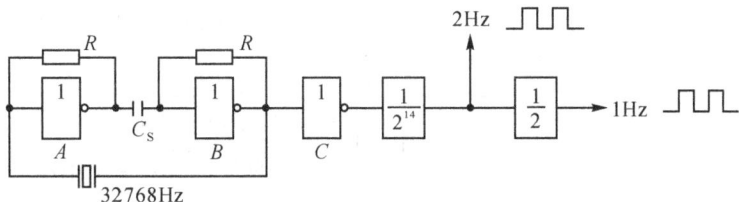

图 5-1-1 标准秒信号及校时信号的产生电路

5.1.2 典型工作任务二：时、分、秒计数译码显示电路的安装测试

一、所需知识

1.任意进制计数器的设计，详见5.2.2小节。
2.常用集成计数器的应用，详见5.2.3小节。

二、所需能力

1.任意进制计数器的设计能力。

2.计数进位信号的分析能力。

三、参考工作过程

1.资料及知识预备:教师下发典型工作任务书,讲解任意进制计数器的设计方法、同步(异步)置零、同步(异步)置数功能的使用、电子秒表的设计及工作原理等。

2.计划与方案的制订:学生人员分工,明确职责,制订工作计划,设计计秒电路、计分电路、计小时电路,并考虑进位信号的产生与应用,考虑校时信号的频率及引入方法,画出总体电路图,列出所需工具、仪器仪表及元器件清单;教师审核工作计划与实施方案,引导学生确定可行的最终工作计划与实施方案。

3.实施:学生进行时、分、秒计时及校时电路的安装测试,并对测试结果进行分析,总结时、分、秒电路的工作情况。

4.汇报与评估:

① 学生汇报计划与方案的实施过程,回答同学与教师的相关提问。

② 教师与同学共同分析评价工作任务的计划与实施过程,重点评价60进制计数器、24进制计数器的设计、进位信号的应用及校时信号的引入方法。

③ 自评、互评、教师点评相结合:本组学生在汇报前先进行自评,并把自评小结进行全班汇报;以小组为单位分别对其他组的工作计划、过程与结果进行评价,并提出建议;教师对自评和互评结果进行评价,指出每个小组成员完成计划、方案及所得结果的优点,并提出改进意见。

四、参考任务方案简介

任务目标:已知频率为2Hz、1Hz的矩形波信号,设计制作一个24小时循环工作的电子钟,要求可以方便调整实时时间。

秒计数器的参考方案电路如图5-1-2所示,分计数器的电路图与图5-1-2一致,只要把输入的秒脉冲信号换成分脉冲,把分脉冲换成时脉冲即可。其他电路略。

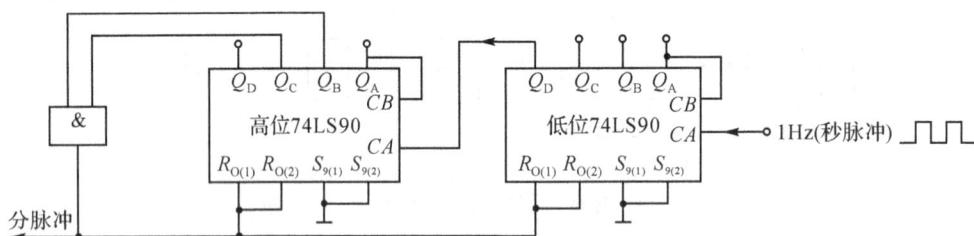

图 5-1-2 秒计数器电路图

5.1.3 典型工作任务三:时间校准电路的安装测试及报时功能的实现

一、所需知识

1.数字比较器的逻辑功能,详见2.2.2小节。

2.计数频率的选择及按钮的防抖动,详见3.2.1、5.2.4小节。

3.利用计时输出信号实现报时功能等,详见 5.2.4 小节。

二、所需能力

1.输入脉冲信号的选择设计能力。

2.分析计时输出信号,实现报时功能的能力。

三、参考工作过程

1.资料及知识预备:教师下发典型工作任务书,讲解准点报时、其他固定时间报时及可变定时时间报时的区别,通过数字比较器比较结果实现定时时间的报时、闹铃的驱动等。

2.计划与方案的制订:学生人员分工,明确职责,制订工作计划,设计闹铃时间的判断电路及电铃的驱动电路,画出电子钟的整体电路图,列出所需工具、仪器仪表及元器件清单;教师审核工作计划与实施方案,引导学生确定可行的最终工作计划与实施方案。

3.实施:学生进行校时电路和报时电路的安装测试,连接已调试完成的秒信号发生电路和时、分、秒计数译码显示电路,完成整个电子钟的安装调试工作,并对调试过程进行分析总结。

4.汇报与评估:

① 学生汇报计划与方案的实施过程,回答同学与教师的相关提问。

② 教师与同学共同分析评价工作任务的计划与实施过程,重点评价报时时间的判断方案和闹铃的驱动方案。

③ 自评、互评、教师点评相结合:本组学生在汇报前先进行自评,并把自评小结进行全班汇报;以小组为单位分别对其他组的工作计划、过程与结果进行评价,并提出建议;教师对自评和互评结果进行评价,指出每个小组成员完成计划、方案及所得结果的优点,并提出改进意见。

四、参考任务方案简介

任务目标:结合本项目典型工作任务一和二,完成时间校准功能和定时报时功能的实现,最后完成整个电子钟的安装调试工作。

08:15:00 报时时间的判断及闹铃的驱动电路如图 5-1-3 所示。其他电路方案等:略。

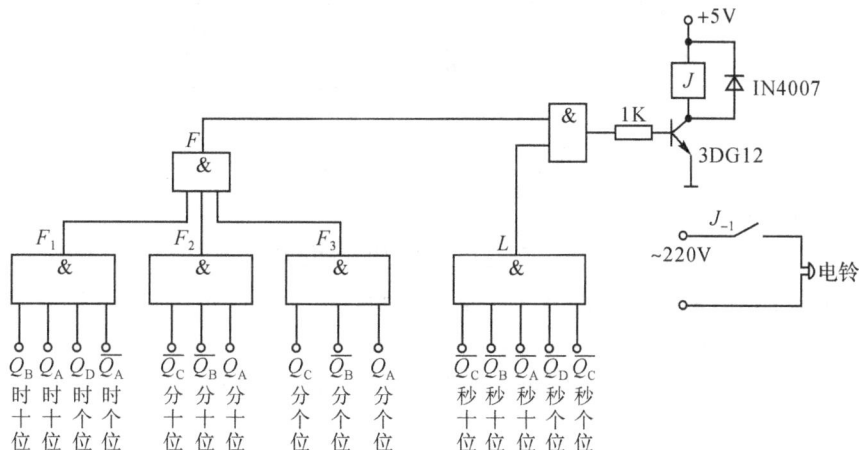

图 5-1-3 08:15:00 定时时间的判断及闹铃的驱动电路

5.2　相关配套知识

5.2.1　同步时序逻辑电路的设计

同步时序逻辑电路设计又称为同步时序逻辑电路综合。基于小规模集成电路的设计方法以电路最简为目标,即力求用最少的触发器和逻辑门实现要求的逻辑功能。

同步时序逻辑电路一般设计步骤如下:

(1)根据设计要求和给定条件建立原始状态图或状态表。要求在全面、正确理解设计要求的基础上,注意确定电路结构模型,设立电路的初始状态。

(2)对原始状态进行化简,求得最简状态,原始状态中可能存在多余状态,而状态数目的多少直接决定电路中所需触发器的多少,为了降低电路的复杂性,必须对原始状态表进行化简,消去多余状态,得到最简状态表。

(3)对化简后的状态进行编码。具体任务是:确定二进制代码位数,即电路中触发器状态变量的个数。

(4)根据状态表和所选触发器的特性方程,确定触发器的激励函数和输出函数表达式。

(5)根据输出函数和激励函数表达式及所选择的逻辑门和触发器,画出逻辑电路图。

注意:以上步骤仅就一般而言,当电路中触发器状态组合多于最小化状态表中的状态数时,必须对所设计的电路加以讨论,如果存在挂起现象(不能自启动)或错误输出现象,则应对设计方案加以修正。所谓挂起现象,即当电路由于意外原因进入无效状态时,能否自动回到有效状态循环中来,若不能,则称为挂起(无自启动功能)。对于某些设计问题可以省略一些步骤,因此,设计方法和步骤应视具体问题灵活运用。

例 5-2-1　设计一个同步 8421BCD 码十进制递增计数器。

解　(1)画状态转换图,如图 5-2-1 所示。

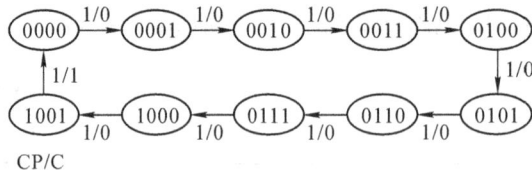

图 5-2-1　例 5-2-1 状态图

(2)选择触发器

根据 $2^n \geqslant N = 10$,可选 $n = 4$。现选用 4 个 JK 触发器,且 CP 下降沿有效。

(3)求状态方程和输出方程,检查能否自启动。

作出次态和输出的卡诺图,如图 5-2-2 所示。

根据各触发器的次态卡诺图,可以求出各触发器的状态方程如下(化简时充分利用 1010~1111 等六个无关项):

次态卡诺图 (a):

$Q_4^n Q_3^n$ \ $Q_2^n Q_1^n$	00	01	11	10
00	0001	0010	0100	0011
01	0101	0110	1000	0111
11	×	×	×	×
10	1001	0000	×	×

(a) 次态卡诺图

输出卡诺图 (b):

$Q_4^n Q_3^n$ \ $Q_2^n Q_1^n$	00	01	11	10
00	0	0	0	0
01	0	0	0	0
11	×	×	×	×
10	0	1	×	×

(b) 输出卡诺图

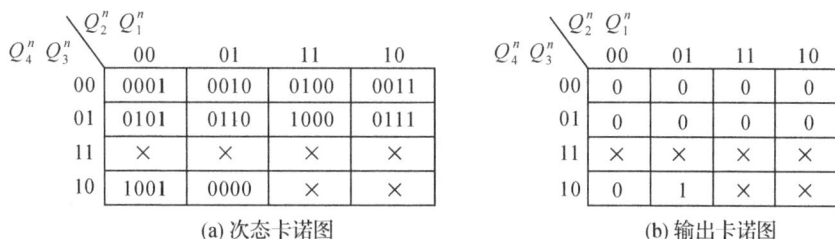

图 5-2-2　次态和输出卡诺图

$$\begin{cases} Q_1^{n+1} = \overline{Q_1^n} \\ Q_2^{n+1} = \overline{Q_4^n}(\overline{Q_2^n}Q_1^n + Q_2^n\,\overline{Q_1^n}) = \overline{Q_4^n}(Q_2^n \oplus Q_1^n) \\ Q_3^{n+1} = \overline{Q_3^n}Q_2^nQ_1^n + Q_3^n\,\overline{Q_2^nQ_1^n} \\ Q_4^{n+1} = Q_3^nQ_2^nQ_1^n + Q_4^n\,\overline{Q_1^n} = \overline{Q_4^n}Q_3^nQ_2^nQ_1^n + Q_4^n\,\overline{Q_1^n} \end{cases}$$

(5-2-1)

或 $Q_2^{n+1} = \overline{Q_4^n}Q_1^n\,\overline{Q_2^n} + \overline{Q_1^n}\,Q_2^n$ 　　　　　　　(5-2-2)

由输出卡诺图可得输出表达式为：

$$C = Q_4^n Q_1^n$$

将无效状态 1010～1111 依次代入状态方程进行计算，看能否进入有效循环状态。本例结果为：

由上述计算可见，电路能够自启动（即无挂起现象）。

注意：设计计算后，如果不能自启动，则应修改无效状态的次态，即将无效状态引导到有效状态。

（4）求驱动方程。

我们将状态方程和 JK 触发器的特性方程进行比较，即联立求解，可得到驱动方程：

$$\begin{cases} J_1 = K_1 = 1 \\ J_2 = \overline{Q_4^n}Q_1^n, K_2 = Q_1^n（根据式(5-2-2)求得） \\ J_3 = K_3 = Q_2^n Q_1^n \\ J_4 = Q_3^n Q_2^n Q_1^n, K_4 = Q_1^n \end{cases}$$

（5）画逻辑图。

根据求得的驱动方程和输出方程（计数输入脉冲就是各触发器的时钟脉冲）可画出逻辑图，如图 5-2-3 所示。

例 5-2-2　用 T 触发器设计一位 8421 码的同步十进制递增计数器，当计数器输出为素数时输出 Z 为 1，否则 Z 为 0。

解　8421 码用 4 位二进制码表示，其中 1010～1111 是 8421 码中不允许出现的，可作为无关项处理。

（1）作出状态图和状态表。

设触发器的输出用 Q_3、Q_2、Q_1、Q_0 表示，则状态图如图 5-2-4 所示，状态表如表 5-2-1 所示。

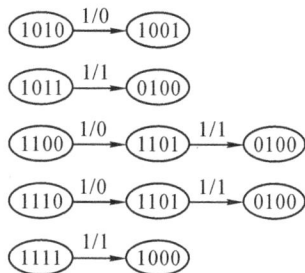

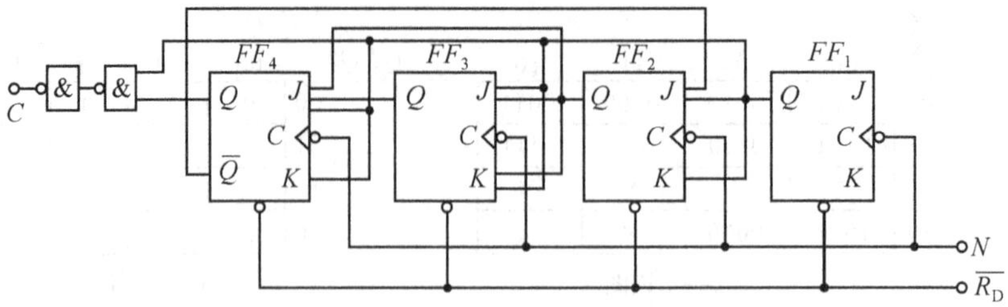

图 5-2-3 同步一位十进制计数器

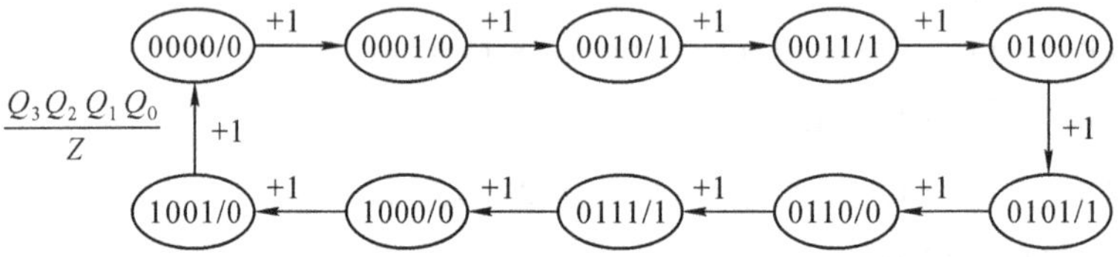

图 5-2-4 例 5-2-2 的状态图

表 5-2-1 例 5-2-2 的状态表

现 态				次 态				输出
Q_3^n	Q_2^n	Q_1^n	Q_0^n	Q_3^{n+1}	Q_2^{n+1}	Q_1^{n+1}	Q_0^{n+1}	Z
0	0	0	0	0	0	0	1	0
0	0	0	1	0	0	1	0	0
0	0	1	0	0	0	1	1	1
0	0	1	1	0	1	0	0	1
0	1	0	0	0	1	0	1	1
0	1	0	1	0	1	1	0	1
0	1	1	0	0	1	1	1	0
0	1	1	1	1	0	0	0	1
1	0	0	0	1	0	0	1	0
1	0	0	1	0	0	0	0	0
1010~1111				无关项				无关项

(2)根据状态表和 T 触发器状态方程可得：

$$T_3 = \sum m(7,9) + \sum d(10,11,12,13,14,15) = Q_3 Q_0 + Q_2 Q_1 Q_0$$

$$T_2 = \sum m(3,7) + \sum d(10,11,12,13,14,15) = Q_1 Q_0$$

$$T_1 = \sum m(1,3,5,7) + \sum d(10,11,12,13,14,15) = \overline{Q_3} Q_0$$

$$T_0 = 1$$

$$Z = \sum m(2,3,5,7) + \sum d(10,11,12,13,14,15) = Q_2 Q_0 + \overline{Q_2} Q_1$$

（注：表达式中略去了现态的标记）

（3）根据所得激励方程和输出函数，可画出该计数器的逻辑电路，如图 5-2-5 所示。该电路存在六个冗余项（无关项），在确定激励函数和输出函数时被作为无关项处理。根据处理结果，可作出电路实际工作状态图，如图 5-2-6 所示。从图可知，该电路具有自启动功能，但在无效状态下可能产生错误输出，因此，只要适当修改输出函数即可（此题中当 $Q_3Q_2Q_1Q_0$ 为 $1010\sim1111$ 的六个状态时，使 $Z=0$）。修改后的输出函数 $Z=\overline{Q_3}\cdot\overline{Q_2}Q_1+\overline{Q_3}Q_2Q_0$，修改后的逻辑电路图略。

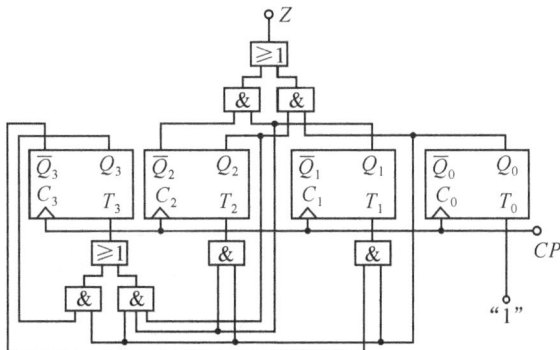

图 5-2-5　例 5-2-2 的逻辑电路图

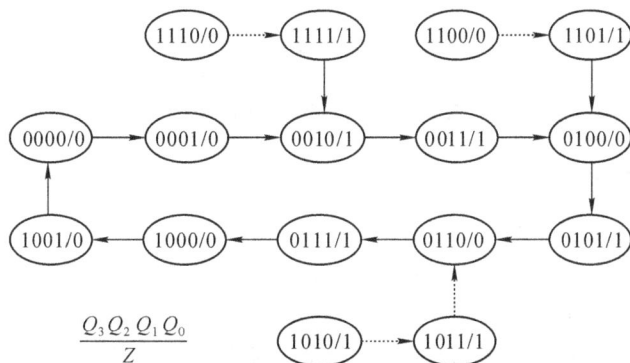

图 5-2-6　图 5-2-5 的状态图

例 5-2-3　设计一个移存型序列信号发生器，该电路循环产生序列信号 00011。

解　由于序列信号的长度 M 为 5，故需三级触发器。设序列信号从 Q_2 输出，则输出序列与电路状态的关系如图 5-2-7（a）所示。从图中分析可得状态图如图 5-2-7（b）所示，状态表如表 5-2-2 所示，可见 Q_2、Q_1、Q_0 的 010、101、111 为冗余项，可作无关条件处理，则次态方程组为：

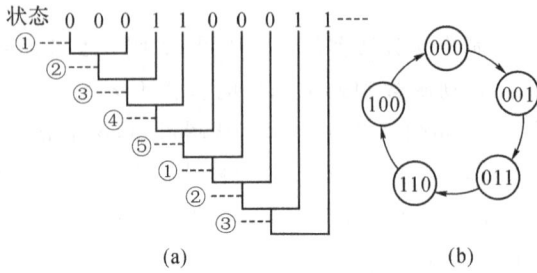

图 5-2-7 例 5-2-3 状态图

表 5-2-2 例 5-2-3 状态表

现 态			次 态		
Q_2^n	Q_1^n	Q_0^n	Q_2^{n+1}	Q_1^{n+1}	Q_0^{n+1}
0	0	0	0	0	1
0	0	1	0	1	1
0	1	1	1	1	0
1	1	0	1	0	0
1	0	0	0	0	0

$$Q_2^{n+1}=Q_1^n$$
$$Q_1^{n+1}=Q_0^n$$
$$Q_0^{n+1}=\overline{Q_2^n}\cdot\overline{Q_1^n}$$

考虑采用 JK 触发器作存储元件,可将 JK 触发器的次态方程 $Q^{n+1}=J\overline{Q^n}+\overline{K}Q^n$ 与电路次态方程相比较,可得

$$\begin{cases} J_2=Q_1,K_2=\overline{Q_1}\\ J_1=Q_0,K_1=\overline{Q_0}\\ J_0=\overline{Q_2}\cdot\overline{Q_1}=\overline{Q_2+Q_1},K_0=Q_2+Q_1 \end{cases}$$

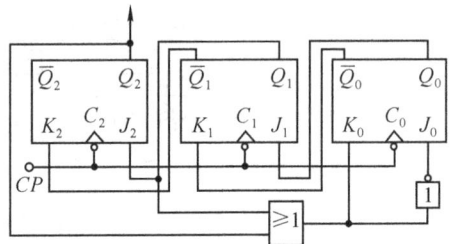

图 5-2-8 例 5-2-3 逻辑图

则该序列发生器的逻辑电路如图 5-2-8 所示,该电路存在三个无效状态,经分析后可知,该电路具有自启动功能。

5.2.2 任意进制计数器的设计及训练

一、反馈归零法

该方法实际上在前面的二—十进制异步计数器中已经遇到过,其基本原理是利用计数器的直接置零(清零)端功能,截取计数过程中的某一个中间状态来控制清零端,使计数器从该状态返回到零而重新开始计数,这样就弃掉了后面的一些状态,把模较大的计数器改成了模较小的计数器(所谓模,是指计数器中循环状态的个数)。下面举例说明这种方法。

例 5-2-4 试用一片二进制计数器 74LS293 构成一个十二进制加法计数器。

74LS293 是四位二进制异步计数器,其内部逻辑以及管脚排列如图 5-2-9 所示,C_A、C_B 分别是第一级和第二级 JK 触发器的触发端(时钟脉冲输入端),R_{D1} 和 R_{D2} 是直接置零端。当 $R_{D1}\cdot R_{D2}=1$ 时,4 个 JK 触发器全部置零。从图 5-2-9(a)可知,其第一级 JK 触发器是独立的,后 3 级已经连接成异步八进制加法计数器。若把 Q_A 端与 C_B 端相连,就构成了十六进制加法计数器。为了构成十二进制计数器,必须去除多余的四种状态,也就是当第十二个计数脉冲到来后,必须使 $Q_DQ_CQ_BQ_A=0000$。但现在第十二个计数脉冲到来时,$Q_DQ_CQ_BQ_A=1100$,记为 $S_{12}=1100$,称之为识别码。由此求出反馈归零逻辑:$R_D=Q_D\cdot Q_C$,于是可得到图 5-2-10 的连接法。由图可知,一旦 $Q_DQ_CQ_BQ_A$

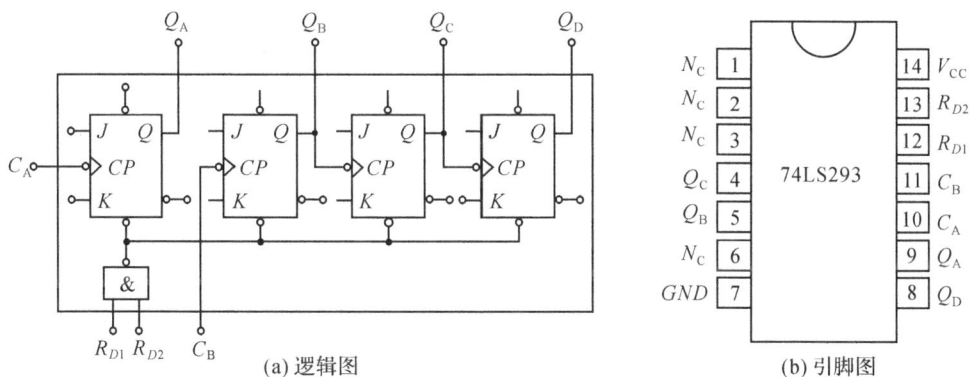

图 5-2-9　二进制计数器 74LS293 的逻辑图及引脚图

$=1100$ 的状态出现,与门 G 就会立刻输出一个正脉冲,使 $Q_A \sim Q_D$ 全部置零。

例 5-2-5　试用十进制计数器芯片 74LS90 构成二十三进制计数器。

74LS90 是一种十进制异步计数器,其内部逻辑框图与引脚排列如图 5-2-11 所示,逻辑功能见表 5-2-3 所示,CP 下降沿有效。

该器件内部由二进制计数器(F_A)和五进制计数器

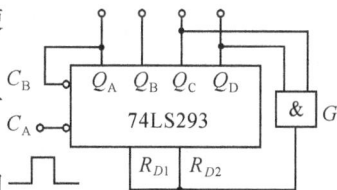

图 5-2-10　用 74LS293 构成的十二进制计数器

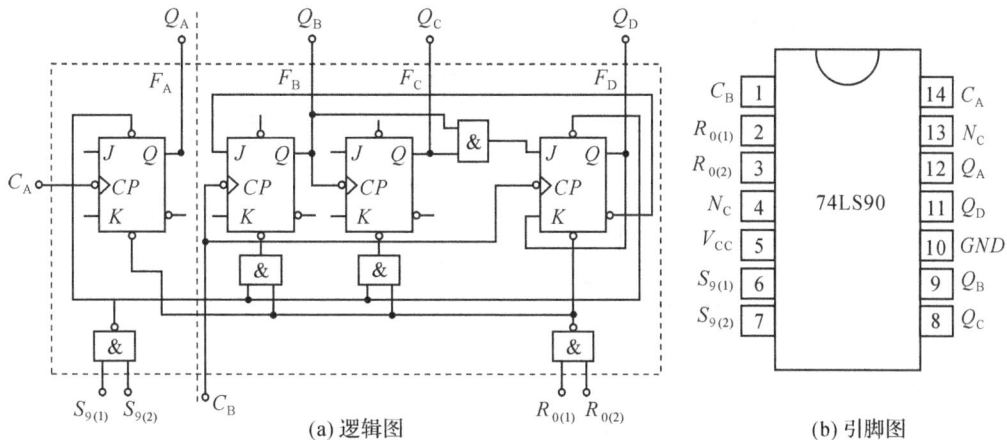

图 5-2-11　十进制计数器 74LS90 的逻辑图及引脚图

(F_D、F_C 及 F_B)两部分组成,C_A 端是 F_A(也就是二进制部分)的时钟脉冲输入端,C_B 是 F_B(也就是五进制部分)的时钟脉冲输入端,$R_{0(1)}$ 和 $R_{0(2)}$ 是直接置零端。当 $R_{0(1)} \cdot R_{0(2)} = 1$ 时,器件被零,即 $Q_D Q_C Q_B Q_A = 0000$。$S_{9(1)}$ 和 $S_{9(2)}$ 是置 9 端,当 $S_{9(1)} \cdot S_{9(2)} = 1$ 时,$Q_D Q_C Q_B Q_A = 1001$。由图 5-2-11 可知,把 Q_A 与 C_B 连接,就形成了十进制的计数器。

表 5-2-3　计数器 74LS90 的功能表

输	入				输	出			工作情况
R_0	S_9	CLK			Q_D	Q_C	Q_B	Q_A	
		C_A	C_B	脉冲数					
0	0	仅	仅	0	0	0	0	0	计
0	0	对	对	1	0	0	1	1	
0	0	Q_A	Q_B	2	0	1	0	0	
0	0	作	作	3	0	1	1	1	数
0	0	用	用	4	1	0	0	0	
0	0			5	0	0	0	1	
0	1	×	×	—	1	0	0	1	预置9
1	0	×	×	—	0	0	0	0	清零

　　本例要求构成二十三进制计数器,必须使用两片 74LS90。把各片的 Q_A 与 C_B 相连,$S_{9(1)}$ 和 $S_{9(2)}$ 均接地,就具有十进制计数功能,再把低位片子的进位(Q_D 输出)连至高位片子的时钟脉冲输入端(C_A),则当低位片子计满 10 个脉冲时就产生一个进位脉冲,使高位片子加 1。二十三进制也就是要求当输入计数脉冲为 23 个时,应使高、低位片子均复零。当第二十三个脉冲到来后,如果没有加"反馈归零",则计数值为 0010 0011,该状态一经出现,应立即使器件回到 0000 0000,因此识别码 $S_{23}=0010\ 0011$。现将低位片子的 Q_A、Q_B 及高位片子的 Q_B 引出构成"与"的逻辑,并产生复位信号使计数器复零即可,即令 $R_{0(1)}=R_{0(2)}=Q_A \cdot Q_B \cdot Q'_B$(其中 Q'_B 表示高位片子的 Q_B 端),得到如图 5-2-12 所示的计数电路。

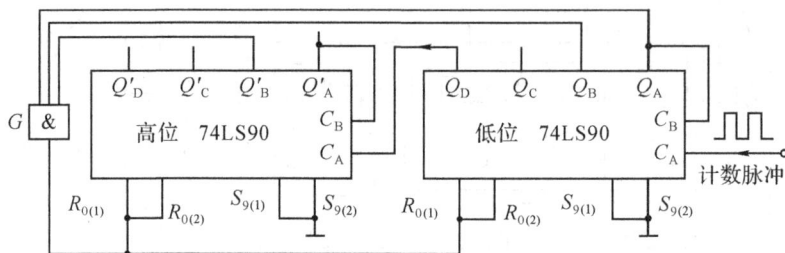

图 5-2-12　二十三进制计数电路

　　训练:(1)元器件:2 片 74LS90,1 片 74LS00,1 片 74LS20;(2)任务:①设计安装一个六十进制递增计数器;②设计安装一个二十四进制计数器。

二、反馈归零法存在的问题

　　使用反馈归零法求得 N 进制计数器有两个问题:一是有一个极短暂的过渡状态 S_N;二是归零的可靠性问题。

　　1. 过渡状态 S_N 的问题

　　N 进制计数器从状态 S_0 开始计数,当计数到 S_{N-1} 状态时,若再输入一个计数脉冲,照理说应该马上复零,然而使用反馈归零法得到的电路,不是立即归零,而是先转换

到 S_N 状态,然后才能产生一个置零信号使计数器复零。S_N 这一状态存在大约 3 级门的传输时延,S_N 状态虽然是极短暂的过渡状态,但它却是不可缺少的,否则就无法产生归零信号。

2.归零可靠性问题

由于计数器中各个触发器的工作特性和带负载情况不可能完全一致,各种随机干扰信号或大或小总存在,因此就有可能出现有的触发器已归零,有的却仍然还处于原来的"1"状态,但此时因为已经有触发器归零,所以复零信号消失(例如在图 5-2-12 的电路中,复零信号 $= Q_A \cdot Q_B \cdot Q'_B$,这 3 个触发器中的任意一个归零都将使复零信号消失),使还没来得及归零的触发器就无法归零了。解决这一问题的办法是利用一个基本 RS 触发器把复零信号暂存,保证复零信号有足够的作用时间,从而使计数器可靠复零。

将图 5-2-10 稍作改进,得到图 5-2-13。与非门 G 的输出不再直接作为复零信号,而是先作用于 RS 触发器。当 G 门输出负脉冲归零信号时,RS 触发器的 S 端为零,所以 Q 端为 1,$\overline{Q}$ 端为 0(这时对 C_A 端起作用的计数脉冲的下跳沿已过,CP 端为低电平,经非门后使 RS 触发器的 R 端为 1)。只要计数脉冲不再到来,该状态就一直维持下去,因而有足够的时间使触发器可靠归零。归零后 G 门输出为 1,RS 触发器的 R、S 两端均为 1,当计数脉冲再次到来时,在其高电平期间 RS 触发器的 R 端为 0,于是其 Q 端为 0,归零信号消失,计数器又进入正常的计数状态,即有效复位信号的存在时间长达一个 CP 周期内的低电平存在时间。

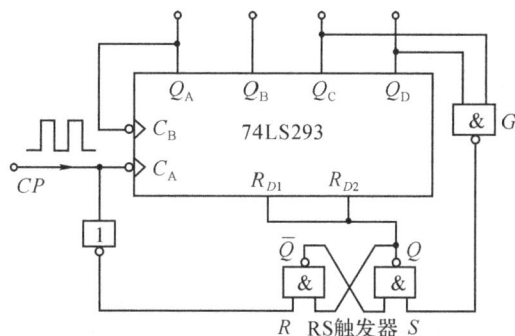

图 5-2-13 改进型十二进制计数器

除了在对可靠性要求特别高的场合之外,一般都不采用改进电路。利用现成的集成计数器使用反馈归零法构成 N 进制计数器最大的优点是简单方便,也比较经济。使用两片 4 位二进制计数器,可以获得 1~256 中的任何一种进制的计数器;用两片十进制计数器,可以获得 1~100 中任何一种进制的计数器。

三、反馈置数法

可预置数的计数器(同步计数器大多具有置数功能)具有一组数据输入线 $D_n \sim D_0$。以 4 位计数器为例,共有 D_3、D_2、D_1、D_0 四根数据输入线,如果把这 4 根输入线预先接成某一种固定状态,那么在一个称为"LD"的信号作用下,并且在下一个计数脉冲的有效沿到来时,该状态就能出现在输出端 Q_3、Q_2、Q_1、Q_0 上,也就是计数器的值被设

置成了输入线 D_3、D_2、D_1、D_0 上的输入值。如果把 D_3、D_2、D_1、D_0 全部接地,在计数过程中的某一中间状态时生成一个信号作为"LD",即可以使计数器在下一个计数脉冲的有效沿到来后复零,因此计数器的状态就会在 0000 到这一中间状态之间循环,这种方法类似于反馈归零法。

另一种情况是希望计数的初始值不是零,例如希望从 0010 开始计数,那么只需要把数据输入端 D_3、D_2、D_1、D_0 接成 0010,利用计数器满值(1111)时产生的进位信号,可以使计数器在下一个计数脉冲的有效沿到来后回到 0010 状态。下面分别举例说明。

例 5-2-6 使用 74LS163 构成一个计数状态为 2 进制数 0000～1101 的计数器。

解 74LS163 是 4 位可预置的同步计数集成电路,其引脚排列如图 5-2-14(a)所示,逻辑功能见表 5-2-4,其预置数据输入端为 $D_0 \sim D_3$;输出端为 $Q_A \sim Q_D$;进位输出为 CO;$\overline{CR}$ 端为清零输入端,具有最高优先权,如该端为低电平,CP 出现一个上跳沿时,$Q_D Q_C Q_B Q_A = 0000$;$\overline{LD}$ 为数据置入控制输入端,若 $\overline{LD}$ 端为 0,当 CP 端出现一个上跳沿时,$D_0 \sim D_3$ 端的数据被置入,即 $Q_D Q_C Q_B Q_A = D_3 D_2 D_1 D_0$;进位信号 CO(为高电平)出现在 $Q_D Q_C Q_B Q_A = 1111$ 而且 $E_T = 1$ 时;E_P、E_T、$\overline{CR}$、$\overline{LD}$ 端均为 1 时,计数器才处于计数状态。

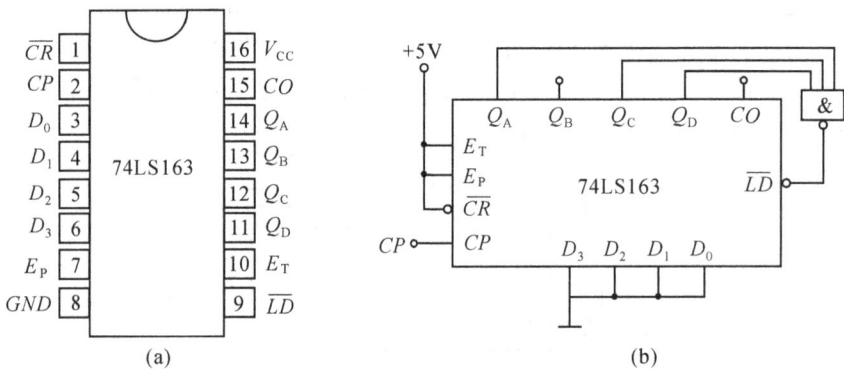

图 5-2-14 用 74LS163 构成计数状态为 0000～1101 的计数器

由于 74LS163 在计数脉冲的上升沿作用下才能置数,故使用 1101 作为"$\overline{LD}$"端的信号,把 D_3、D_2、D_1、D_0 接地,从 Q_A、Q_C、Q_D 引出的"1"信号经过一个与非门送到"$\overline{LD}$"端,见图 5-2-14(b),当计数到 1101(十进制数 13)时,"$\overline{LD}$"端为 0,再来一个计数脉冲时,其上升沿使 $D_3 D_2 D_1 D_0$ 置入,则 $Q_D Q_C Q_B Q_A = 0000$,完成了循环,因此电路构成了十四进制计数器。

表 5-2-4 74LS163 的逻辑功能表

输 入					输 出					
$\overline{CR}$	$\overline{LD}$	CP	Enable		Q_D	Q_C	Q_B	Q_A	CO	工作情况
			E_P	E_T						
1	1		1	1					—	计 数
1	0	↑	×	×	D_3	D_2	D_1	D_0	—	数据置入
0	×		×	×	0	0	0	0	—	清 零
×	×	×	×	1	1	1	1	1	1	—

例 5-2-7　使用 74LS163 构成一个计数状态为二进制数 0111～1111 的计数器。

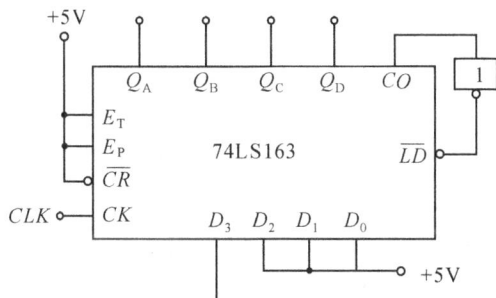

图 5-2-15　74LS163 构成计数状态为 0111～1111 的计数器

解　本例采用由进位信号预置起始值的方法实现,如图 5-2-15 所示。把数据输入端 $D_3D_2D_1D_0$ 接成 0111,则当 $Q_DQ_CQ_BQ_A=1111$ 时,CO 端产生高电平进位信号,CO 经过反相器后送至 $\overline{LD}$ 端,当下一个计数脉冲到来后,$D_3D_2D_1D_0$ 的状态就被置入到 $Q_DQ_CQ_BQ_A$,所以计数器的状态在 0111～1111 之间循环。

训练:(1)器件:2 片 74LS163,1 片 74LS00,1 片 74LS20。(2)任务:设计安装一个能对一个月(设 30 天)的日子进行计数,即计数范围为 1～30 的递增计数器,译码显示电路为已知。

5.2.3　标准时钟信号的产生及计时原理

电子钟是计数电路的一种典型应用,它主要包括秒信号发生电路,时、分、秒计数译码显示电路,时间校准电路,及报时电路等。

一、秒信号发生电路

秒脉冲发生电路由 32.768kHz 的石英晶体振荡器和若干级分频电路构成,振荡器产生 32.768kHz 的方波。因为使用了晶体,所以振荡频率准确而且稳定,经过 2^{15} 分频后,得到标准秒脉冲信号,该秒脉冲经过控制门再进入秒计数器进行计数,如图 5-1-1 所示。图中非门 A 和 B 及相关元器件实现频率为 32768Hz 的多谐振荡,门 C 用于负载能力的提高;R 和 C_S 的取值参阅 6.2.2 节相关内容。32768Hz 的矩形波经 14 级分频后得到 2Hz 的矩形脉冲波,作为校时信号。2Hz 矩形脉冲经 2 分频后获得标准的秒信号,用于计时。

二、时、分、秒计数译码显示电路

标准秒脉冲经过控制门进入秒计数器作 60 分频计数,其计数值经过译码后显示,当计数满 60 时得到一个进位"分"脉冲,同时秒计数器自动复零,如图 5-1-2 所示。当秒脉冲信号改成 2Hz 的校时信号时,则秒计数器就处于校秒状态。在图 5-1-2 所示电路中,高位和低位 74LS90 均被接成了十进制计数器,再利用反馈归零法变成了六十进制计数器完成计秒功能。两片 74LS90 的各四位输出可经译码器接数码管实现秒的显示。"分"脉冲经过控制门送入"分计数器"又作 60 分频计数,当计数满 60 后得到进位

"时"脉冲。"时"脉冲再经过控制门送入"时计数器"计数。"分计数器"与"时计数器"的复零、译码、显示原理与"秒计数"单元相同。

三、时间校准电路

时间调整由 3 个按钮开关 AN_1、AN_2、AN_3 以及 3 个 RS 触发器构成,见图 5-2-16 所示。当 3 个按钮均松开时,由图可知,RS 触发器的输出 Q_1、Q_2、Q_3 均为"1",因此控制门的 3 个右边门开启,秒、分、时计数脉冲可以正常进入相应计数器进行计数。当某按钮按下时,RS 触发器翻转。例如,当"秒调校"按钮按下时,$Q_1=0$,$\overline{Q_1}=1$,控制门的右门关左门开,1Hz 脉冲不能通过,而周期为 0.5s 的脉冲(即 2Hz)信号却可以进入秒计数器实现"秒调整"。分、时的调校原理与此相同。使用 RS 触发器的目的是为了消除因按键的抖动而产生的影响(见 3.2.1 节相关内容)。

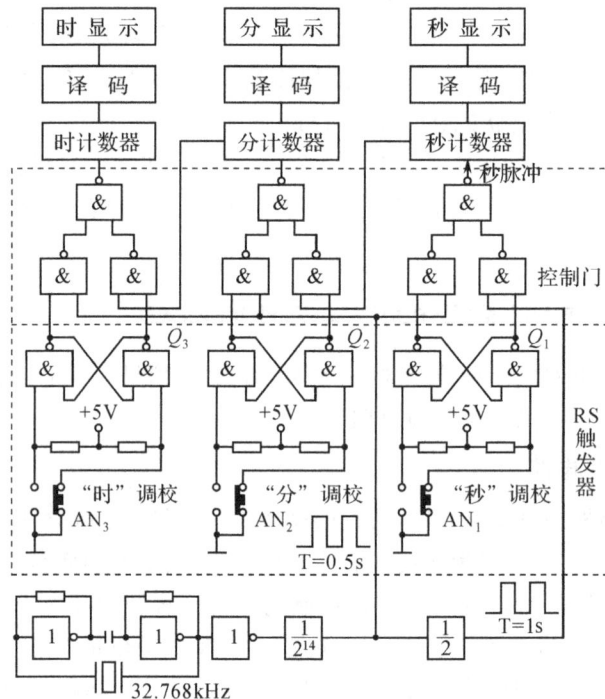

图 5-2-16 电子钟构成框图

四、报时功能

定时报时(闹铃)功能分两种,一种是准点报时或其他固定时间报时,另一种是可以方便改变定时时间的闹铃。要能方便改变定时时间,可以通过单片机等方式实现,也可以通过数码拨盘输入预定时间,再通过数字比较器与实时时间进行比较,如果实时时间与预定时间吻合,则得到"两数相同"的比较结果,利用此比较结果可以驱动闹铃电路,具体电路此处略去。在此,我们以 08:15:00 的定时时间为例,介绍一种固定时间闹铃电路,如图 5-1-3 所示。

在图 5-2-16 所示电路的基础上,如要实现闹铃功能,则要经过如下改进。因为小时计数器的十位只有三种取值可能,即 0000、0001 和 0010,所以只要判断其低两位即可了;而其个位数就有十种可能取值,但当最高位为 1 时,只有两种取值可能,即 1000 和 1001,所以 $F_1=\overline{Q_{B时十位}}\ \overline{Q_{A时十位}}\ Q_{D时个位}\ \overline{Q_{A时个位}}=1$ 时,表明 08 点到了。同样道理,$F_2=\overline{Q_{C分十位}}\ \overline{Q_{B分十位}}\ Q_{A分十位}=1$ 且 $F_3=Q_{C分个位}\ \overline{Q_{B分个位}}\ Q_{A分个位}=1$ 时表示 15 分计时到,则 $F=F_1F_2F_3=1$ 时,8 点 15 分准时到,利用 F 信号可以驱动闹铃系统,如图 5-1-3 所示图中 $L=\overline{Q_{C秒十位}}\ \overline{Q_{B秒十位}}\ \overline{Q_{A秒十位}}\ \overline{Q_{D秒个位}}\ \overline{Q_{C秒个位}}$,则在计时 00 秒 ~03 秒期间,$L=1$,即图 5-1-3 所示电路实现的是:08:15:00 时间一到开始闹铃,持续 3 秒后停止。

值得指出的是,该数字钟如果由通用小规模集成电路构成,使用芯片多,电路复杂,没有实用价值,只有制成专用集成电路才具有实用价值。

5.2.4 时序逻辑电路的应用

一、灯流控制电路

将若干个灯泡排列成一串(或一圈),并使用图 5-2-17 的控制电路,就可以控制灯泡轮流点亮,使人看起来好像一串灯光在流动。产生灯流效果的控制方案是将所有的灯泡分成 3~4 组(图 5-2-17 中分为 A、B、C 三组),同一组的所有灯泡并联连接,一组一组地点亮,灯泡排列的顺序如图所示。A、B、C 三组灯泡分别用 3 个双向可控硅 SCR_1、SCR_2、SCR_3 来控制。而这 3 个可控硅的导通与否,又分别受 3 个晶体三极管 T_1、T_2、T_3 控制。假设 T_1 导通,则 +12V 电源就经过 T_1 以及 470Ω 电阻向 SCR_1 的控制极注入电流,使 SCR_1 导通,标有"A"那一组的所有灯泡就点亮;其他两路同理。T_1、T_2、T_3 的轮流导通,受集成计数器 CD4017 的 Y_0、Y_1、Y_2 三个输出端控制。

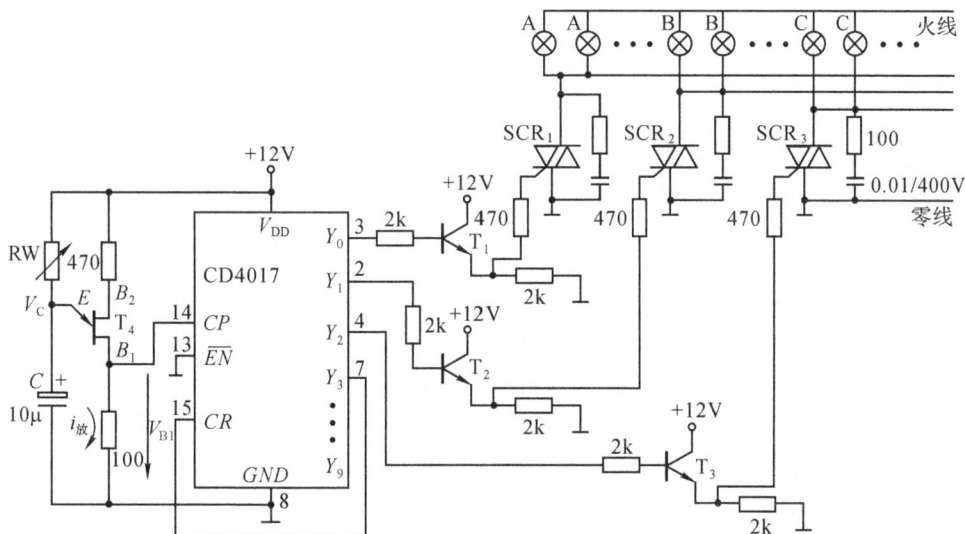

图 5-2-17 灯流控制电路

CD4017 是 CMOS 二—十进制计数兼译码集成芯片,其 16 管脚的引脚排列如图 5-2-18 所示,主要引脚功能说明如下:

CP:计数脉冲(时钟脉冲)输入端,上跳沿有效。

$\overline{EN}$:计数允许输入端,当该端加低电平时,芯片才能计数,加高电平时计数功能停止,保持原来的计数值不变。

CR:复位输入端,该端加高电平时计数器复零。

CO:级联进位输出端,每输入 10 个时钟脉冲,就可得到一个进位输出脉冲,因此进位信号可作为下一级计数器的时钟信号。

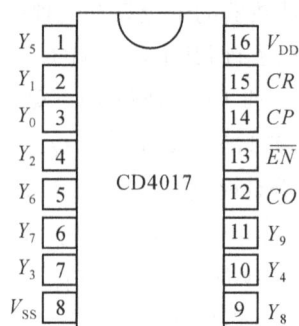

图 5-2-18 CD4017 引脚图

$Y_0 \sim Y_9$:译码后的 10 线输出端。

当计数值为 0 时,Y_0 输出高电平,其余均输出低电平;当计数值为 1 时,Y_1 输出高电平,其余输出低电平……;当计数值为 9 时,Y_9 输出高电平,其余均输出低电平。因此,从 CP 端每输入一个计数脉冲,$Y_0 \sim Y_9$ 线上的高电平就会移过一根线,其顺序是 $Y_0 \rightarrow Y_1 \rightarrow Y_2 \cdots \cdots Y_9 \rightarrow Y_0 \rightarrow Y_1 \cdots \cdots$。本应用中将 Y_3 输出接至 CR 端,当 Y_3 出现高电平时,立即会使计数器复零,因此输出高电平只在 $Y_0 \rightarrow Y_1 \rightarrow Y_2$ 之间循环(Y_3 出现高电平只是极短暂的瞬间),于是三极管 $T_1 \rightarrow T_2 \rightarrow T_3$ 就轮流导通。从一个三极管导通轮至另一个三极管导通的时间间隔就是 CP 端计数脉冲的间隔,并随着 CP 端计数脉冲的不断输入,这种"轮流"就周而复始地一直循环下去,最终体现为 A、B、C 三组灯泡的循环轮流点亮,给人一种"灯光流动"的感觉。

从 CD4017 的工作过程可以知道,如果接回到 CR 端的不是 Y_3 而是 CO,那么输出的高电平是在 $Y_0 \sim Y_9$ 之间轮流出现,当高电平轮流至 $Y_3 \rightarrow Y_4 \cdots \cdots Y_9$ 期间时,所有的灯泡是熄灭的,所以灯流会有一段时间是全灭状态。而如果是在 $\overline{EN}$ 端加一控制信号,使它间断地接向高电平,那么计数就会间断地停止计数,从而使灯流在 $\overline{EN}$ 为高电平期间停止流动,给人以"流动—停止—流动……"的感觉。

二、开关型混音器

混音器是指在音响电路中,将几路来源不同的音频信号经过适当电路混合后,共同进入放大器放大的一种电路。开关型混音器与传统混音器的不同之处在于任一时刻进入混合放大器的信号只有一路,在电子开关的作用下,各路信号以极快的速度被轮流切换输入到混合放大器中,只要轮流切换的速度足够高,在听觉上会感到任何时候各路的信号都是一起播放出来的。由于各路信号具有相对独立性,使整个放大器的信噪比得以提高,线性较好,而且输入信号的动态范围扩大,失真度较小。若以适当的方式来控制切换速度,就可以产生余音缕缕,给人以迫近或远去的感觉。

图 5-2-19 是开关型混音器的一种,它由 5 部分组成,其中 4 路前置放大通道 $CH_1 \sim CH_4$ 分别对 4 路音频信号作预放大,然后分别进入电子开关 $S_1 \sim S_4$,通过分时选通

轮流地进入混合放大器 IC_2。时序分配器 IC_4 控制电子开关 $S_1 \sim S_4$ 进行切换,其时钟脉冲来自 IC_3 等组成的振荡器。

1.前置通道

前置通道有 4 路,即 CH_1、CH_2、CH_3、CH_4。以 CH_1 为例,它由 T_1 构成的射极跟随器以及运算放大器 IC_1 构成的反相比例放大器组成,预处理后的信号进入电子开关 S_1。同样,其他 3 路也分别进入 S_2、S_3、S_4。

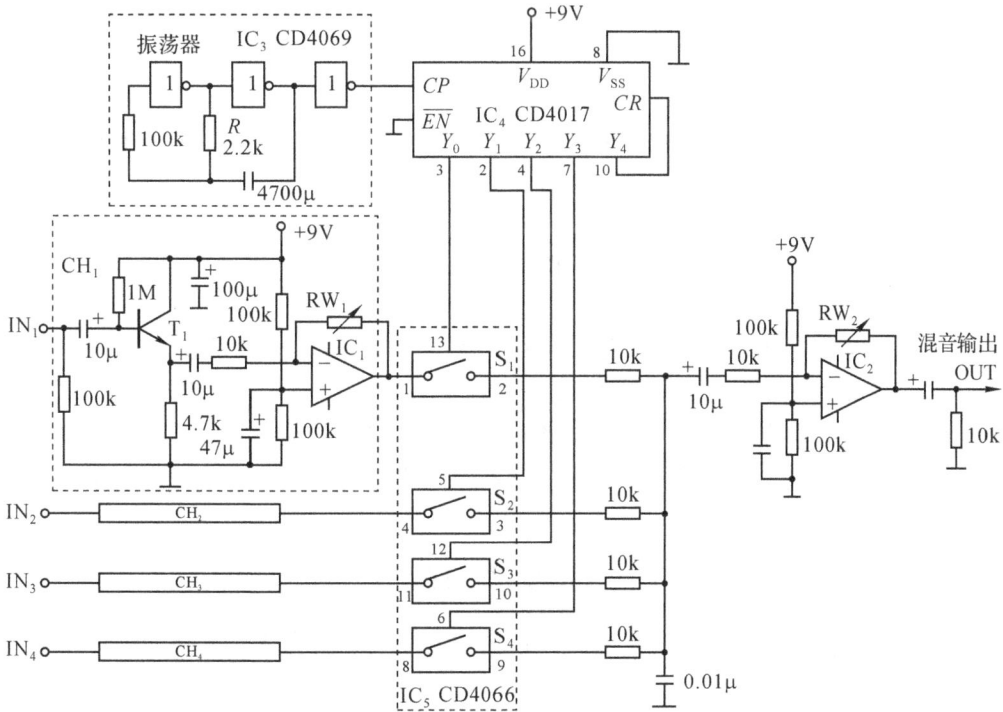

图 5-2-19 开关混音器

2.电子开关

电子开关 $S_1 \sim S_4$ 在一片 CMOS 集成电路 CD4066 内。CD4066 有 14 个管脚,其引脚排列如图 5-2-20 所示,它内部包含了 4 个完全独立的双向电子开关,电子开关的通、断受另一根控制线(Control)控制,当"Control"端加以高电平时,对应的电子开关接通。图 5-2-19 中,电子开关 $S_1 \sim S_4$ 的 4 个输入端分别接受 4 路通道 $CH_1 \sim CH_4$ 来的信号,其输出经 $10k\Omega$ 的电阻后共同进入由 IC_2 组成的混音放大器,而它们的控制端受控于时序分配器 CD4017 的 $Y_0 \sim Y_3$ 端。

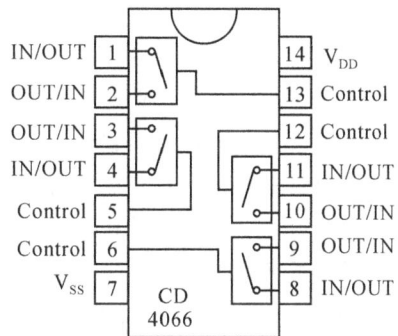

图 5-2-20 模拟开关 CD4066 的引脚图

3.时序分配器

IC₄ 是时序分配器,使用 BCD/10 线译码集

成电路 CD4017(又称时序分配器,管脚排列等见图 5-2-18 有关说明),时钟脉冲(计数脉冲)从 CP 端源源不断地进入,在输出端 Y_0、Y_1、Y_2、Y_3 上能轮流出现高电平(每时刻只有一端为高电平),而且周而复始、循环不止,使电子开关 $S_1 \sim S_4$ 不断地轮流接通。

4.时钟振荡器

时钟振荡器由 CMOS 六非门 CD4069 组成,振荡频率可通过 R、C 调整。

5.混音放大器

混音放大器由反相比例运算放大器 IC_2 组成。运算放大器 IC_1 和 IC_2 也可单电源供电。单电源工作时把负电源端接地,但同相端的电位通过两个 $100k\Omega$ 的电阻分压后固定为电源电压的一半,而反相端对地需保持直流隔离。

小 结

本项目以电子钟的分析设计为目标,引出了同步时序逻辑电路的设计方法。

时序逻辑电路的设计方法一般是根据设计要求,建立原始工作状态转换表,求驱动(激励)方程并化简,然后根据所得方程画出对应的逻辑图。本项目除了介绍一般的设计方法外,还介绍了反馈归零法和反馈置数法及其使用中的注意事项,并介绍了时序逻辑电路在实际中的一些应用。

思考题与习题

5-1 用下降沿触发的 JK 触发器设计一个模 6 计数器,该计数器的状态转换关系如题图。

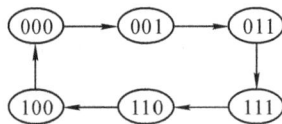

题 5-1 图

5-2 用 JK 触发器设计一同步三进制加法计数器,画出逻辑图。

5-3 用 D 触发器设计同步五进制加法计数器,要求:

(1)画出状态转换图;

(2)求出各级触发器的状态方程;

(3)检查自启动特性;

(4)画出逻辑图。

5-4 设计一个按自然态序变化的 7 进制同步加法计数器,计数规则为逢七进一,产生一个进位输出。

5-5 设计一个串行数据检测电路,当连续输入 3 个或 3 个以上 1 时,电路的输出为 1,

其他情况下输出为 0。例如，输入 X 101100111011110，输出 Y 000000001000110。

5-6 设计一个步进电机用的三相六状态脉冲分配器。如果用 1 表示线圈导通，用 0 表示线圈截止，则三个线圈 ABC 的状态转换图应如题图所示。在正转时控制输入端 G 为 1，反转时为 0。

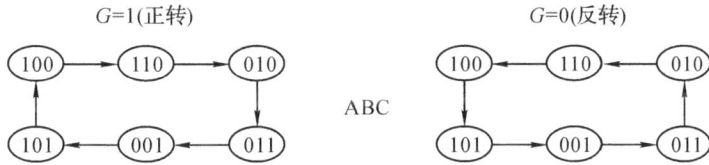

题 5-6 图

5-7 设计一个异步时序电路，要求状态图如题图所示。

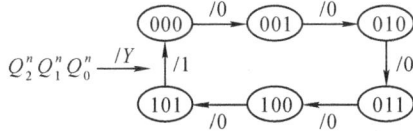

题 5-7 图

5-8 以同步四位二进制加法计数器 74163 构成的电路如题图所示，分析其逻辑功能。

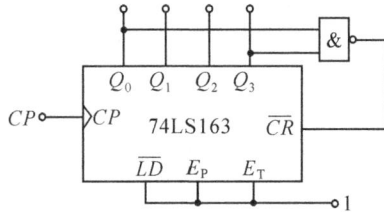

题 5-8 图

5-9 以 74163 构成的电路如题图所示，分析其逻辑功能。

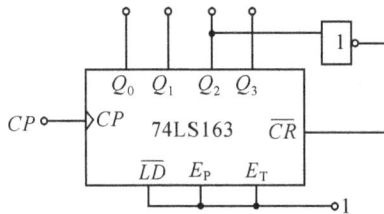

题 5-9 图

5-10 用两个 74163 构成的电路如题图所示,分析其逻辑功能。

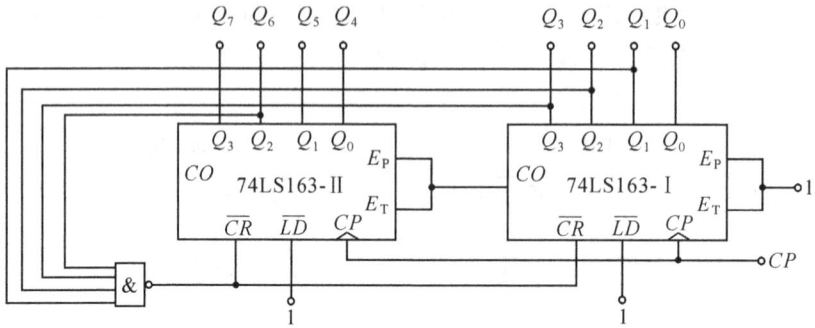

题 5-10 图

5-11 分析如题图所示电路为几进制计数器。

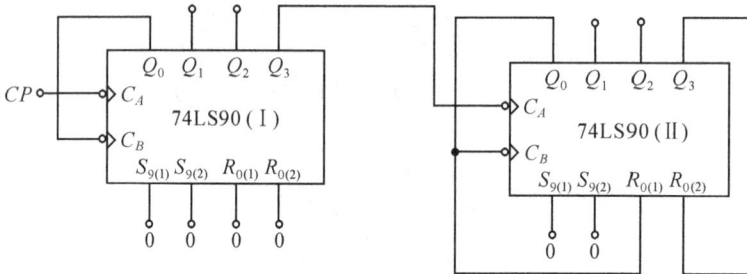

题 5-11 图

5-12 集成计数器 74LS90 是二—五—十进制计数器。完成下列问题:

(1)单片 74LS90 的最大计数模值为多少? 它是同步还是异步计数器?

(2)欲构成 24 进制计数器,需要几片 74LS90?

(3)$R_{0(1)} R_{0(2)}$ 和 $S_{9(1)} S_{9(2)}$ 的作用是什么?

(4)画出用 74LS90 构成 24 进制计数器的连线图。

5-13 画出利用下列方法构成的六进制计数器的连线图:

(1)利用 74LS163 的同步清零功能;

(2)利用 74LS163 的同步置数功能;

(3)利用 74LS90 的异步清零功能。

5-14 总结典型集成时序逻辑电路的性能特点及使用注意事项。

电子音乐门铃

本项目典型工作任务

▲ 典型工作任务一:可控时电子门铃的安装调试

▲ 典型工作任务二:音乐门铃的安装调试

▲ 典型工作任务三:炫彩门铃的安装测试

本项目配套知识

▲ 单稳态触发器

▲ 多谐振荡器

▲ 施密特触发器

▲ 定时器

▲ 电子音乐门铃的安装测试

本项目建议学时数

▲ 10学时

本项目的任务及目标

▲ 利用单稳态触发器实现电子门铃的时间控制功能。

▲ 控制多谐振荡电路振荡频率的能力。

▲ 利用定时器和JK触发器实现炫彩门铃功能。

6.1 典型工作任务

6.1.1 典型工作任务一:可控时电子门铃的安装测试

一、所需知识

1.单稳态触发器的性能及其应用,详见6.2.1小节。

2.多谐振荡的产生与频率的稳定,详见6.2.2小节。

3.555定时器组成多谐振荡电路,详见6.2.4小节。

二、所需能力

1.利用单稳态触发器实现定时设置的能力。

2. 利用多谐振荡产生所需频率矩形波信号的能力。

三、参考工作过程

1. 资料及知识预备：教师下发典型工作任务书，讲解单稳态触发器的功能及定时时间的改变方法，多谐振荡器的工作过程及其振荡频率的确定与改变的方法，555集成定时器等。

2. 计划与方案的制订：学生人员分工，制订工作计划，确定时间控制的方法及对应电路、多谐振荡电路原理图等，列出工具、仪器仪表、元器件清单；教师审核工作计划与实施方案，引导学生确定可行的最终工作计划与实施方案。

3. 实施：学生按最终设计确定的电路图进行接线，并进行调试；分析电路工作过程并讨论定时时间的误差原因，分析测试结果并得出结论。

4. 汇报与评估：

① 学生汇报计划与方案的实施过程，回答同学与教师的相关提问。

② 教师与同学共同分析评价工作任务的计划与实施过程，重点评价定时时间的确定方法和多谐振荡频率的改变方案。

③ 自评、互评、教师点评相结合：本组学生在汇报前先进行自评，并把自评小结进行全班汇报；以小组为单位分别对其他组的工作计划、过程与结果进行评价，并提出建议；教师对自评和互评结果进行评价，指出每个小组成员完成计划、方案及所得结果的优点，并提出改进意见。

四、参考任务方案简介

任务目标：利用单稳态触发器和555定时器组成的多谐振荡器，实现时间可控的电子门铃功能。

参考方案电路：图6-1-1。

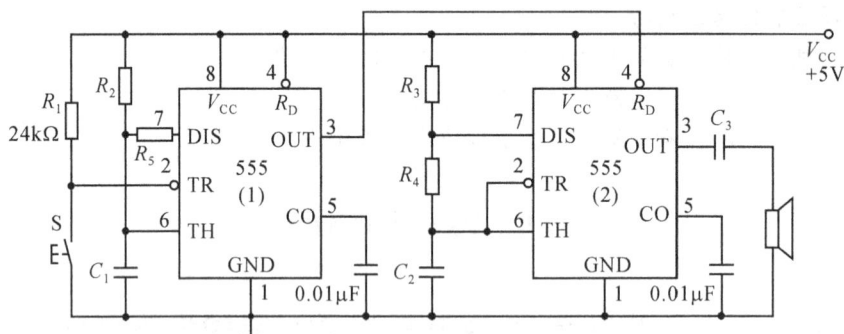

图 6-1-1　时间可控的电子门铃电路图

6.1.2　典型工作任务二：音乐门铃的安装测试

一、所需知识

1. 施密特触发器的功能及应用，详见6.2.3小节。

2. 555集成定时器的应用，详见6.2.4小节。

二、所需能力

1. 555 集成定时器的应用能力。

2. 改变振荡电路工作频率的能力。

三、参考工作过程

1. 资料及知识预备:教师下发典型工作任务书,讲解施密特触发器及其应用、555 集成定时器的应用等。

2. 计划与方案的制订:学生人员分工,明确职责,制订工作计划,分解按门铃的动作,提出振荡器工作过程中振荡频率自动改变的方法,画出总体电路图,设计振荡频率的测试方法,列出所需工具、仪器仪表及元器件清单;教师审核工作计划与实施方案,引导学生确定可行的最终工作计划与实施方案。

3. 实施:学生进行音乐门铃的安装测试,并对频率的测试结果进行误差分析,总结音乐门铃的工作情况。

4. 汇报与评估:

① 学生汇报计划与方案的实施过程,回答同学与教师的相关提问。

② 教师与同学共同分析评价工作任务的计划与实施过程,重点评价音乐门铃工作过程中振荡频率自动改变的方法和测试方法、频率误差原因的分析。

③ 自评、互评、教师点评相结合:本组学生在汇报前先进行自评,并把自评小结进行全班汇报;以小组为单位分别对其他组的工作计划、过程与结果进行评价,并提出建议;教师对自评和互评结果进行评价,指出每个小组成员完成计划、方案及所得结果的优点,并提出改进意见。

四、参考任务方案简介

任务目标:利用 555 集成定时器实现叮咚音乐门铃的功能,并完成振荡频率的测量与误差分析。

音乐门铃参考方案电路如图 6-1-2 所示。

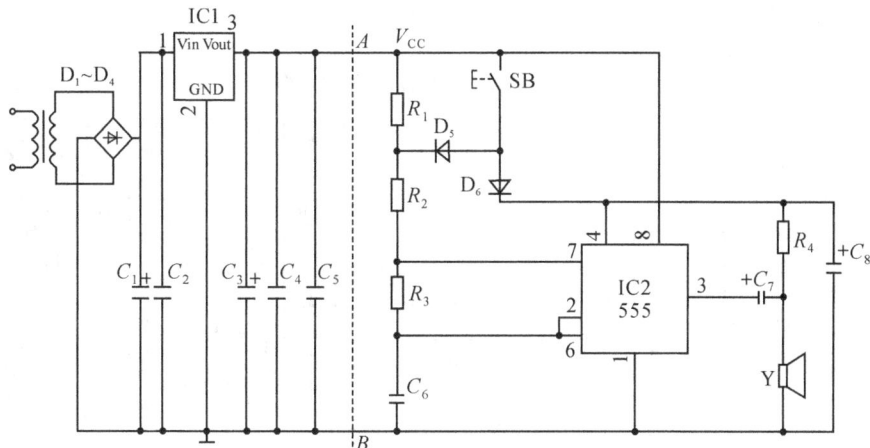

图 6-1-2 音乐门铃电路图

6.1.3 典型工作任务三:炫彩门铃的安装测试

一、所需知识

1. JK 触发器的逻辑功能,分频的概念,详见 3.2.2、4.2.2 小节。

2. 555 集成定时器组成多谐振荡器,详见 6.2.4 小节。

二、所需能力

1. 阅读数字集成电路功能表的能力、应用集成触发器的能力。

2. 利用定时器产生触发器时钟信号的能力等。

三、参考工作过程

1. 资料及知识预备:教师下发典型工作任务书,讲解炫彩灯光效果、灯光的驱动及定时器组成所需振荡的方法。

2. 计划与方案的制订:学生人员分工,明确职责,制订工作计划,分析炫彩门铃的工作原理,画出门铃的整体接线图,列出所需工具、仪器仪表及元器件清单;教师审核工作计划与实施方案,引导学生确定可行的最终工作计划与实施方案。

3. 实施:学生进行炫彩门铃的安装测试,并对安装测试过程进行分析总结。

4. 汇报与评估:

① 学生汇报计划与方案的实施过程,回答同学与教师的相关提问。

② 教师与同学共同分析评价工作任务的计划与实施过程,重点评价炫彩灯光的工作过程及发光器件的驱动方案。

③ 自评、互评、教师点评相结合:本组学生在汇报前先进行自评,并把自评小结进行全班汇报;以小组为单位分别对其他组的工作计划、过程与结果进行评价,并提出建议;教师对自评和互评结果进行评价,指出每个小组成员完成计划、方案及所得结果的优点,并提出改进意见。

四、参考任务方案简介

任务目标:利用集成双 JK 触发器 CD4027 及 555 集成定时器、相关发光器件及其驱动部分元器件,实现炫彩门铃效果。

炫彩门铃电路参考如图 6-1-3 所示。其他方案等:略。

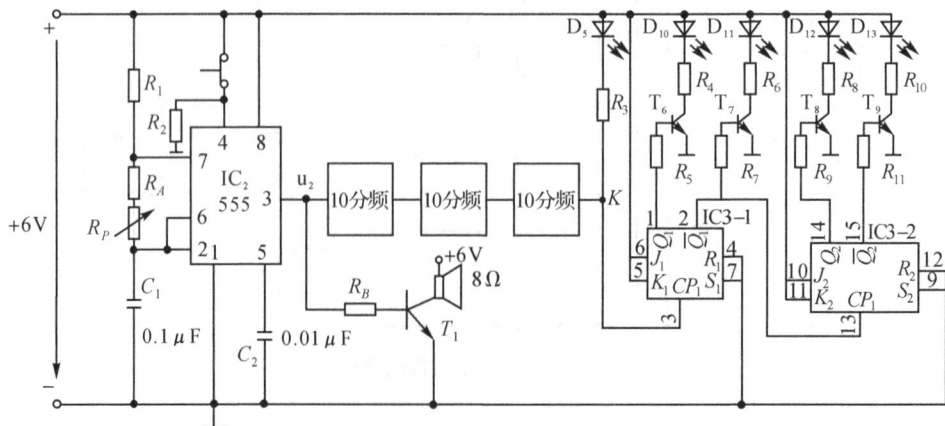

图 6-1-3 炫彩门铃电路参考图

6.2 相关配套知识

门铃类电子产品与其他大部分电子系统一样,经常用到各种各样的脉冲信号,而获得这些脉冲信号的方法一般有两种:一是利用脉冲振荡器直接产生系统所要求的脉冲;二是对已有的波形进行整形变换,使之符合系统的要求。

能实现脉冲信号产生和整形的电路有:单稳态触发器、多谐振荡器、施密特触发器及定时器,下面分别介绍。

6.2.1 单稳态触发器

单稳态触发器有 3 个特点:①电路有一个稳态,一个暂稳态;②在外来触发信号的作用下,电路可由稳态翻转到暂稳态;③暂稳态不是一个能长久保持的状态,经过一段时间后,电路会自动返回到稳态。暂稳态维持时间的长短主要取决于电路本身的参数,而与外加触发信号几乎无关。

单稳态触发器的结构类型较多,其中有与非门构成的;有微分型的,也有积分型的;有 TTL 的,也有 CMOS 的,以及单片集成的。下面以 CMOS 或非门构成的单稳态触发器为例,说明它的工作原理。

一、微分型 CMOS 单稳态触发器

1.电路组成及工作原理*

微分型单稳态触发器如图 6-2-1 所示,其中 G_1、G_2 为 CMOS 或非门。与基本 RS 触发器的不同之处在于两个门之间不是直接耦合,而是通过 RC 微分电路进行耦合,故称为微分型单稳态触发器。

为了便于分析电路的工作原理,可将门电路的电压传输特性理想化,即认为两或非门的 $U_{ON}=U_{OFF}=U_{TH}$,U_{TH} 为阈值电压。

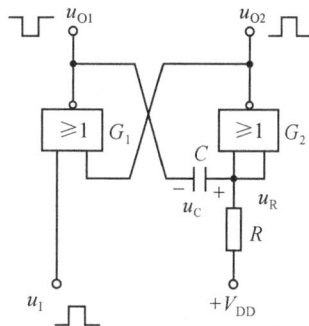

图 6-2-1 微分型单稳态触发器

(1)稳态

在无触发信号,即 $u_1=0$ 时,由于门 G_2 的输入端经电阻 R 接到 V_{DD} 上,而电容 C 由于电路处于稳定状态又相当于开路,电阻 R 无电流流过,所以 u_{O2} 为低电平;门 G_1 的两个输入均为 0,故其输出 u_{O1} 为高电平,使电容两端的电压接近于 0,这就是电路的稳态:u_{O1} 为"1"电平、u_{O2} 为"0"电平。很明显,只要 u_1 端无正脉冲,它可以长久维持。

(2)外加触发信号,电路由稳态转入暂态。

当外加触发信号,即 u_1 正跳上升到 U_{TH} 及以上时,门 G_1 的输出 u_{O1} 由高电平变为低电平,经电容 C 耦合,使 u_R 为低电平,则门 G_2 的输出 u_{O2} 为高电平。然而,电路的这种状态是不能长久保持的,故称之为暂稳态。

（3）由暂稳态自动返回稳态

电路进入暂稳态后，随着 V_{DD} 经电阻 R 及门 G_1 的输出电阻对电容 C 充电，u_R 不断上升。由于 G_1 输出低电平时的输出电阻很小，可以忽略不计，所以电容 C 充电的时间常数 $\tau \approx RC$。当 u_R 上升到 U_{TH} 时，又会产生如下的正反馈过程（假定这时触发信号已消失）：

$$C_{充电} \to u_R \uparrow \to u_{O2} \downarrow \to u_{O1} \uparrow$$

使电路很快退出暂稳态。

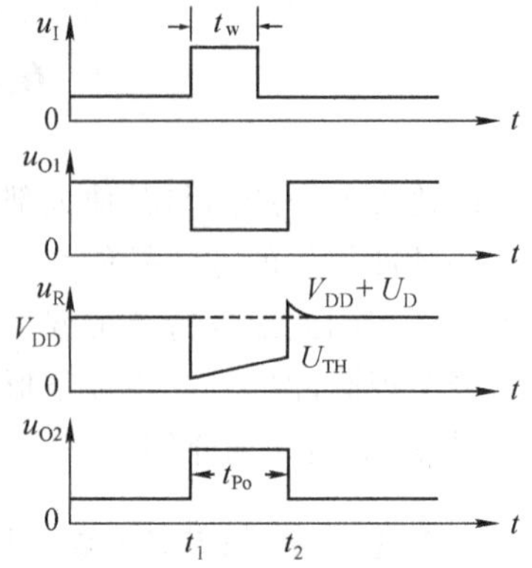

暂稳态结束，电容 C 将通过电阻 R 放电，使 C 上的电压恢复到触发前的初始值，即为电路的恢复过程。电路各点的工作波形如图 6-2-2 所示。图 6-2-2 中，由于 CMOS 门的输入端有保护二极管存在，所以 u_R 波形的最大值为 $V_{DD} + U_D$，而不是 $V_{DD} + U_{TH}$。

图 6-2-2　电路各点波形

2. 电路主要参数

（1）输出脉冲宽度 t_{po}

输出脉冲宽度 t_{po}，即暂态的维持时间。t_{po} 可以根据 u_R 的波形计算而得：

$$t_{po} = \tau \ln \frac{u_R(\infty) - u_R(0+)}{u_R(\infty) - u_R(t_2)}$$

由于 $u_R(0+) = 0$，$u_R(\infty) = V_{DD}$，$\tau = RC$，$u_R(t_2) = U_{TH}$，所以得

$$t_{po} = RC \ln \frac{V_{DD}}{V_{DD} - U_{TH}} \tag{6-2-1}$$

如果 $U_{TH} = \frac{1}{2} V_{DD}$，则

$$t_{po} \approx 0.7RC \tag{6-2-2}$$

使用微分型单稳态触发器时，输入触发脉冲的宽度 t_w 应小于输出脉冲的宽度 t_{po}，否则电路不能正常工作。如出现 $t_w > t_{po}$ 的情况，可将触发输入信号经一 $R_d C_d$ 微分电路后再引入，如图 6-2-3 所示。

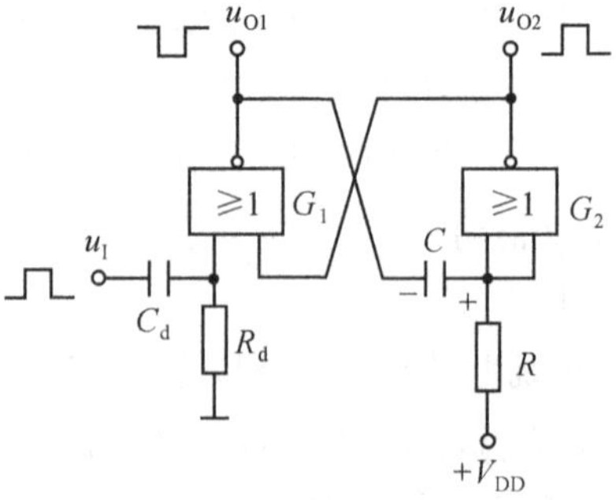

图 6-2-3　具有输入微分电路的单稳态触发器

（2）最高工作频率 $f_{\max}$

设触发信号 u_1 的时间间隔为 T，从以上分析可知，为了使单稳态电路正常工作，应满足 $T>t_{\mathrm{po}}+t_{\mathrm{re}}$ 的条件。t_{re} 为恢复时间，即为暂稳态结束后电容 C 放电到 0V 所需时间，一般 t_{re} 约为 $3\tau_{\mathrm{d}}$，τ_{d} 为放电时间常数。这样，最小时间间隔 $T_{\min}=t_{\mathrm{po}}+t_{\mathrm{re}}$。因此，单稳态触发器的最高工作频率为：

$$f_{\max}=\frac{1}{T_{\min}}=\frac{1}{t_{\mathrm{po}}+t_{\mathrm{re}}} \tag{6-2-3}$$

二、集成单稳态触发器

由于集成单稳态触发器外接元件和连线少，触发方式灵活，既可用输入脉冲的正跳变触发，又可用负跳变触发，使用十分方便，而且工作稳定性好，因此有着广泛的应用。

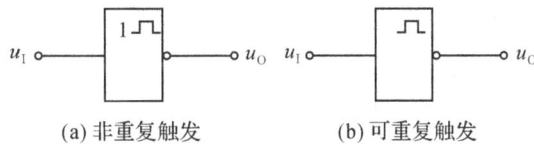

(a) 非重复触发　　　　　(b) 可重复触发

图 6-2-4　单稳态触发器的逻辑符号

集成单稳态触发器分为非重复触发单稳态触发器和可重复触发单稳态触发器，逻辑符号如图 6-2-4 所示。图中方框内的限定符号"1 ⎍"表示非重复触发单稳态触发器，即该电路触发进入暂稳态期间如再次受到触发，对原暂稳态时间 t_{po} 没有影响，仍按第一次触发开始计算；方框中的限定符号"⎍"表示可重复触发单稳态触发器，该电路在触发进入暂稳态期间如再次被触发，则输出脉冲宽度可在此前暂稳态时间的基础上再展宽 t_{po}。因此，利用可重复触发单稳态触发器可方便地获得持续时间更长的输出脉冲宽度。

常用的集成单稳态触发器属 TTL 型的有 74LS121、74LS123 等，属 CMOS 型的有 CD4528 等。集成单稳态触发器 74LS121 属于非重复触发单稳态触发器，其引脚图如图 6-2-5 所示。图 6-2-5 中，A_1、A_2 和 B 为 3 个触发输入端，在下述情况下，电路可由稳态翻转到暂稳态：

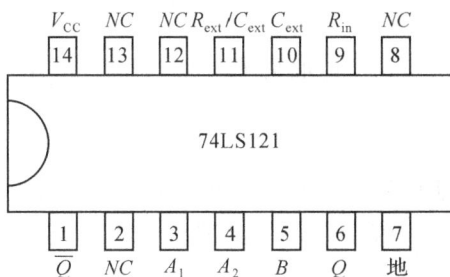

图 6-2-5　集成单稳态触发器 74LS121 引脚图

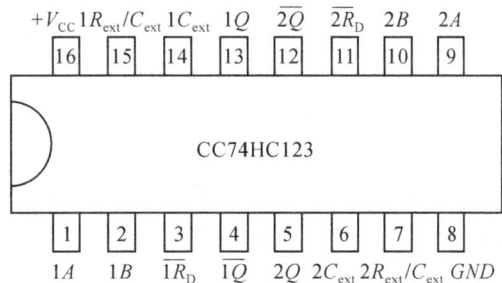

图 6-2-6　双可触发单稳态触发器 CC74HC123 引脚图

（1）若 A_1、A_2 中有一个或两个为低电平，B 发生由 0 到 1 的正跳变；

(2)若 A_1、A_2 和 B 全为高电平，A_1、A_2 中有一个或两个产生由 1 到 0 的负跳变。

图 6-2-6 所示为高速 CMOS 双可重复触发单稳态触发器 CC74HC123 的引脚图，它由两个独立的可重复触发单稳态触发器组成，A 为下降沿触发输入端，B 为上升沿触发输入端；$\overline{R_D}$ 为直接复位端，低电平有效。其他各引脚功能与 74LS121 同。CC74HC123 的主要功能如下：

(1)当 $\overline{R_D}=0$ 时，无论 A、B 输入何种信号，单稳态触发器都处于 $Q=0$、$\overline{Q}=1$ 的稳定状态。

(2)当 $\overline{R_D}=1$、$A=0$ 时，在 B 端输入触发信号的上升沿时，电路进入暂稳态。

(3)当 $\overline{R_D}=1$、$B=1$ 时，在 A 端输入触发信号的下降沿时，电路进入暂稳态。

(4)当 $A=0$、$B=1$ 时，在 $\overline{R_D}$ 端输入触发信号的上升沿时，电路也进入暂稳态。

三、单稳态触发器的应用及测试

单稳态触发器是常用的基本单元电路，常用于脉冲整形、定时、延时、方波发生、噪声消除、数字滤波和频率—电压变换等。

1. 脉冲整形

脉冲信号经过长距离传输后，其边沿会变差或叠加了某些干扰，这时可利用单稳态触发器，使输出信号为符合要求的矩形脉冲，或利用单稳态触发器对脉冲信号进行展宽等。如图 6-2-7 所示，在 u_I 端输入一个窄脉冲，则可在 u_O 端输出一个宽脉冲，输出脉冲的宽度 t_{po} 可由外接定时元件 C_{ext}、R_{ext} 调节，$t_{po} \approx 0.7 R_{ext} C_{ext}$。

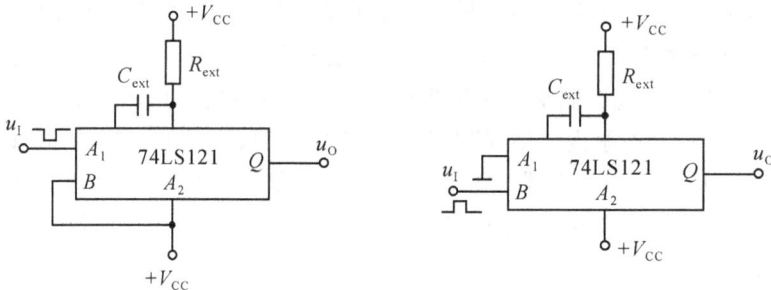

图 6-2-7 脉冲展宽

对于 CT74LS121，R_{ext} 的取值范围为 $2 \sim 40 k\Omega$，C_{ext} 的取值范围为 $10pF \sim 10\mu F$，在要求不高的场合，C_{ext} 的最大值可达 $1000\mu F$。

2. 脉冲定时

在图 6-2-8 所示电路中，用单稳态触发器输出的宽度为 t_{po} 的正矩形脉冲作为与门的一个输入信号，控制与门的工作状态，只有在这个矩形脉冲存在的 t_{po} 时间内，与门才开启，输入信号 u_A 才能通过与门。

利用单稳态触发器的定时功能还可实现加工的顺序控制。例如，某生产线上有 3 道工序，要求第一道工序加工 10s，第 2 道工序加工 20s，第 3 道工序加工 30s。当要求对 3 道工序的加工进行自动控制时，则可用 3 片集成单稳态触发器 74LS121 串接实现，如图 6-2-9 所示。用触发信号的上升沿启动Ⅰ号片工作，而Ⅱ和Ⅲ号片则由前一级

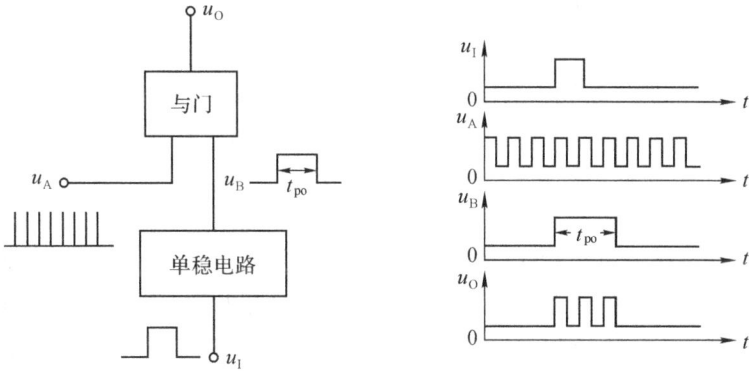

图 6-2-8　单稳态触发器作定时电路的应用

Q 端输出的脉冲下降沿进行触发。每级输出脉冲的宽度分别通过调节 R_1C_1、R_2C_2、R_3C_3 来实现。

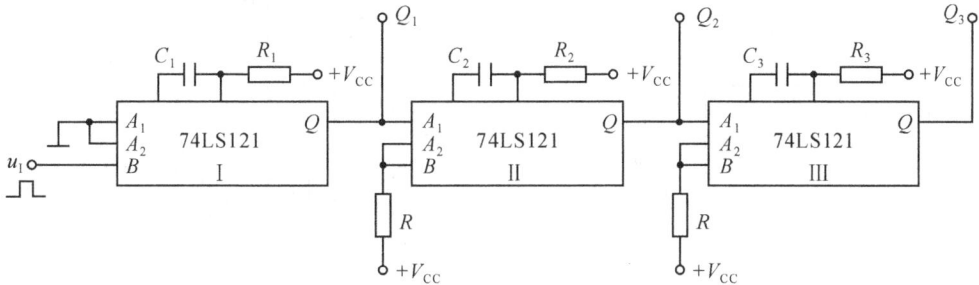

图 6-2-9　由 74LS121 组成的简单顺序定时电路

3. 方波发生器的安装测试

利用两个单稳态触发器组成的方波发生器如图 6-2-10 所示。

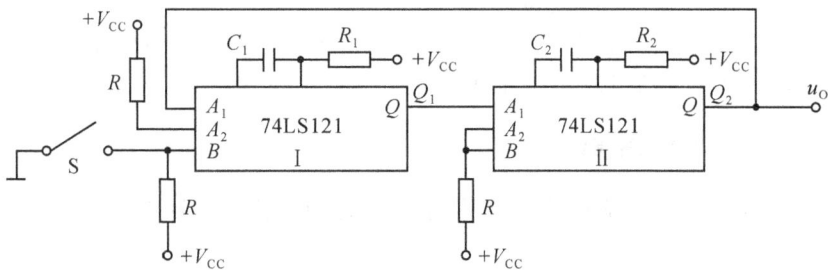

图 6-2-10　方波发生器

电路稳态时,由于 S 闭合使 $Q_1=0$、$Q_2=0$。将开关 S 断开,则电路开始振荡,其工作过程为:

在起始状态时,I 号单稳态触发器的 A_1 为低电平,开关 S 断开使 B 端产生正跳变,单稳 I 被触发,Q_1 端输出正脉冲,其宽度为 $0.7R_1C_1$,此时单稳 II 由于是下降沿触发而仍处于稳态($Q_2=0$)。当单稳 I 暂态结束时,Q_1 的下跳沿使 II 号单稳触发,Q_2 端输出正脉冲。此后,Q_2 的下跳沿又使单稳 I 触发,如此周而复始产生振荡,其振荡周期为:

$$T=0.7(R_1C_1+R_2C_2)$$

测试 (1)器件:2 片 74LS121,2.4kΩ 电阻 3 只,1kΩ 电阻 2 只,0.22μF、1μF 电容各 1 个。(2)任务:①观察图 6-2-10 所示电路输出端 u_0 的波形;②测试 u_0 一个周期内高电平存在时间和低电平存在时间;并与理论值相比较,分析误差原因。

4．高、低频脉冲分离电路

电路如图 6-2-11 所示,利用 CT74LS123 可重复触发单稳态触发器构成高、低频脉冲分离电路:在单脉冲触发时,Q 端输出的脉冲宽度为 $t_w \approx 0.7R_{ext}C_{ext}$。这就是说,若输入信号的周期大于 t_w,则单稳态为非重复触发,Q 的脉冲宽度就为 t_w。若输入脉冲周期小于 t_w,则为重复触发,Q 端脉冲宽度如图 6-2-12 中的 t'_w 所示,具体波形如图 6-2-12 所示。图 6-2-12 中:

$$T_1 > 0.7R_{ext}C_{ext}$$
$$T_2 < 0.7R_{ext}C_{ext}$$

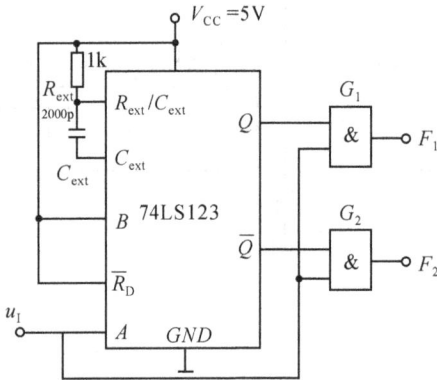

图 6-2-11 高、低频分离电路　　　图 6-2-12

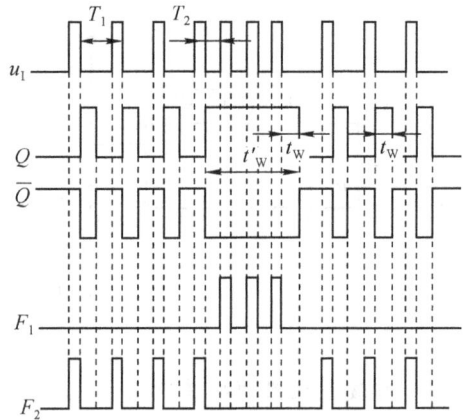

与门 G_1 和 G_2 的作用是利用 Q 和 $\overline{Q}$ 的高、低电平将输入信号的高、低频脉冲进行分离。改变 R_{ext} 和 C_{ext} 的值可改变高、低频率的分界值。

6.2.2 多谐振荡器

多谐振荡器又称无稳态电路,主要用于产生各种方波或时钟信号。下面介绍两种常用的多谐振荡器。

一、RC 环形多谐振荡器

1．电路组成

带 RC 环节的环形多谐振荡器如图 6-2-13 所示。

考虑到 RC 电路的延迟时间要比门电路的传输时间 t_{pd} 长得多,所以分析讨论时将 t_{pd} 忽略。

2．工作原理*

在门 G_1 的输入,u_{I1} 跳变到高电平,即 $u_{I1}=1$ 时,$u_{I2}=0$,u_{O2} 也跟着跳变到高电平。

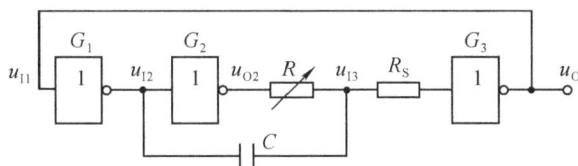

图 6-2-13　RC 环形多谐振荡器

由于电容 C 上的电压不能突变,所以 u_{I3} 必然随 u_{I2} 一起产生负跳变;然后,高电平 u_{O2} 开始通过电阻 R 向电容 C 充电,使 u_{I3} 逐渐上升。充电时的等效电路如图 6-2-14(a)所

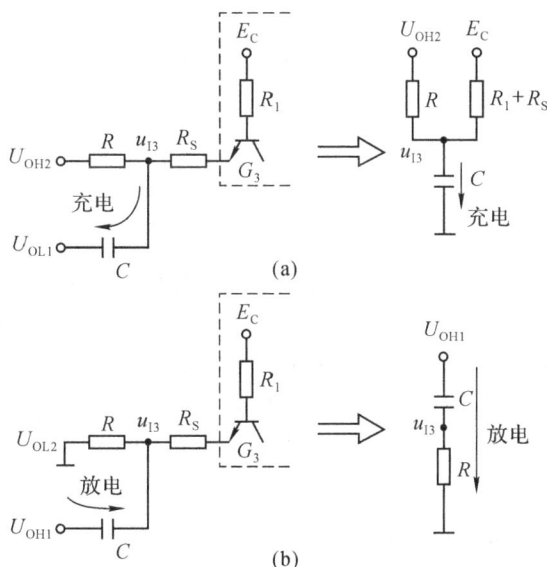

图 6-2-14　电容 C 的充放电回路

示。此时电路处于第 1 种暂稳态。当 u_{I3} 升高到阈值电压 U_{TH} 时,门 G_3 导通,使 $u_O = u_{I1} = 0$。此时,u_{I2} 跳变到高电平 U_{OH},u_{O2} 跳变到低电平 U_{OL}。同样,u_{I3} 首先要跟随 u_{I2} 一起产生一个正跳变,再随着电容 C 的放电而逐渐降低。放电时的等效电路如图 6-2-14 (b)所示,这时电路处于第 2 种暂稳态。当 u_{I3} 降低到阈值电压 U_{TH} 时,门 G_3 截止,使 $u_O = u_{I1} = 1$,于是又开始前面所述的第 1 个过程。如此周而复始,电路将不停地振荡。振荡电路中各点的电压波形如图 6-2-15 所示。

3.振荡周期的计算*

由等效电路可以看出,充电时间常数为 $\tau_1 \approx [R /\!/ (R_1 + R_S)]C \approx (R /\!/ R_1)C$,放电时间常数 $\tau_2 = RC$。电容 C 的充电时间 t_1 和放电时间 t_2 分别为

$$t_1 = \tau_1 \ln \frac{u_{I3}(\infty) - u_{I3}(0_+)}{u_{I3}(\infty) - U_{TH}}$$

$$= (R /\!/ R_1)C \ln \frac{2U_{OH} - (U_{TH} - U_{OL})}{U_{OH} - U_{TH}}$$

$$t_2 = \tau_2 \ln \frac{u_{I3}(\infty) - u_{I3}(0_+)}{u_{I3}(\infty) - U_{TH}}$$

$$=RC\ln\frac{U_{OH}+U_{TH}-2U_{OL}}{U_{TH}-U_{OL}}$$

当 $U_{OH}=3V$，$U_{TH}=1.4V$，$U_{OL}=0.35V$ 时

$$t_1=0.98(R/\!/R_1)C$$

$$t_2=1.26RC$$

则周期 T 为：

$$T=t_1+t_2=0.98(R/\!/R_1)C+1.26RC$$

当 $R_1\gg R$ 时，可简化成

$$T\approx 2.2RC$$

这种带 RC 环节的环形振荡器，振荡频率的调节范围较宽，但要注意的是电阻 R 的取值不能太大。对 TTL 与非门，R 一般应小于关门电阻 R_{OFF}，否则电路不能正常工作。

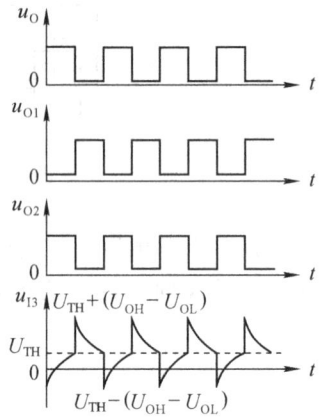

图 6-2-15　电路中各点电压波形

二、石英晶体振荡器

从前面介绍的多谐振荡器可知，其振荡频率不仅取决于时间常数 RC，而且还取决于门限电压 U_{TH}。由于 U_{TH} 很容易受到温度变化、电源电压变化的影响，也很容易受到干扰，所以振荡频率的稳定性较差，因此在频率稳定性要求较高的场合，往往不适合。

为了得到频率稳定性很高的脉冲信号，最常用的方法是在多谐振荡器中利用石英晶体，构成石英晶体多谐振荡器。石英晶体的电抗频率特性如图 6-2-16 所示，由图可见，石英晶体的品质因数 Q 很高，选频特性非常好，只有频率为 f_s 的信号最容易通过，而其他频率的信号均会被晶体所衰减。

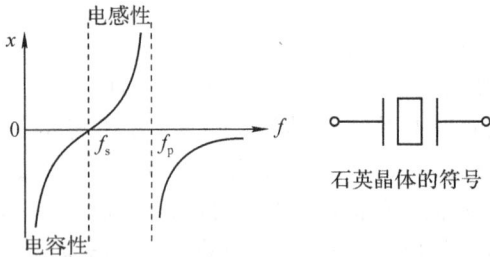

图 6-2-16　石英晶体的阻抗频率特性及符号

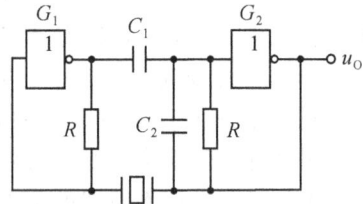

图 6-2-17　石英晶体振荡器

用石英晶体构成的多谐振荡器如图 6-2-17 所示。其振荡频率仅仅取决于石英晶体的串联谐振频率 f_s，而与 R、C 的数值无关。

在图 6-2-17 中，并联在两个反相器输入、输出间的电阻 R，其作用是使反相器工作在线性放大区。R 的阻值，对 TTL 门通常选在 $0.7\sim2k\Omega$ 之间，而对 CMOS 门则常选在 $10\sim100M\Omega$ 之间。在电路中，电容 C_1 用于两个反相器间的耦合，而 C_2 的作用则是抑制高次谐波，以保证稳定的频率输出。电容 C_2 的选择应使 $2\pi RC_2 f_s\approx1$，从而使 RC_2 并联网络在 f_s 处产生极点，以减小信号损失。另外，在频率为 f_s 时应使 C_1 的容抗可以忽略不计。

6.2.3 施密特触发器

施密特触发器和单稳态触发器是两种用途不同的脉冲整形电路。施密特触发器主要用以将变化缓慢的或快速变化的非矩形脉冲变换成上升沿和下降沿都很陡峭的矩形脉冲,而单稳态触发器则主要用于将宽度不符合要求的脉冲变换成符合要求的矩形脉冲。施密特触发器是一种电平触发器,而且具有回差电压,所以抗干扰能力较强。以下就集成 TTL 施密特触发器加以介绍。

一、电路组成及工作原理*

集成 TTL 施密特触发器的电路结构与逻辑符号如图 6-2-18 所示,实质上是一个具有滞后特性的反相器,与 TTL 反相器相比,其主要差别在于中间多了一个滞后特性形成电路。整个电路可分为输入级、滞后特性级、中间倒相放大级和输出级 4 部分。

设输入 u_1 为三角波,如图 6-2-19 所示。当 u_1 为 0 时,D_1 导通,P_1 点为低电平,从而 T_1 截止,T_2 饱和导通,P_4 点为低电平,T_3、D_2、T_4 及 T_6 截止,输出 u_O 为高电平。

当 u_1 不断上升时,P_1 点电位也随之不断上升。但由于 T_2 深度饱和,P_3 点的电位 $u_{P3}=i_{E2}R_4$,在 u_1 未上升到 $U_{T+}=i_{E2}R_4$(或 $u_{P1}=0.7V+i_{E2}R_4$)之前,T_1 始终处于截止状态,电路输出维持为高电平(i_{E2} 大于 T_2 饱和电流)。

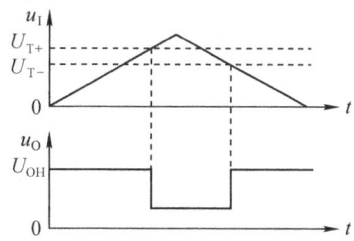
图 6-2-19 电路的输入、输出波形

若 u_1 继续上升到 $u_1=U_{T+}=i_{E2}R_4$,则此时会产生如下的正反馈过程:

$$u_1\uparrow \rightarrow u_{P1}\uparrow \rightarrow i_{B1}\uparrow \rightarrow i_{C1}\uparrow \rightarrow u_{P2}\downarrow \rightarrow u_{P3}\downarrow$$

最后使 T_1 饱和、T_2 截止,u_{P4} 为高电平,使 T_3、D_2、T_4 和 T_6 导通,输出 u_O 为低电平。

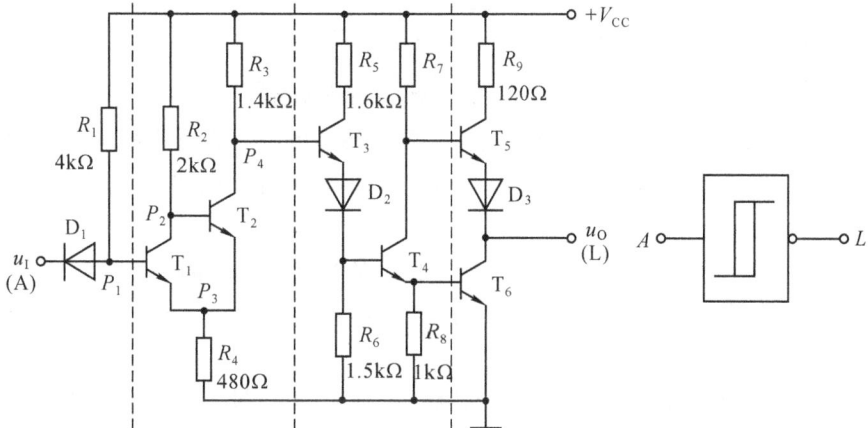
图 6-2-18 施密特反相器电路结构及符号

此后若 u_I 继续上升,电路输出将维持为低电平。

当输入信号 u_I 上升到大于 U_{T+} 后开始下降,在下降到 U_{T+} 时,电路将仍然输出低电平。这是因为此时 T_1 饱和导通,P_3 点电位 $u_{P3}=i_{E1}R_4$(i_{E1} 为 T_1 的饱和电流),由于 T_1 的集电极电阻 R_2 大于 T_2 的集电极电阻 R_3,所以 $i_{E2}>i_{E1}$。因此,u_I 降到 U_{T+} 时,仍能维持 T_1 导通、T_2 截止,电路输出仍为低电平。

当 u_I 下降到 $u_I=U_{T-}=i_{E1}R_4$,并使 T_2 退出截止状态时,电路又将发生如下的正反馈过程:

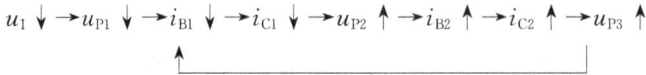

$$u_I \downarrow \to u_{P1} \downarrow \to i_{B1} \downarrow \to i_{C1} \downarrow \to u_{P2} \uparrow \to i_{B2} \uparrow \to i_{C2} \uparrow \to u_{P3} \uparrow$$

结果使 T_1 截止、T_2 饱和,电路输出为高电平。此后 u_I 继续下降,电路将仍然维持这一状态。

由上分析可知,施密特触发器输出高电平和低电平这两个状态的维持和转换完全取决于输入电压 u_I 的大小。当输入电压 u_I 上升到略大于 U_{T+} 或降到略小于 U_{T-} 时,施密特触发器的状态才会迅速翻转,从而输出边沿陡峭的矩形脉冲。

二、滞后特性

我们把 u_I 上升过程中,使施密特触发器状态翻转,输出电压由高电平跳变到低电平时的输入电压值称为正向阈值电压,用 U_{T+} 来表示;而把 u_I 下降过程中,使触发器状态更新,输出由低电平跳变到高电平时的输入电压值叫做负向阈值电压,用 U_{T-} 表示。从以上分析可知,U_{T+} 与 U_{T-} 是不同的,它们之间的差值 ΔU_T 称为滞后电压(或回差电压),即

$$\Delta U_T = U_{T+} - U_{T-}$$

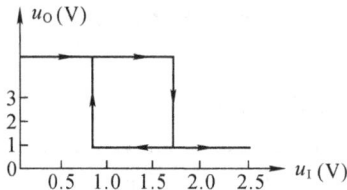

图 6-2-20　施密特触发器的传输特性

图 6-2-20 是该电路的电压传输特性,从传输特性可更加清晰地看到施密特触发器的滞后特性。当电路参数如图 6-2-18 所示时,不难求出该电路的滞后电压 $\Delta U_T \approx$ 0.9V。

值得提出的是,集成施密特触发器具有良好的性能,其正向阈值电压 U_{T+} 和负向阈值电压 U_{T-} 稳定,具有较好的一致性,输出矩形脉冲的边沿十分陡峭,抗干扰能力强,使用方便,应用十分广泛。

如图 6-2-21 所示为 TTL 集成施密特触发器的逻辑符号。如图 6-2-21(a)所示为施密特触发六反相器 CT7414 和 CT74LS14 的逻辑符号,输出逻辑表达式为 $Y=\overline{A}$。如图 6-2-21(b)所示为施密特触发四-2 输入与非门 CT74132 和 CT74LS132 的逻辑符

号,输出逻辑表达式为 $Y = \overline{AB}$。

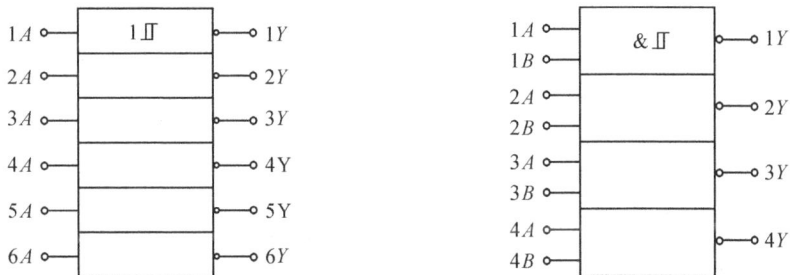

(a) 施密特触发六反相器 CT7414 和 CT74LS14 　　(b) 施密特触发四 - 2 输入与非门 CT74132 和 CT74LS132

图 6-2-21　TTL 集成施密特触发器的逻辑符号

三、施密特触发器的应用

施密特触发器在脉冲的产生和整形电路中应用很广,以下是几个具体的例子。

1. 脉冲波形的整形及变换

脉冲信号经传输线传输受到干扰后,其上升沿和下降沿都将明显变坏,这时可用施密特触发器进行整形,将受到干扰的信号作为施密特触发器的输入信号,输出便为矩形脉冲。

在图 6-2-22 中,施密特触发器用作 TTL 系统的接口,将缓慢变化的输入信号变成为符合 TTL 系统要求的脉冲波形。图 6-2-23 是用作脉冲整形电路时,施密特触发器的输入输出波形,它可以将不规则的输入电压波形整形为矩形波。

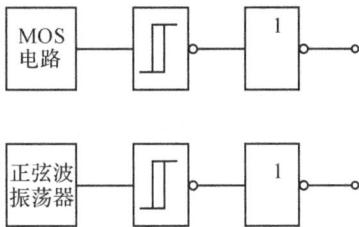

图 6-2-22　慢输入波形的 TTL 系统接口

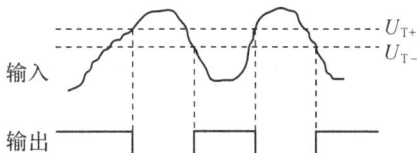

图 6-2-23　脉冲整形电路的输入输出波形

2. 幅度鉴别

施密特触发器输出状态取决于输入信号 u_1 的幅度,因而就可以用它来作为幅度鉴别电路。如输入信号为幅度不等的一串脉冲,需要消除幅度较小的脉冲,而保留幅度大于 U_{TH} 的脉冲,只要将施密持触发器的正向阈值电压 U_{T+} 调整到规定的幅度 U_{TH},这样,幅度超过 U_{TH} 的脉冲就使电路动作,有脉冲输出;而对于幅度小于 U_{TH} 的脉冲,电路则无脉冲输出,从而达到幅度鉴别的目的。工作波形如图 6-2-24 所示。

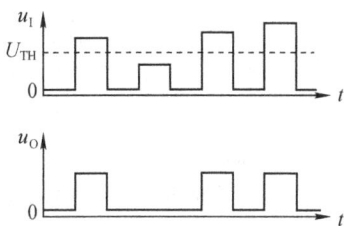

图 6-2-24　脉冲幅度鉴别

3. 多谐振荡器

图 6-2-25(a)是施密特触发器用作多谐振荡器的电路。

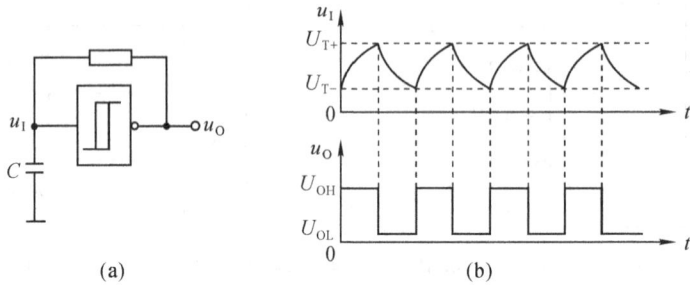

图 6-2-25 用施密特触发器构成的多谐振荡器及工作波形

当电源接通瞬间,电容 C 上的电压为 0V,输出 u_O 为高电平,这时电容 C 充电,u_I 不断上升。当 u_I 上升到 U_{T+} 时,触发器翻转,输出为低电平,电容 C 开始放电,随着放电过程的进行,u_I 不断下降,当 u_I 下降到 U_{T-} 时,电路又发生翻转,输出为高电平。如此循环,电路发生振荡。电路的输入、输出波形如图 6-2-25(b)所示。

当采用 TTL 型集成施密特触发器时,电阻 R 的取值为 $100\Omega < R < 470\Omega$。对于典型的参数值,其振荡频率为

$$f \approx \frac{0.7}{RC}$$

可见,改变 R、C 的数值即可改变 f。

例 6-2-1 某报警电路的输入信号幅度范围为 $0 \sim 5V$,电源供电电压为直流 5V,报警电路原电路采用 CT7414 来完成,由于 CT7414 损坏,试问能否用 CC40106 来替换?为什么?

解 由于电路是报警用的,对报警电压有较高的要求,一般应不延误或延报。查手册可知,在电源电压为 5V 的情况下,CT7414 的 $U_{T+} = 1.5V$,$U_{T-} = 0.6V$,而 CC40106 的 $U_{T+} = 2.2V$,$U_{T-} = 0.3V$,虽然两块片子的功能及管脚排列相同,但由于阈值电压相差较大,故在此场合不能用 CC40106 替换 CT7414。

6.2.4 定时器

555 定时器是一种将模拟功能与数字功能结合在一起的中规模集成电路,其电路功能灵活,应用十分广泛,只要配上少许阻容元件,就可构成施密特触发器、单稳态触发器和多谐振荡器,因而在定时、控制、检测和报警等方面得到广泛的应用。

555 定时器的电源电压范围宽,对于 TTL555 定时器为 $5 \sim 6V$,CMOS555 定时器为 $3 \sim 18V$,可提供一定的输出功率。TTL 单定时器型号的最后 3 位数为 555,双定时器为 556;CMOS 单定时器的最后 4 位数为 7555,双定时器为 7556,它们的逻辑功能和外部引脚排列完全相同。以下就国产的双极型定时器 5G555 的原理及应用加以介绍。

一、5G555 定时器

如图 6-2-26(a)所示的是 5G555 定时器内部结构的简化原理图,它由两个比较器

C_1 和 C_2、一个基本 RS 触发器以及集电极开路输出的泄放三极管 T 和 3 个阻值为 $5\text{k}\Omega$ 的电阻组成的分压器等部分组成。

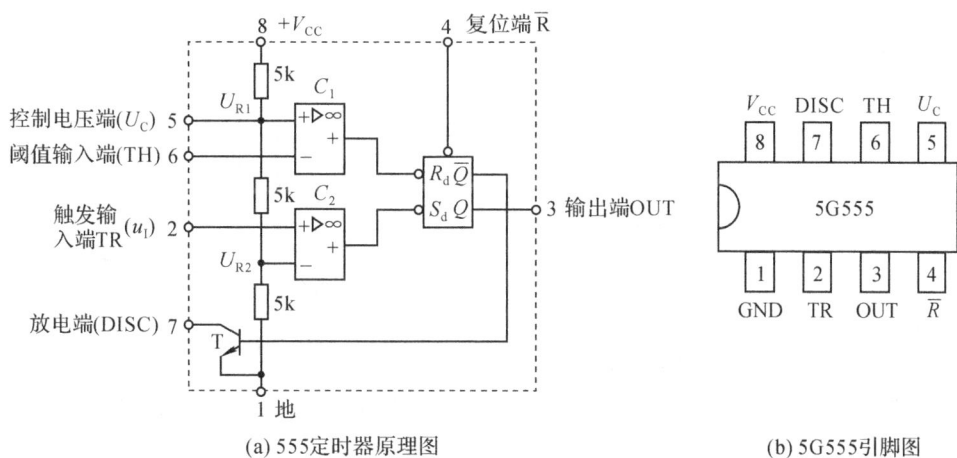

(a) 555 定时器原理图   (b) 5G555 引脚图

图 6-2-26 555 定时器原理图及 5G555 引脚图

比较器 C_1、C_2 的参考电压 U_{R1} 和 U_{R2} 由 V_{CC} 经 3 个 $5\text{k}\Omega$ 电阻分压得到。在不加控制电压 U_C 时，$U_{R1}=\frac{2}{3}V_{CC}$，$U_{R2}=\frac{1}{3}V_{CC}$。如果在电压控制端 U_C 外接固定电压，则 $U_{R1}=U_C$，$U_{R2}=\frac{1}{2}U_C$。

当触发输入端电压 $u_1<\frac{1}{3}V_{CC}$（或 $u_1<\frac{1}{2}U_C$）时，C_2 输出为低电平 0，S_d 端电位有效，触发器被置位，放电三极管 T 截止。而当比较器 C_1 的阈值输入电压高于 $\frac{2}{3}V_{CC}$（或高于 U_C）时，C_1 输出为低电平 0，R_d 端电位有效，触发器被复位，放电三极管 T 导通，可为外接电容提供一个接地的放电通路。此外，若复位端 4 为低电平时，不论比较器的输出信号如何，内部参考电位强制触发器复位。因此，当复位端不用时，应接高电平。

5G555 定时器的基本功能如表 6-2-1 所示。

表 6-2-1 555 定时器功能表

输 入			输 出	
TH	TR	$\overline{R}$	OUT	DISC(T)
×	×	0	0	导通
$<\frac{2}{3}V_{CC}$	$<\frac{1}{3}V_{CC}$	1	1	截止
$>\frac{2}{3}V_{CC}$	$>\frac{1}{3}V_{CC}$	1	0	导通
$<\frac{2}{3}V_{CC}$	$>\frac{1}{3}V_{CC}$	1	不变	不变

如果在控制电压端施加一个外加电压 U_C（其值在 $0 \sim V_{CC}$ 之间），比较器的参考电压将随之改变，从而影响电路的定时参数。当不用控制电压端时，一般都通过一个 $0.01\mu F$ 的电容接地，以旁路高频干扰。

二、定时器的应用

1. 构成单稳态触发器

图 6-2-27 是用 555 定时器构成的单稳态触发器。图中 R、C 是定时元件，$C_1 = 0.01\mu F$ 是旁路电容，消除高频干扰。

稳态时，电容 C 已放电完毕，TH 为 0 电平，又由于输入 u_I 为高电平，则基本 RS 触发器的 R_d 和 S_d 均为 1，为无效电平，电路处于稳态，输出 u_O 为低电平。

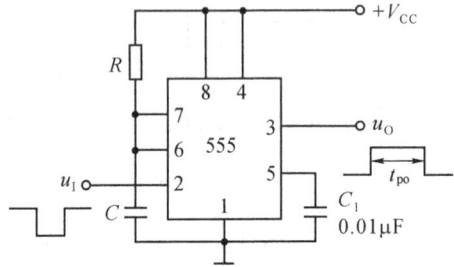

图 6-2-27　由 555 定时器构成的单稳态触发器

当触发输入端施加触发信号 $u_I < \frac{1}{3}V_{CC}$ 时，$R_d = 1$ $S_d = 0$，基本 RS-FF 置位信号有效，触发器翻转，u_O 输出为高电平，内部三极管 T 截止，电路进入暂稳态。此时由于 T 截止，电源 V_{CC} 将通过 R 对电容 C 充电。随着充电的不断进行，TH 端电位也即 DISC 端（管脚 7）的电位逐渐上升。如 u_I 已消失（即 u_I 已由"0"上升为"1"电平），则当 TH 端电位上升到 $\frac{2}{3}V_{CC}$ 时，$S_d = 1$，$R_d = 0$，电路又将发生翻转，u_O 输出为低电平，T 导通，则电容 C 放电，电路返回到稳态。工作波形如图 6-2-28 所示。

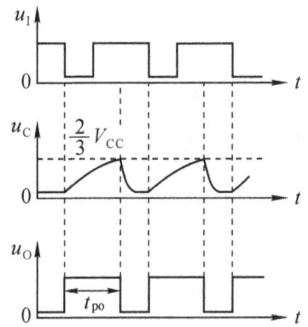

图 6-2-28　工作波形

如果忽略三极管 T 的饱和压降，则 u_C 从零电平上升到 $\frac{2}{3}V_{CC}$ 的时间，即为输出 u_O 的脉冲宽度 t_{po}：

$$t_{po} = RC\ln3 \approx 1.1RC$$

由以上分析可知，这种单稳电路一定要求输入触发脉冲宽度小于 t_{po}。当 u_I 宽度大于 t_{po} 时，要在输入端加 $R_d C_d$ 微分电路：在 V_{CC} 与 2 脚之间接 R_d，在输入 u_I 与 2 脚之间接 C_d。若触发脉冲是周期性的，则其周期应大于 t_{po}。

2. 构成多谐振荡器

由 555 定时器构成的多谐振荡器如图 6-2-29 所示。

当电路接通电源后，电源 V_{CC} 通过 R_1、R_2 向电容 C 充电，使 u_C 不断上升。当 u_C 上升到 $\frac{2}{3}V_{CC}$ 时，触发器被复位，输出 u_O 为低电平，且放电三极管 T 导通，电容 C 通过 R_2 和 T 放电。随着放电的不断进行，u_C 不断下降，当 u_C 下降到 $\frac{1}{3}V_{CC}$ 时，触发器又翻转，

输出 u_O 为高电平。电容 C 放电所需时间为

$$t_{PL} = R_2 C \ln 2 \approx 0.7 R_2 C$$

当电容 C 放电至 $u_C \leqslant \frac{1}{3} V_{CC}$ 时，u_O 为高电平，使 T 截止，则 V_{CC} 又将通过 R_1、R_2 向电容 C 充电，当 u_O 充电上升到 $\frac{2}{3} V_{CC}$ 时，触发器又发生翻转，如此周而复始产生振荡，在输出端就可得到一个周期性的方波。u_C 由 $\frac{1}{3} V_{CC}$ 上升到 $\frac{2}{3} V_{CC}$ 所需的时间为

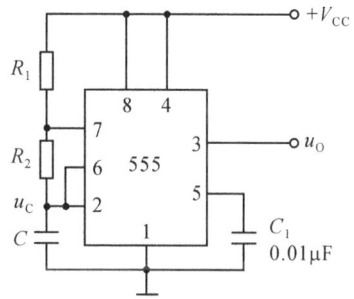

图 6-2-29 由 555 定时器构成的多谐振荡器

$$t_{PH} = (R_1 + R_2) C \ln 2 \approx 0.7(R_1 + R_2) C$$

从而可得输出方波的周期为：

$$T = t_{PL} + t_{PH} \approx 0.7(R_1 + 2R_2) C$$

$$f \approx \frac{1.43}{(R_1 + 2R_2) C}$$

输出方波的占空比为

$$q = \frac{t_{PH}}{t_{PL} + t_{PH}} = \frac{R_1 + R_2}{R_1 + 2R_2}$$

可见其占空比始终大于 50%。工作波形如图 6-2-30 所示。

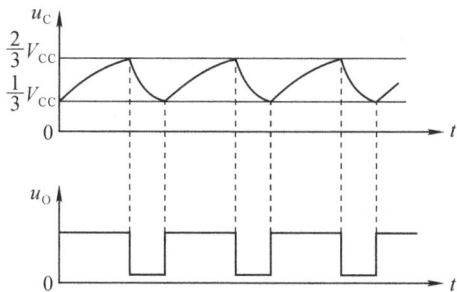

图 6-2-30 图 6-2-29 电路的工作波形

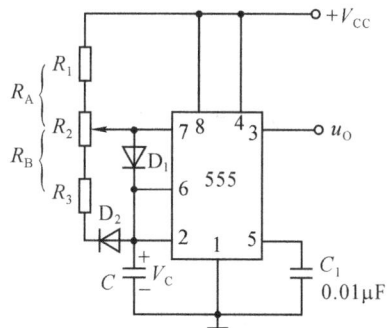

图 6-2-31 占空比可调的方波发生器

为了使占空比小于或等于 50%，可采用如图 6-2-31 所示的改进电路，利用 D_1、D_2 将电容 C 的充放电回路分开，再加上电位器调节，便可构成占空比可调的矩形波发生器。

在图 6-2-31 中，电容 C 充电时，二极管 D_1 导通，D_2 截止，充电时间为

$$t_{PH} \approx 0.7 R_A C$$

而当电容 C 放电时，D_1 截止，D_2 导通，放电时间为

$$t_{PL} \approx 0.7 R_B C$$

电路的振荡频率为

$$f \approx \frac{1}{t_{PH} + t_{PL}} \approx \frac{1.43}{(R_A + R_B) C}$$

输出矩形波的占空比为

$$q = \frac{R_A}{R_A + R_B}$$

若取 $R_A = R_B$，则 $q = 50\%$。

3. 构成施密特触发器

只要将 555 定时器的阈值输入端与触发输入端连在一起，即可得到施密特触发器，如图 6-2-32(a)所示。

当输入如图 6-2-32(b)所示的三角波信号时，从施密特触发器的输出端可得到方波输出。如果在放电端(7 端)外接一电阻，并接到另一电源 V_{CC2} 上，则由 u_{O2} 输出的信号可实现电平转换(放电管 T 截止时 u_{O2} 为高电平 V_{CC2})。图中 5 脚外接控制电压 U_{Ic}，改变 U_{Ic} 的大小，即可调节滞后电压的范围。5 脚不用时，一般接一只 $0.01\mu F$ 的电容到地以防止高频干扰。

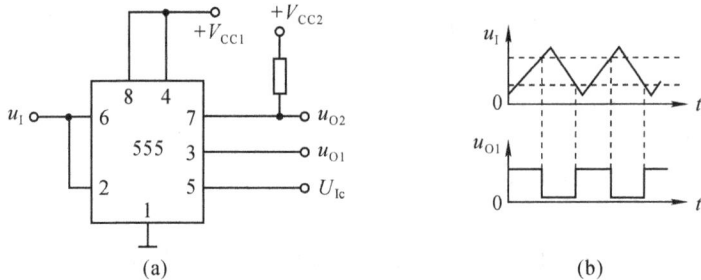

图 6-2-32 由 555 定时器构成的施密特触发器

例 6-2-2 分析如图 6-2-33 所示电路，设定时器 5G555 输出高电平为 5V,输出低电平为 0V,D 为理想二极管。试回答：

(1)当开关置于位置 A 时，两个 5G555 各构成什么电路？计算输出信号 u_{O1} 和 u_{O2} 的频率 f_1 和 f_2。

(2)当开关置于 B 时，两个 5G555 构成的电路有何关系？画出 u_{O1} 和 u_{O2} 的波形。

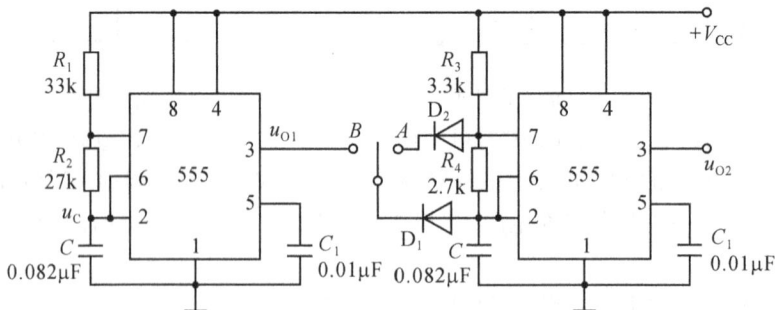

图 6-2-33 例 6-2-2 电路图

解 (1)当开关置于位置 A 时，D_1、D_2 截止，两个 5G555 各自构成一个多谐振荡器。u_{O1} 和 u_{O2} 的频率计算如下：

对于振荡器 I：

$$T_{\mathrm{W1}}=t_{\mathrm{H1}}+t_{\mathrm{L1}}\approx0.7(R_1+R_2)C+0.7R_2C\approx3.44\mathrm{ms}+1.55\mathrm{ms}=4.99\mathrm{ms}$$

故　$f_1=\dfrac{1}{T_{\mathrm{W1}}}\approx200.4\mathrm{Hz}$

对于振荡器Ⅱ:

$$T_{\mathrm{W2}}\approx t_{\mathrm{H2}}+t_{\mathrm{L2}}=0.7(R_3+R_4)C+0.7R_4C\approx0.344\mathrm{ms}+0.155\mathrm{ms}=0.499\mathrm{ms}$$

故　$f_2=\dfrac{1}{T_{\mathrm{W2}}}\approx2004\mathrm{Hz}$

(2)当开关置于 B 时,振荡器Ⅱ受控于振荡器Ⅰ的输出 u_{O1}。当 $u_{\mathrm{O1}}=5\mathrm{V}$ 时,二极管 D_1 截止,振荡器Ⅱ起振工作,振荡频率 $f_2=2004\mathrm{Hz}$;当 $u_{\mathrm{O1}}=0\mathrm{V}$ 时,D_1 导通,振荡器Ⅱ停振,$u_{\mathrm{O2}}=5\mathrm{V}$。$u_{\mathrm{O1}}$ 和 u_{O2} 波形如图 6-2-34 所示。

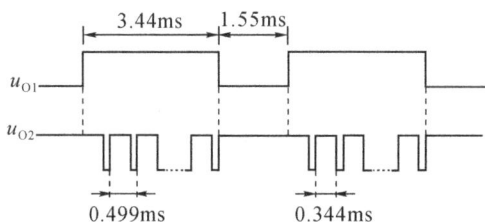

图 6-2-34　例 6-2-2 波形图

6.2.5 电子音乐门铃的安装测试

一、电子音乐门铃电路及工作原理简介

利用 555 定时器及相关元器件实现的叮咚音乐门铃电路如图 6-1-2 所示。

图中 $R_1=18\mathrm{k\Omega}$,$R_2=15\mathrm{k\Omega}$,$R_3=5.6\mathrm{k\Omega}$,$R_4=10\mathrm{k\Omega}$,$C_1=C_4=0.1\mu\mathrm{F}$,$C_5=C_6=0.01\mu\mathrm{F}$,$C_2=C_3=100\mu\mathrm{F}/16\mathrm{V}$,$C_7=C_8=10\mu\mathrm{F}$,$D_1\sim D_6$:1N4001,IC1:7806,IC2:555。
注:直流电源部分(AB 虚线以左部分)可用现成直流电源。

电路刚接通电源时,由于 D_5 反偏,则 C_8 及 R_4、负载 Y 支路无电流经过,使电容 C_8 两端电位差为 $0\mathrm{V}$,定时器 555 的复位端(4 脚)为有效电平 0,输出端(3 脚)无振荡信号,扬声器 Y 不发声。按下按钮 SB,则 $+6\mathrm{V}$ 直流电源 V_{CC} 经 D_6 使 C_8 两端为高电平,复位信号无效;同时 $+6\mathrm{V}$ 还经 D_5、R_2、R_3 向电容 C_6 充电,当 C_6 两端电位差充电到 $\dfrac{2}{3}V_{\mathrm{CC}}$ 时,3 脚输出低电平,内部放电管导通,使 C_6 通过 R_3 向 7 脚放电;当放电到 $\dfrac{1}{3}V_{\mathrm{CC}}$ 时,3 脚输出高电平,内部放电管截止,V_{CC} 又通过 D_5、R_2、R_3 向 C_6 充电……。当松开按钮 SB 时,由于 C_8 两端电位差下降需要有时间,所以在 C_8 通过 R_4、Y 放电使两端电位差下降至低电平前,$+V_{\mathrm{CC}}$ 通过 R_1、R_2、R_3 向 C_6 充电,C_6 充电至 $\dfrac{2}{3}V_{\mathrm{CC}}$ 时通过 R_3 向 7 脚放电;放电至 $\dfrac{1}{3}V_{\mathrm{CC}}$ 时,$+V_{\mathrm{CC}}$ 又经 R_1、R_2、R_3 向 C_6 充电……,直至电容 C_8 两端电位差下降至低电平。

二、电子音乐门铃测试

1. 安装

按图 6-1-2 安装完成后,按一次 SB,扬声器即发出悦耳的叮咚声。

2. 所需仪器设备及器件清单

名　称	数　量	说　明
双踪示波器	1	
NE555	1	
7806	1	
电　阻	18k×1,15k×1 5.6k×1,10k×1	
电　容	0.1μ×2,100μ×2 0.01μ×2,10μ×2	耐压大于 25V
二极管	1N4001×6	

3. 测试内容

用示波器观测"叮"和"咚"时 555 定时器输出端的波形,测出对应的频率。

4. 问　题

(1)简要介绍所测电路的工作原理。

(2)估算扬声器发出"叮"和"咚"声音时振荡器的振荡频率;并分析与实测频率之间的误差原因。

三、炫彩门铃电路及工作原理简介

利用 CC4027 实现炫彩门铃的电路如图 6-1-3 所示。

在图 6-1-3 中,$R_A=2.2\text{k}\Omega$,$R_B=1\text{k}\Omega$,$R_1=5.1\text{k}\Omega$,$R_2=2.2\text{k}\Omega$,$R_5=R_7=R_9=R_{11}=20\text{k}\Omega$,$R_3=R_4=R_6=R_8=R_{10}=1\text{k}\Omega$,$R_P=5.1\text{k}\Omega$,$C_1=0.1\mu\text{F}$,$C_2=0.01\mu\text{F}$,$D_5$、$D_{10}\sim D_{13}$:发光二极管,$T_1$、$T_6\sim T_9$:9013,$IC_2$:555,$IC_3$:CC4027。注:分频部分自拟。

当定时器 3 脚输出 u_2 为高电平时,定时器内部放电管截止,V_{CC} 经 R_1、R_A、R_P 向电容 C_1 充电;当 C_1 两端电位差被充电到 $\frac{2}{3}V_{CC}$ 时,u_2 为低电平,同时内部放电管导通,C_1 经 R_P、R_A 向定时器 7 脚放电;当放电到 $\frac{1}{3}V_{CC}$ 时,u_2 又为高电平,同时内部放电管截止,C_1 又被充电……。u_2 经 1000 分频后作为双 JK 触发器的 CP_1,由于两个 JK 触发器的 J 和 K 端均为高电平,所以在每个 CP_1 的上升沿,Q_1 被触发翻转,而 $\overline{Q_1}$ 作为 CP_2,则 Q_2 在 $\overline{Q_1}$ 的上升沿被触发翻转。图 6-1-3 中的 D_5 在 K 低电平时发光,而 D_{10} 则在 Q_1 高电平时发光,D_{11} 在 $\overline{Q_1}$ 高电平时发光,D_{12} 在 Q_2 高电平时发光,Q_{13} 在 $\overline{Q_2}$ 高电平时发光。相关工作波形如图 6-2-35 所示。

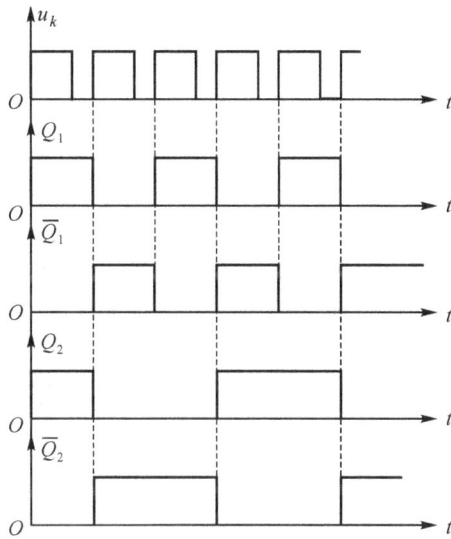

图 6-2-35　炫彩门铃电路的工作波形

四、炫彩门铃的安装测试

1. 所需仪器设备及器件清单

名　　称	数　　量	说　　明
双踪示波器	1	
连续脉冲源	1	
NE555	1	
CC4027	1	
电　阻	$2.2k \times 2, 5.1k \times 1, 20k \times 4, 1k \times 6$	
电位器	$5.1k \times 1$	
电　容	$0.1\mu \times 1, 0.01\mu \times 1$	耐压大于 25V
发光二极管	5	红 2,绿 3
三极管	5	9013

2. 测试内容

(1)按图 6-1-3 所示电路接线。

(2)接通电源后,D_5、D_{10}、D_{11}、D_{12}、D_{13} 应有规律地闪烁。用示波器观察 555 定时器输出端 3,CC4027 的 2 端、1 端、14 端和 15 端的波形,并记录。

3. 问　题

(1)试分析炫彩门铃的工作原理。

(2)如果发光二极管 D_{10} 不闪烁,请你拟出查故障的方案,并说明原理。

小　结

　　项目六以电子音乐门铃的安装测试为目标,介绍了几种常用电子门铃的工作过程及制作。配套知识主要为脉冲信号的产生与整形。在单稳态及多谐振荡电路中,由暂稳态过渡到另一个状态时,无需外加触发脉冲,其触发信号是由电路内部电容的充放电提供的。暂稳态持续的时间是脉冲电路的主要参数,它与电路的阻容元件有关。施密特触发器的实质是具有滞后特性的逻辑门,它的输出状态取决于输入电平,不具有记忆功能,只有当输入电平处于回差范围之内时,电路保持前一状态。定时器是一种应用很广泛的集成器件,多用于脉冲产生、整形及定时等,除 555 定时器外,还有双定时器 556 等。

　　最后介绍了以 555 定时器等作为核心元件的电子音乐门铃和炫彩门铃电路,及它们的测试任务等。

思考题与习题

6-1　单稳态触发器有什么特点? 主要有哪些用途?

6-2　简述非重复触发单稳态触发器和可重复触发单稳态触发器的主要区别。

6-3　TTL 积分型单稳电路如题图所示,设 $U_{TH} = \dfrac{1}{2}V_{DD}$,其中 t_{pi} 为 $5\mu s$,$R = 300\Omega$,$C = 1000pF$。解答下列各小题:

　　(1)分析电路的工作原理;

　　(2)画出 u_I、u_{O1}、u_C、u_{O2} 和 u_O 的波形;

　　(3)求输出脉冲的宽度。

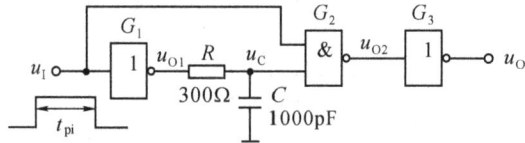

题 6-3 图

6-4　设计一脉冲延时电路。输入、输出波形之间的关系如题图所示。

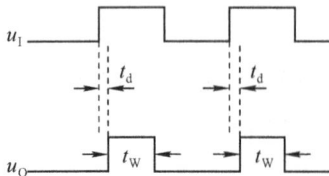

题 6-4 图

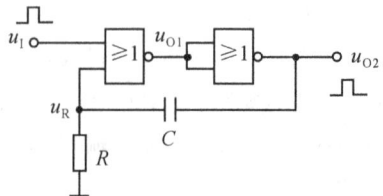

题 6-5 图

6-5　如题图所示电路为由 CMOS 或非门构成的单稳态触发器的另一种形式。试回答下列问题：

(1)分析电路的工作原理；

(2)画出在 u_1 端加入正触发脉冲后 u_{O1}、u_{O2} 及 u_R 的工作波形；

(3)求出输出脉宽 t_{po} 的表达式。

6-6　RC 环形多谐振荡器如题图所示,试分析电路的振荡过程,画出 u_{O1}、u_{O2}、u_R、u_S、 u_{O3} 及 u_O 的波形。

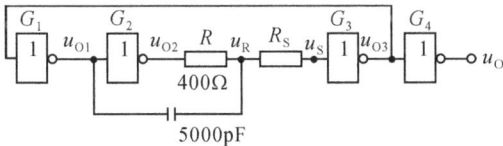 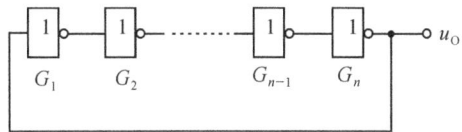

　　　　　题 6-6 图　　　　　　　　　　　　　　　　　题 6-7 图

6-7　奇数个 TTL 与非门($n \geqslant 3$ 的奇数)首尾相接组成环形多谐振荡器,如题图所示。

(1)推导振荡频率的计算公式；

(2)若每级门的平均传输时间 t_{pd} 都是 20ns,那么要想得到频率 $f=5$MHz 的振荡 波形,试问需要多少个门？

6-8　施密特触发器的主要特点是什么？主要有哪些用途？

6-9　试比较多谐振荡器、单稳态触发器、双稳态触发器(触发器)、施密特触发器的工 作特点,并分别说明它们的用途。

6-10　若由集成施密特触发器 74LS14 构成多谐振荡器,当要求输出波形的频率 $f=$ 20kHz,而定时电容 $C=0.1\mu$F,试求定时电阻 R 约为多少？

6-11*　由两个 CMOS 与非门构成的施密特触发器如题图所示,其中 D 为理想二极 管,已知 $R_1=R_2$,与非门的阈值电平为 U_{TH},输出高电平为 U_{OH},输出低电平为 0V。

(1)若输入信号为一对称三角波脉冲,基线电平为 0V,试说明电路的原理,并 画出 u_{G1} 及 u_O 的波形。

(2)求该电路的回差电压。

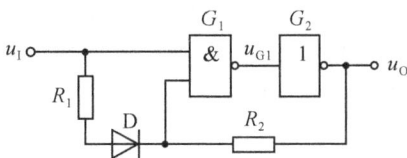 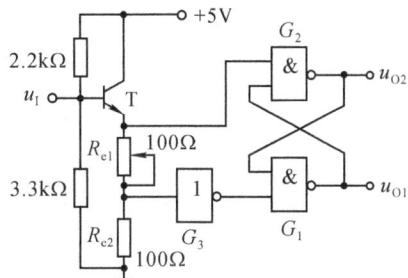

　　　　　题 6-11 图　　　　　　　　　　　　　　　　　题 6-12 图

6-12　回差可调的施密特触发器如题图所示。已知 G_1、G_2、G_3 为 CMOS 门,$U_{TH}=\dfrac{1}{2}V_{DD}$,

$V_{DD}=5V$。

(1)分析电路的工作原理。

(2)对应于输入电压 u_1(u_1 为一正弦波,其幅值为 5V),画出 u_{O1}、u_{O2} 的波形。

(3)求出电路的回差电压表达式,并当 R_{e1} 在 50~100Ω 的范围内变动时,求出回差电压的变化范围。

6-13 集成定时器由哪四部分组成?

6-14 在图 6-2-29 所示的由 555 定时器构成的多谐振荡电路中,$R_1=20kΩ$,$R_2=10kΩ$,$C=0.1μF$,试估算输出方波信号的频率及占空比。

6-15 由 555 定时器构成的施密特触发器如题图所示。当输入一如图所示的对称三角波时,画出相应的输出波形,并求出该电路的回差电压。

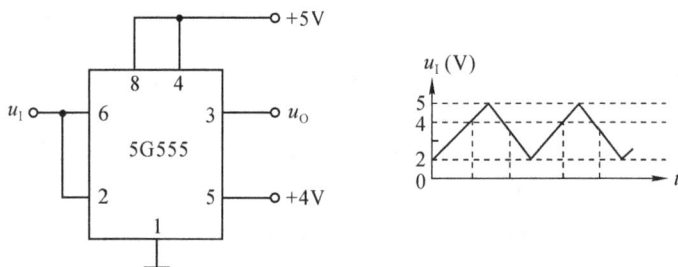

题 6-15 图

6-16 分析如题图所示由集成定时器 5G555 构成的多谐振荡器。

(1)计算其振荡周期;

(2)若要求产生占空比为 50% 的方波,R_1 和 R_2 的取值关系如何?

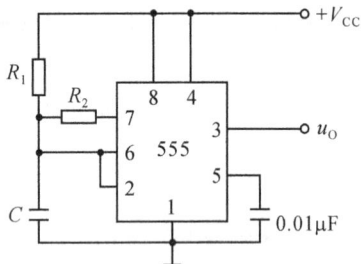 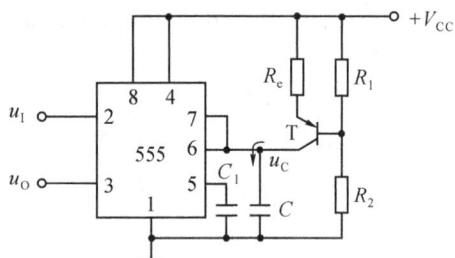

题 6-16 图   题 6-17 图

6-17* 如题图所示电路为由 555 定时器构成的锯齿脉冲发生器,三极管 T 和电阻 R_1、R_2、R_e 构成恒流源,给定时电容 C 充电,当触发输入端输入负脉冲后,画出电容电压 u_C 及 555 输出端 u_O 的波形,并计算电容 C 充电的时间。

6-18　如题图所示为用 555 定时器组成的电子门铃电路。每当按一次按钮开关 S 时，电子门铃以 1kHz 的频率响 10s。

(1)指出 555(Ⅰ)和(Ⅱ)各是什么电路？并简要说明电子门铃的工作原理。

(2)如要改变音响的音调时,应改变哪个电路的哪些元件参数？

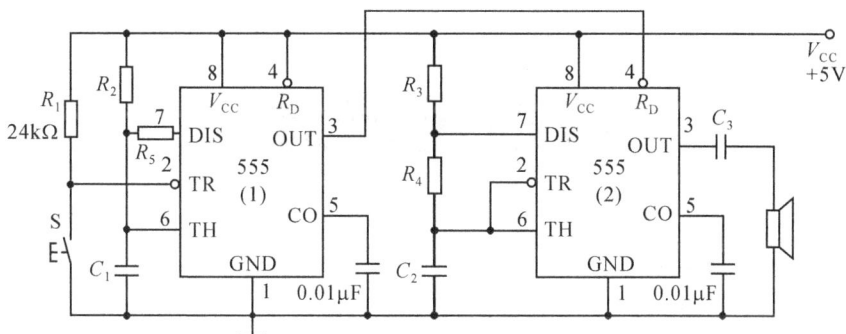

题 6-18 图

6-19　试总结脉冲信号产生与整形的几种方法,并说明使用注意事项。

数控电流源

本项目典型工作任务

▲　典型工作任务一：数控电压源的安装调试

▲　典型工作任务二：电压源与电流源的转换及安装调试

本项目配套知识

▲　D/A 转换器

▲　A/D 转换器

▲　集成运放的线性应用*

本项目建议学时数

▲　10 学时

本项目的任务及目标

▲　熟练利用 D/A 实现电压源的数字控制技术。

▲　掌握将电压源转换为电流源的技能。

▲　熟悉电流源的实际应用技巧。

7.1　典型工作任务

7.1.1　典型工作任务一：数控电压源的安装调试

一、所需知识

1.集成运放的线性应用知识，详见模拟电子技术相关内容。

2.数字控制技术，详见 7.2.1 小节。

二、所需能力

1.利用 D/A 转换器实现数字控制输出模拟电压的能力。

2.利用运算放大器将模拟输出电压调整到额定值的能力。

三、参考工作过程

1.资料及知识预备：教师下发典型工作任务书，讲解数控电压源应该达到的性能指标、D/A 转换器及其选择。

2.计划与方案的制订:学生人员分工,制订工作计划,确定所选 D/A 转换器位数及型号、集成运放型号及实现数控电压源的方案、所需器件参数等,列出工具、仪器仪表、元器件清单;教师审核工作计划与实施方案,引导学生确定可行的最终工作计划与实施方案。

3.实施:学生按最终设计确定的电路图进行接线,并进行调试;分析电路工作过程并讨论数控电压源的误差原因,分析测试结果并得出结论。

4.汇报与评估:

① 学生汇报计划与方案的实施过程,回答同学与教师的相关提问。

② 教师与同学共同分析评价工作任务的计划与实施过程,重点评价位数的确定方案及输出模拟电压范围的确定原理。

③ 自评、互评、教师点评相结合:本组学生在汇报前先进行自评,并把自评小结进行全班汇报;以小组为单位分别对其他组的工作计划、过程与结果进行评价,并提出建议;教师对自评和互评结果进行评价,指出每个小组成员完成计划、方案及所得结果的优点,并提出改进意见。

四、参考任务方案简介

任务目标:利用 D/A 转换器和集成运放实现电压源的数字化控制。

参考方案电路:图 7-1-1。

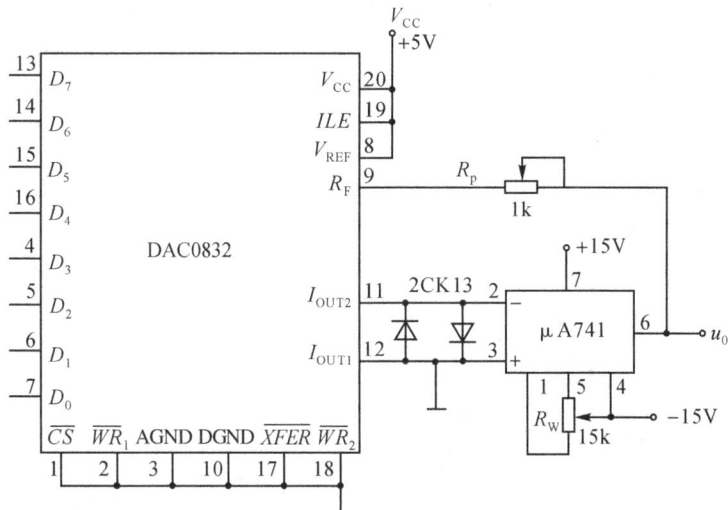

图 7-1-1 数控电压源电路图

7.1.2 典型工作任务二:电压源与电流源的转换及安装调试

一、所需知识

1.将电压源转换成电流源的知识,详见模拟电子技术相关内容。

2.A/D 转换器及其应用,详见 7.2.2 小节。

二、所需能力

1. 将电压源转换成电流源的能力。

2. 电流源的应用能力。

三、参考工作过程

1. 资料及知识预备：教师下发典型工作任务书，讲解生产实际对数控电流源的具体要求、A/D 的分类及各自特点与适用场合等。

2. 计划与方案的制订：学生人员分工，明确职责，制订工作计划，画出总体电路图，列出所需工具、仪器仪表及元器件清单；教师审核工作计划与实施方案，引导学生确定可行的最终工作计划与实施方案。

3. 实施：学生进行数控电流源的安装测试，并对电路的测试结果进行误差分析，总结数控电流源的设计及应用注意事项。

4. 汇报与评估：

① 学生汇报计划与方案的实施过程，回答同学与教师的相关提问。

② 教师与同学共同分析评价工作任务的计划与实施过程，重点评价电压源转换成电流源的方案及系统误差原因的分析。

③ 自评、互评、教师点评相结合：本组学生在汇报前先进行自评，并把自评小结进行全班汇报；以小组为单位分别对其他组的工作计划、过程与结果进行评价，并提出建议；教师对自评和互评结果进行评价，指出每个小组成员完成计划、方案及所得结果的优点，并提出改进意见。

四、参考任务方案简介

任务目标：结合典型工作任务一，将电压源转换成电流源，并进行有关参数的测量与误差分析，总结并提出数控电流源的使用注意事项。

数控电流源参考方案电路如图 7-1-2 所示。当然，图中产生 u_0 部分的电路，即图 7-1-2 中 u_0 左边部分的电路，也可以由图 7-1-1 所示电路代替。

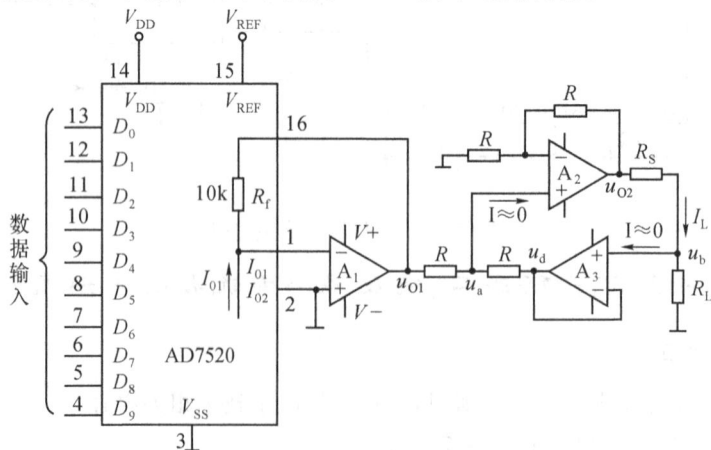

图 7-1-2　数控电流源电路图

7.2　相关配套知识

7.2.1　D/A 转换器

D/A 转换器往往由输入的二进制数码控制对应各位的电子开关,通过电阻网络得到一个与二进制数码各位的权成比例的电流,再经运算放大器转换成与输入二进制数码成比例的模拟电压输出,完成数模转换。

一、R-2RT 型电阻 D/A 转换器

1. 电路组成

如图 7-2-1 所示的是一个 4 位 T 型电阻 D/A 转换器,它由 3 部分组成:

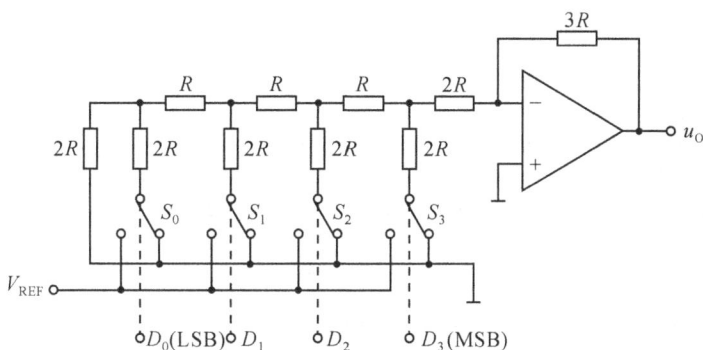

图 7-2-1　T 型电阻 D/A 转换器

(1)T 型电阻网络,由 R 和 $2R$ 电阻构成。

(2)模拟开关,有 S_0、S_1、S_2 及 S_3。模拟开关(即电子开关)的状态受输入数字信号的控制,当输入数字信号某位为 1 时,开关合到参考电压 V_{REF} 上;为 0 时接地。输入数字信号最高位用 MSB 表示,最低位用 LSB 表示。

(3)运算放大器,对各位数字量所对应的电流进行求和,并转换成相应的模拟电压。

2. 工作原理

若将电路的输入数字量设为 $D_3 D_2 D_1 D_0 = 0001$,即只有 S_0 切换到 V_{REF},其他的全部接地,其电阻网络如图 7-2-2(a)所示。从图中 AA' 端往右用戴维南定理逐级等效简化。可见,每简化一次,等效电源被等分一次,而等效电源的内阻永远为 R。因此,加在 S_0 上的 V_{REF} 在 DD' 端的等效电压为 $V_{REF}/2^4$。

同理,当 V_{REF} 分别加在 S_1、S_2、S_3 上时,它们在 DD' 端的等效电压分别为 $V_{REF}/2^3$、$V_{REF}/2^2$、$V_{REF}/2^1$。根据叠加原理将这些电压分量叠加,便可得到如图 7-2-2(b)所示 T 型电阻网络的等效电路,其等效电源为

$$V_e = \frac{V_{REF}}{2^4}D_0 + \frac{V_{REF}}{2^3}D_1 + \frac{V_{REF}}{2^2}D_2 + \frac{V_{REF}}{2^1}D_3$$

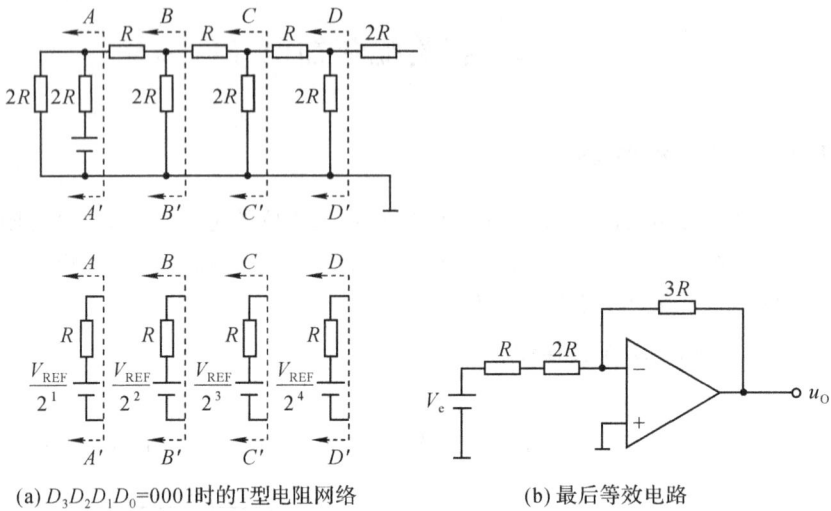

(a) $D_3 D_2 D_1 D_0 = 0001$时的T型电阻网络 　　　　　(b) 最后等效电路

图 7-2-2　R-2RT 型电阻求和网络

$$= \frac{V_{\text{REF}}}{2^4}(D_3 2^3 + D_2 2^2 + D_1 2^1 + D_0 2^0)$$

该电源电压经反相比例放大器后的输出模拟电压为

$$u_O = -V_e = -\frac{V_{\text{REF}}}{2^4}(D_3 2^3 + D_2 2^2 + D_1 2^1 + D_0 2^0)$$

可见,输出的模拟电压正比于输入数字信号。

如果输入的数字量为 n 位二进制数,则有

$$u_O = -\frac{V_{\text{REF}}}{2^n}(D_{n-1} 2^{n-1} + D_{n-2} 2^{n-2} + \cdots + D_1 2^1 + D_0 2^0)$$

3. 误差分析

引起 T 型电阻 D/A 转换器静态转换误差的原因主要有 4 个方面:一是参考电压 V_{REF} 偏离标准值;二是运算放大器的零点漂移;三是模拟开关的压降;四是电阻阻值的偏差。

因参考电压 V_{REF} 的偏离所引起的误差为

$$\Delta u_O = -\frac{1}{2^n}(D_{n-1} 2^{n-1} + D_{n-2} 2^{n-2} + \cdots + D_1 2^1 + D_0 2^0)\Delta V_{\text{REF}}$$

可见,输出电压随 V_{REF} 的改变与输入数字信号的大小成正比,而当输入数字信号一定时,Δu_O 和 ΔV_{REF} 成正比。这种误差称为比例系数误差。

当输出电压 u_O 的误差由运算放大器的零点漂移引起时,Δu_O 的大小将与输入数字信号无关。这种误差称为漂移误差。

如果模拟开关的导通压降不可忽略,这些开关的压降将作为一种误差信号加到 T 型电阻网络的输入端,而每个开关的导通压降在输出端引起的误差是不同的,它们在输出端形成的总误差电压为

$$|\Delta u_{\mathrm{O}}| = \frac{1}{2^n}(\Delta V_{Sn-1}2^{n-1} + \Delta V_{Sn-2}2^{n-2} + \cdots + \Delta V_{S1}2^1 + \Delta V_{S0}2^0)$$

其中,ΔV_{Sn-1}、ΔV_{Sn-2}、$\cdots$、ΔV_{S1}、ΔV_{S0}分别代表S_{n-1}、S_{n-2}、$\cdots$、S_1、S_0的导通压降。可见,这时的Δu_{O}既不是常数,也不与输入数字信号的大小成正比。由于每个开关的压降未必相同,而且接地时的压降和接V_{REF}时的压降也不一定相等,因而这种误差称为非线性误差。

因此,采用低漂移高精度的运算放大器及高稳定度的V_{REF},可以提高 D/A 转换器的转换精度。

二、CMOS 开关 D/A 转换器

所有的 D/A 转换器都要用到模拟开关,因开关元件的不同,常用的模拟开关分为双极型模拟开关(由双极型三极管构成)和单极型模拟开关(由场效应管构成)。如图 7-2-3(a)所示的是一个简化的 CMOS 开关 D/A 转换器。

从图 7-2-3(a)分析得出:开关S_3上流过的电流为$\dfrac{V_{\mathrm{REF}}}{2R}$,$S_2$上流过的电流为$\dfrac{V_{\mathrm{REF}}}{4R}$,$S_1$上流过的电流为$\dfrac{V_{\mathrm{REF}}}{8R}$,$S_0$上流过的电流为$\dfrac{V_{\mathrm{REF}}}{16R}$。可见,各开关上流过的电流与控制该开关状态的二进制数所对应的权成正比。合理地选择R和R_{F},即可完成数模转换功能。

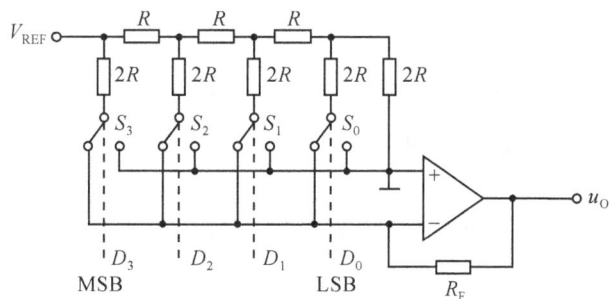

(a) 转换器电路

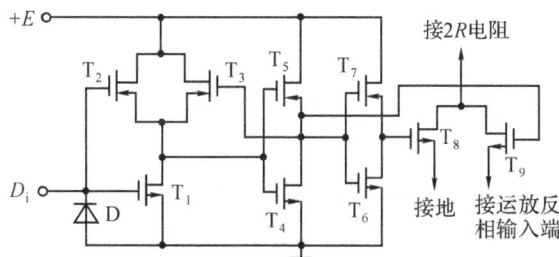

(b) CMOS开关

图 7-2-3　CMOS 开关 D/A 转换器

图 7-2-3(b)为该 D/A 转换器某位模拟开关的结构原理图,图中,T_1、T_2和T_3组成输入级,T_4、T_5和T_6、T_7组成两个互为倒相的反相器,两个反相器的输出分别控制T_8和T_9的栅极,以完成切换功能。

当输入端为高电平(即 $D_i=1$)时,T_1 的输出为低电平,使 T_4 的输出为高电平,T_6 的输出为低电平,故 T_8 截止、T_9 导通,$2R$ 电阻通过导通的 T_9 被接至运算放大器的反相输入端。反之,当 $D_i=0$ 时,将使 T_8 导通、T_9 截止,$2R$ 电阻经 T_8 接地。

为了保证 D/A 转换的精度,电阻网络中的 R 和 $2R$ 电阻值之比的精度要高,而且还要求每个开关上的电压降尽量相等。由于从高位到低位的电流按 2 的整数倍递减,这就要求对应开关的导通电阻要按 2 的整数倍递增。例如,若 S_{i-1} 的导通电阻为 20Ω,则取 S_{i-2} 导通电阻为 40Ω,S_{i-3} 的导通电阻为 80Ω,依此类推。对开关导通电阻的要求可以通过工艺设计来实现。

三、D/A 转换器的主要技术指标

1. 绝对精度

绝对精度是指输入端加有对应满刻度数字量时,D/A 转换电路理论输出值与实际输出值之差。该值一般应低于最低位数字码对应模拟量的绝对值的一半,即小于 $\frac{1}{2}$ LSB 权值。

2. 分辨率

一个 n 位转换器的额定分辨率就是最低位的相对值,即 $\frac{1}{2^n-1}$。所以,一般用位数来表示其分辨率。

3. 线性度

通常用非线性误差的大小来表示 D/A 转换器的线性度,且把偏离理想的输入-输出特性的偏差与满刻度输出之比的百分率称为非线性误差。

4. 转换时间

转换器的输入变化为满刻度值时,其输出达到稳定值所需的时间称为转换时间,即完成一次转换所需的时间。转换时间包括两部分时间:一是距运算放大器最远的那一位输入信号的传输时间;另一是运算放大器到达稳定输出所需的时间。转换时间又称建立时间或稳定时间。

四、数控电流源

本项目涉及的数控电流可以源用国产集成 D/A 转换器 5G7520 为核心器件来实现。

5G7520 是 10 位 CMOS 开关 D/A 转换器。其内部只包含 CMOS 模拟开关和倒 T 型电阻网络,运算放大器需要外接,图 7-2-4 是其集成芯片引脚图。

5G7520 共有 16 个引脚,各脚的功能如下:

4~13 为 10 位数字量的输入端;

1 为模拟电流 I_{out1} 输出端,接到运放的反相输入端;

2 为模拟电流 I_{out2} 输出端,一般接地;

3 为接地端;

14 为 CMOS 模拟开关的电源 $+V_{DD}$ 端;

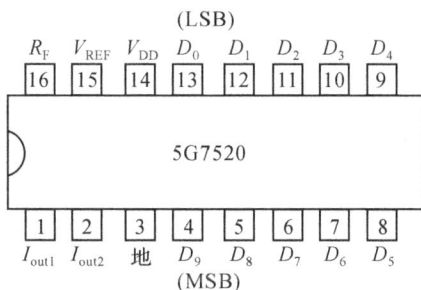

图 7-2-4　5G7520 引脚图

15 为参考电源接线端；

16 为芯片内部一个电阻 R_F 的引出端,该电阻作为运算放大器的反馈电阻,它的另一端在芯片内部接 I_{out1} 端。

5G7520 的典型应用电路如图 7-2-5 所示。

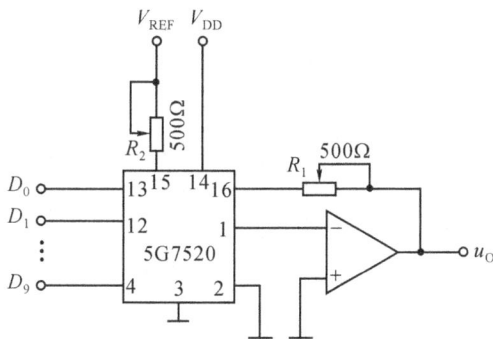

图 7-2-5　5G7520 典型应用电路

应用时必须进行零点调节和满量程调节。调节步骤如下：

(1)将所有数字量输入端接低电平(地),调节运算放大器的调零电位器(图中没有画出),使输出电压 $u_O \approx 0 \pm 1mV$。

(2)若要增大输出电压,则要增大反馈电阻。可在运算放大器的输出端和芯片的 R_F 端串接一个 $0 \sim 500\Omega$ 的可调电阻 R_1,并将所有数据输入端接电源 $+V_{DD}$。调节电阻 R_1,使 u_O 达到预定的满量程值。

(3)若要减小输出电压,则可在基准电源(即 V_{REF})和芯片的 V_{REF} 端之间串接一个 $0 \sim 500\Omega$ 的可调电阻 R_2,并将所有数据输入端接电源 V_{DD}。调节电阻 R_2,使输出电压降到预定的满量程值。

在某些自动控制及测试仪表中,常常会遇到需要一个由数字量来精细调节的电流源,称为数控电流源。图 7-1-2 是使用数模转换集成电路 5G7520(AD7520)的数控电流源,数字量输入是 $D_0 \sim D_9$,输出电流 I_L 只依赖于输入的数字量,而与负载 R_L 的大小无关。图的左半部分是 5G7520(AD7520)单极性输出的基本应用电路,其输出 $u_{O1} = -(V_{REF}/2^{10}) \times N_{(10)}$；运算放大器 A_2 构成同相输入的比例运算放大器,放大倍数 $A_{u2} = (1 + R/R) = 2$,则 $u_{O2} = 2u_a$；A_3 构成电压跟随器,得 $u_b = u_d$。利用运放的"虚短"概念可以求出：

$$u_a = \frac{u_{O1} - u_d}{2} + u_d = \frac{u_{O1} + u_d}{2}$$

经整理　　$u_{O1} = 2u_a - u_d$

又　　　　$I_L = \dfrac{u_{O2} - u_d}{R_S} = \dfrac{2u_a - u_d}{R_S}$

则　　　　$I_L = \dfrac{u_{O1}}{R_S} = -\dfrac{V_{REF}}{1024 R_S} \cdot N_{(10)}$

其中 V_{REF} 是 DAC 的参考电压，R_S 是固定电阻，所以负载电流 I_L 所依赖的变量是从 D_0 ~ D_9 输入的以十进制数表达的数字量 $N_{(10)}$，而与外接负载 R_L 无关。若要改变电流的方向，只需改变参考电压的极性即可。

五、集成 D/A 转换器 DAC0832 及其测试

1. D/A 转换器 DAC0832

DAC0832 是采用 CMOS 工艺制成的单片电流输出型 8 位数/模转换器。如图 7-2-6 所示是 DAC0832 的逻辑框图及引脚排列。

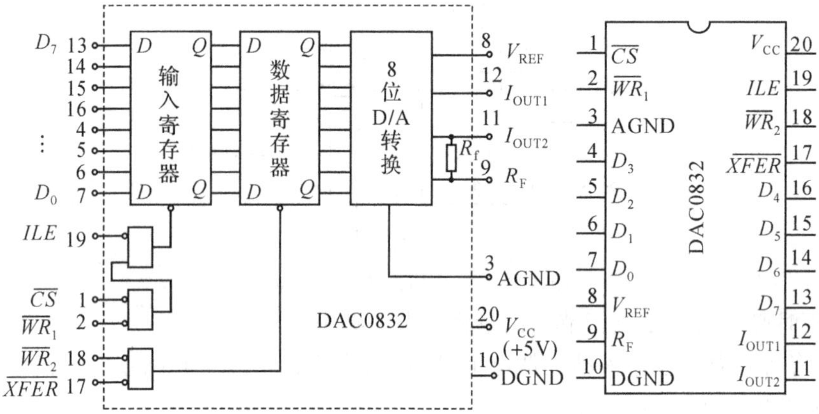

图 7-2-6　DAC0832 单片 D/A 转换器逻辑框图和引脚排列

8 位 D/A 转换器有 8 位数据输入端，每个输入端是 8 位二进制数中的一位；有一个模拟输出模拟输出端。输入可有 $2^8 = 256$ 个不同的二进制组态，输出为 256 个不同等级的电压之一，即输出电压不是整个电压范围内任意值，而只能是 256 个可能值。

DAC0832 的引脚功能说明如下：

D_0 ~ D_7：数字信号输入端；

ILE：输入寄存器允许，高电平有效；

$\overline{CS}$：片选信号，低电平有效；

$\overline{WR_1}$：写信号 1，低电平有效；

$\overline{XFER}$：传送控制信号，低电平有效；

$\overline{WR_2}$：写信号 2，低电平有效；

I_{OUT1}、I_{OUT2}:DAC 电流输出端;

R_{F}:反馈电阻,是集成在片内的外接运放的反馈电阻;

V_{REF}:基准电压(-10~+10V);

V_{CC}:电源电压(+5~+15V);

AGND:模拟地 ⎫
DGND:数字地 ⎭ 可接在一起使用。

DAC0832 输出的是电流,要转换为电压,还必须经过一个外接的运算放大器。测试线路如图 7-1-1 所示。

2.所需仪器设备及器件清单

名　　称	数　量	说　　明
+5V 直流电源	1	
±15V 直流电源	各 1	
双踪示波器	1	
逻辑电平开关	10	
数字万用表		
连续脉冲源	1	1kHz~20kHz
μA741	1	
DAC0832	1	
74LS90	1	
电位器	1k×1	多圈线绕
	15k×1	
二极管	2	2CK13

3.测试内容

(1)D/A 转换器 DAC0832

①按图 7-1-1 接线,电路接成直通方式,即 $\overline{CS}$、$\overline{WR_1}$、$\overline{WR_2}$、$\overline{XFER}$ 接地;ILE、V_{CC}、V_{REF} 接+5V 电源;运放电源接±15V;D_0~D_7 接逻辑电平开关的输出插口,输出端 u_0 接直流数字电压表。

②调零:令 D_0~D_7 全置 0,调节运放的调零电位器 R_{W} 使 μA741 输出 u_0 为零。

③满量程调节:令 D_0~D_7 全为 1,保持 R_{W} 不变,调 R_{P} 使 $u_0=-5$V。

④按表 7-2-1 所列输入数字信号,用数字万用表直流电压适当量程档测量运放的输出电压 u_0,并将测量结果填入表中,与理论值进行比较(列出理论值的计算方法)。

表 7-2-1

输入数字量								输出模拟量 $u_0(\text{V})$, $V_{\text{CC}}=+5\text{V}$	
D_7	D_6	D_5	D_4	D_3	D_2	D_1	D_0	实测值	理论值
0	0	0	0	0	0	0	0		
0	0	0	0	0	0	0	1		
0	0	0	0	0	0	1	0		
0	0	0	0	0	1	0	0		
0	0	0	0	1	0	0	0		
0	0	0	1	0	0	0	0		
0	0	1	0	0	0	0	0		
0	1	0	0	0	0	0	0		
1	0	0	0	0	0	0	0		
1	1	1	1	1	1	1	1		

（2）阶梯波的产生

在完成上述步骤①、②后，将 DAC0832 的 $D_0 \sim D_4$ 接地；将 74LS90（见 5.2.2 节）的 Q_D 接 DAC0832 的 D_7、Q_C 接 D_6、Q_B 接 D_5，同时将 74LS90 的 $R_{0(1)}$、$R_{0(2)}$、$S_{9(1)}$、$S_{9(2)}$ 接地，C_B 接 1kHzTTL 标准矩形脉冲，接好电源和地后，用示波器观察输出电压 u_0 的波形。

4. 问题

①分析表 7-2-1 中实测值与理论值之间的误差原因。

②如将测试内容（2）中，74LS90 的 Q_D 接 DAC0832 的 D_2、Q_C 接 D_1、Q_B 接 D_0，$D_3 \sim D_7$ 接地，则 u_0 将如何变化？为什么？

7.2.2　A/D 转换器

按工作原理的不同，可将 A/D 转换器分为直接 A/D 转换器和间接 A/D 转换器两大类。在直接 A/D 转换器中，输入的模拟电压被直接转换成数字代码，不经过任何中间变量，这类 A/D 转换器有并联比较型 A/D 转换器、电荷再分配型 A/D 转换器等。而在间接 A/D 转换器中，首先需要把输入的模拟电压转换成某一中间变量（如时间、频率、脉宽等），然后再把这个中间变量转换为数字代码，这类 A/D 转换器有单积分型 A/D 转换器、双积分型 A/D 转换器以及四重积分型 A/D 转换器等。

在进行 A/D 转换时，通常按四个步骤进行，首先对输入模拟信息进行取样、保持，再进行量化和编码。

一、采样-保持电路

在 A/D 转换中，由于输入的模拟信号在时间上是连续的，而输出的数字量是离散量,所以进行转换时必须在一系列选定的瞬间对输入的模拟信号进行采样,即把一个时间上连续的信号变换为对时间离散的信号,然后将这些采样值转换为数字量输出。由于每次转换均需要一定的时间,转换期间要求输入的采样值保持不变,所以在 A/D 转换之前需要经采样—保持(S/H)电路。

模拟信号的采样过程如图 7-2-7 所示,对信号 $f(t)$ 在 0、$1T$……时刻采样,得到相应的离散时间信号 $f'(T)$、$f'(2T)$、……

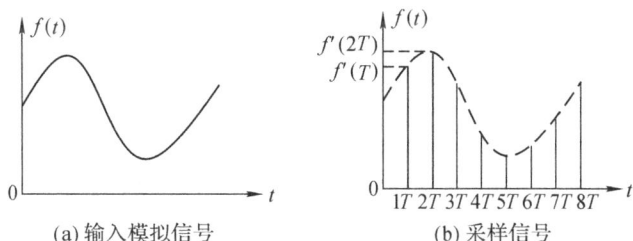

图 7-2-7　对输入模拟信号的采样

为了正确无误地用图 7-2-7(b)所示的采样信号表示模拟信号 u_I,必须满足

$$f_s \geqslant 2f_{i\max}$$

式中:f_s 为采样频率,$f_{i\max}$ 为信号 u_I 频率分量的最高值。上式被称为奈奎斯特采样定理,简称采样定理。

采样-保持电路的基本形式如图 7-2-8 所示,图中 N 沟道 MOS 管 T 作为采样开关用。当采样控制信号 U_L 为高电平时场效应管 T 导通,输入信号 u_I 经电阻 R_i 和 T 向电容 C_H 充电。若取 $R_i=R_F$,并忽略运算放大器的输入电流,则充电结束后 $u_O=-u_I=u_C$。在采样控制信号 U_L 返回低电平后,场效应管 T 截止。由于 C_H 上的电压可以在一段时间内保持基本不变,所以 u_O 的

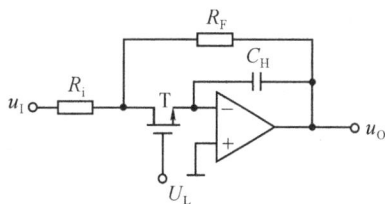

图 7-2-8　采样保持电路的基本形式

数值也被保持下来。十分明显,C_H 的漏电流越小,运算放大器的输入阻抗越高,u_O 的保持时间就越长。

然而上述电路是很不完善的,因为采样过程中需要通过 R_i 和 T 向 C_H 充电,所以采样速度受到了限制。同时,R_i 的数值又不允许取得很小,否则会进一步降低采样电路的输入电阻。

如图 7-2-9 所示的是国产单片集成采样—保持器 5G582 的内部结构示意图,它包括由运放 A_1

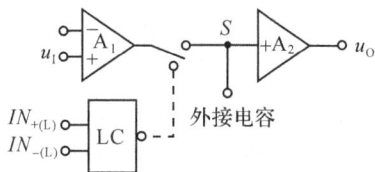

图 7-2-9　5G582 结构示意图

构成的输入放大器、输出放大器 A_2 和采样—保持开关逻辑控制电路 LC。A_2 的输入级由结型场效应管组成,以保证极高的输入阻抗。

该器件采用两组工作电源,其电压范围为 $\pm 8 \sim \pm 18V$,采样和保持的逻辑控制输

入为差动方式,各操作状态的逻辑电平值如下:

$$U_{\mathrm{IN+(L)}} - U_{\mathrm{IN-(L)}} = \begin{cases} -6 \sim +0.8\mathrm{V} & \text{采样状态} \\ +2\mathrm{V} \sim (+V_{\mathrm{CC}} - 3\mathrm{V}) & \text{保持状态} \end{cases}$$

保持电容应选用高质量的聚苯乙烯或聚四氟乙烯电容,电容值应根据采样频率和精度要求综合考虑。5G582 的引脚图如图 7-2-10 所示。图中,IN_+、IN_- 为模拟输入端;$IN_{+(L)}$、$IN_{-(L)}$ 为逻辑输入端;OA_1、OA_2 为调零端;OUT 为输出端;C_H 为保持电容端;V_{CC}、V_{EE} 为电源端;N 为空脚。

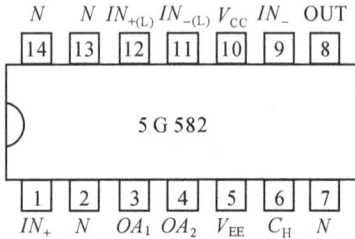

图 7-2-10　5G582 引脚图　　　　　　图 7-2-11　5G582 应用电路

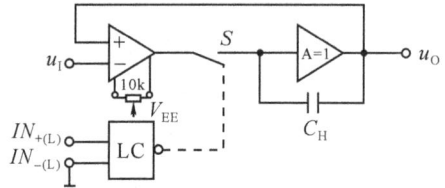

5G582 的一个应用电路如图 7-2-11 所示。连接 A_2 输出端和 A_1 同相输入端,输入电压 u_1 从反相输入端输入,整个电路为一电压跟随器。将 $IN_{-(L)}$ 端接地,采样-保持逻辑控制电平在 $IN_{+(L)}$ 端加入。当输入高电平(+3.5V)时为保持阶段,输入低电平(0V)时为采样阶段。

在采样阶段,S 闭合,u_1 经 A_1 反相,通过 S 向 C_H 充电,$u_O = u_1$。在保持阶段,S 断开,电路成为开环状态,C_H 无放电回路,于是 C_H 维持两端电压,使 u_O 等于采样结束进入保持阶段时的电压值。像普通运放电路一样,这里连接一个 $10\mathrm{k}\Omega$ 可调电阻,可对 A_1 进行失调调节。

二、逐次渐近型 A/D 转换器

A/D 转换电路是把连续信号的幅值数字化,即所谓量化,从而将模拟信号转换成时间和幅值都是离散的数字信号。图 7-2-12 所示的是逐次渐近型 A/D 转换器的方框图。这种 A/D 转换器由 D/A 转换器、比较器、参考电源、逐次渐近寄存器、控制逻辑以及时钟信号等几部分组成。

图 7-2-12　逐次渐近型 A/D 转换器

转换开始前,先将逐次渐近寄存器清零。转换一开始,时钟信号首先将寄存器的最高有效位置 1,使寄存器的输出数字为 $100\cdots0$,这个数码被 D/A 转换器转换成相应的模拟电压 u_O,送到比较器中与 u_1 相比较。若 $u_O > u_1$,说明数字量过大,此时就应将最高位的 1 清除;若 $u_O < u_1$,说明数字量还不够大,应将这一位保留。然后,再按同样的方法把次高位置成 1,并且经过比较以确定这个 1 是否应该保留。这样逐位比较下去,一直进行到最低位为止。可见,比较完毕后,寄存器中的状态就是与模拟电压 u_1 对应

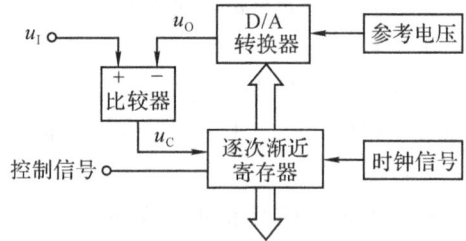

的数字量。

以下就图 7-2-13 所示的 3 位 A/D 转换器的具体逻辑电路,进一步说明逐次比较的过程和各部分之间的联系。

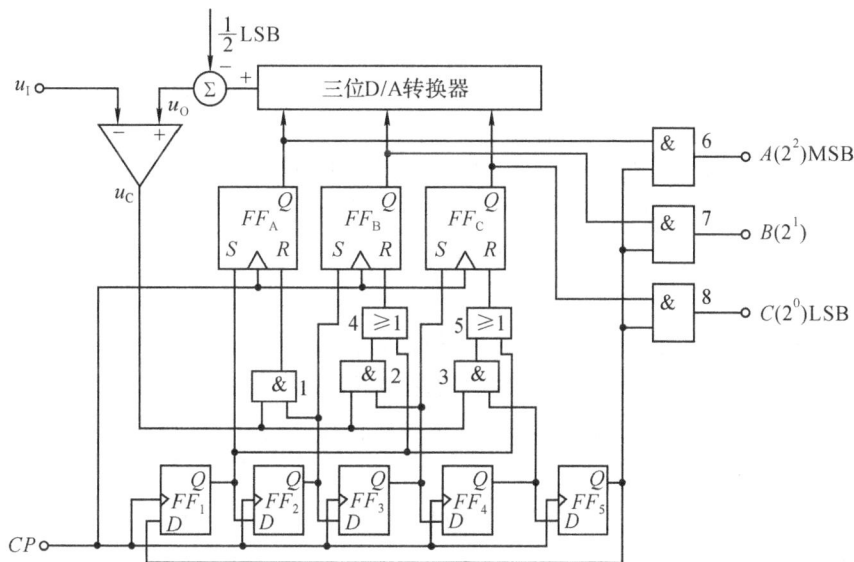

图 7-2-13　3 位逐次渐近型 A/D 转换器

图 7-2-13 中,FF_A、FF_B 及 FF_C 组成 3 位逐次渐近寄存器,$FF_1 \sim FF_5$ 和门 1～门 5 组成逻辑控制电路,其中 $FF_1 \sim FF_5$ 接成的是环形移位寄存器。转换开始前,先使 $Q_1 = Q_2 = Q_3 = Q_4 = 0$,$Q_5 = 1$。第 1 个 CP 到来后,$Q_1 = 1$、$Q_2 = Q_3 = Q_4 = Q_5 = 0$,于是 FF_A 被置 1,而 FF_B、FF_C 被置 0。这时加到 D/A 转换器输入端的代码为 100,并在 D/A 转换器的输出端得到相应的模拟电压输出 u_O。u_O 与 u_1 在比较器中进行比较,当 $u_1 < u_O$ 时,比较器输出 $u_C = 1$;当 $u_1 \geqslant u_O$ 时,$u_C = 0$。

第 2 个 CP 信号到来时,环形计数器右移一位,使 $Q_2 = 1$、$Q_1 = Q_3 = Q_4 = Q_5 = 0$,这时门 1 打开,若原来 $u_C = 1$(即 $u_1 < u_O$),则 FF_A 置 0;若原来 $u_C = 0$(即 $u_1 > u_O$),则 FF_A 的 1 状态保留,同时,Q_2 的高电平将 FF_B 置 1。

第 3 个 CP 信号到来时,环形移位寄存器又右移一位,使 $Q_3 = 1$、$Q_1 = Q_2 = Q_4 = Q_5 = 0$,一方面将 FF_C 置 1,同时将门 2 打开,并由比较器的输出决定 FF_B 的 1 状态是否应当保留。

第 4 个 CP 信号到来后,移位寄存器 $Q_4 = 1$,$Q_1 = Q_2 = Q_3 = Q_5 = 0$,门 3 被打开,根据比较器的输出决定 FF_C 的 1 状态是否应当保留。

第 5 个 CP 信号到来后,$Q_5 = 1$,$Q_1 = Q_2 = Q_3 = Q_4 = 0$,$FF_A$、$FF_B$、$FF_C$ 的状态作为转换结果,通过门 6、7、8 被送出。

从图中还可以看到,D/A 转换器的输出电压 u_O 叠加了 $-\frac{1}{2}$LSB 的偏移量后再与 u_1 进行比较。LSB 是当输入的数字量为 001,即最低有效位为 1,其他各有效位均为 0

时对应的模拟量,这样做是为了使量化误差减少 $\frac{1}{2}$ LSB。

由此例可以看出,完成一次转换需要 5 个 CP 的周期。如果位数增加,则转换时间也相应增加,逻辑控制电路也相应复杂些,但其转换原理是相同的。逐次渐近型 A/D 转换器的精度高、速度快、转换时间固定,为 $(n+2)T_{CP}$,易与微机接口,所以得到广泛应用。采用这种转换方式的单片集成 A/D 转换器有:ADC0801、ADC0809、AD572、AD5770 等。

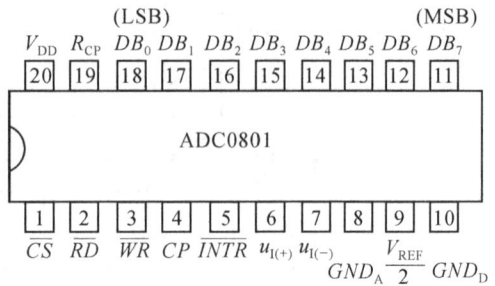

图 7-2-14　ADC0801 引脚图

ADC0801 是 8 位逐次渐近型 A/D 转换器,图 7-2-14 是其集成芯片引脚图。

ADC0801 共有 20 个引脚,各引脚的功能如下:

11～18 为 8 位数字量的输出端,由三态锁存器输出,因此数据输出可以采用总线结构。

20 为电源端 V_{DD},$V_{DD} = +5V$。

9 为参考电源端,其值约为输入电压范围的 1/2。当输入电压为 0～5V 时,可由 V_{DD} 经内部分压得出。

6、7 为模拟量输入端,是输入级差动放大电路的两个输入端。如果输入电压为正,则从 6 端输入,7 端接地;如果为负,则反之。

4 为外部时钟脉冲输入端,时钟脉冲频率的典型值为 640kHz。

8 为模拟地端。

10 为数字地端。

19 为内部时钟脉冲端,由内部时钟脉冲发生器提供时钟脉冲时,要外接一电阻 R（19 端到 4 端）和一个电容 C（10 端到 4 端）。内部时钟脉冲的频率为 $f \approx \frac{1}{1.1RC}$。当 $R = 10k\Omega$,$C = 150pF$ 时,$f \approx 640kHz$。内部时钟脉冲产生后,也可从 19 端输出,供同一系统中其他芯片使用。

5 端为输出控制端,低电平有效。当一次 A/D 转换结束时,5 端自动由高电平变为低电平,以通知其他设备（如计算机）来取结果,起中断请求作用。下一次转换开始时,5 端又自动由低电平变为高电平。ADC0801 的一次转换时间约为 $100\mu s$。

1、2 和 3 端为输入控制端,都是低电平有效。$\overline{RD}$ 为读出,其状态为 0 时,三态输出锁存器接通外部总线;当其为 1 时,三态门处于高阻状态。$\overline{WR}$ 为写入,当外部信号为低电平时,转换器进入起动状态;当 $\overline{WR}$ 从低电平变为高电平时,转换开始;转换结束时又变为低电平。$\overline{CS}$ 为片选端。

ADC0809 也是 CMOS 逐次渐近型 A/D 转换集成电路,分辨率为 8 位,一般用在微机数据采集系统中。其内部基本结构框图如图 7-2-15 所示,由多路转换开关、D/A 转换电路、三态输出锁存器、地址锁存器及译码器等组成。

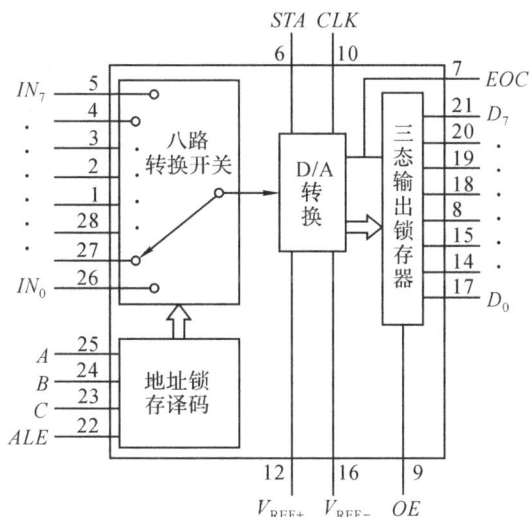

图 7-2-15　ADC0809 的内部结构框图

ADC0809 的典型接法如图 7-2-16 所示。

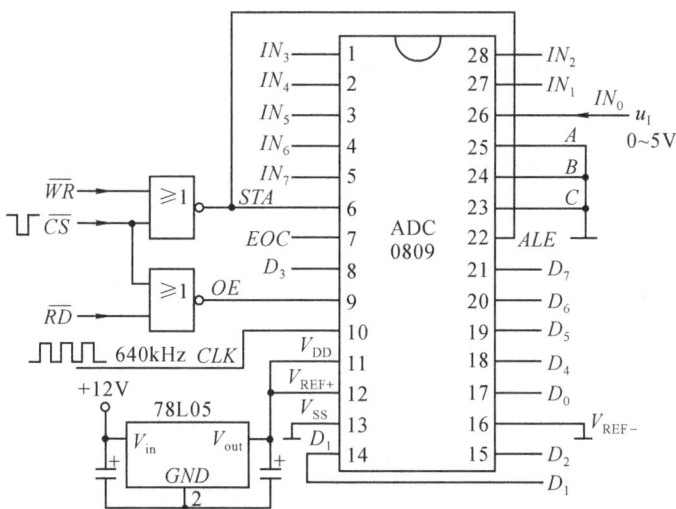

图 7-2-16　ADC0809 的典型接线

ADC0809 的读取方法有两种：一种是用延时方法，即在启动转换开始后，延时 $150\mu s$ 左右（以 CLK 的频率取 640kHz 为例）再读取 $D_0 \sim D_7$ 的数据；另一种是检测 ADC0809 在转换结束时 EOC 端产生的脉冲信号，当检测到该端信号为高电平时，就可读取 $D_0 \sim D_7$ 的数据。

在图 7-2-16 电路中，通道选择 A、B、C 全部接地，因此选中通道 0，被测的模拟电压（0～5V）从输入端 IN_0 输入，时钟信号提供 640kHz 的矩形脉冲从"CLK"端输入。当 $\overline{CS}=0$，且 $\overline{WR}=0$ 时（两端同时加负脉冲），$STA=ALE=1$，ADC0809 启动，对 IN_0 端输入的即时电压进行采样并作模/数转换，延时 $150\mu s$ 后，在 $\overline{CS}$ 端与 $\overline{RD}$ 端加负脉冲，

$OE=1$，则转换结果以二进制数的形式从 $D_0 \sim D_7$ 端输出；也可以不用延时方法，而检测当 EOC 端输出一个正脉冲时对 $\overline{CS}$ 端与 $\overline{RD}$ 端加一负脉冲并读出 $D_0 \sim D_7$。

三、双积分型 A/D 转换器

双积分型 A/D 转换器即双斜率 A/D 转换器，基本工作原理为：对一段时间内的输入模拟电压及参考电压进行两次积分，变换成与输入电压平均值成正比的时间间隔，然后在这个时间间隔里对固定频率的时钟脉冲进行计数，计数结果就是正比于输入模拟信号的数字信号输出。因此，这种 A/D 转换器属于电压-时间变换的间接 A/D 转换器。

图 7-2-17 是这种 A/D 转换器的原理电路，它由积分器 A、检零比较器 C、时钟脉冲控制门 G 及定时器 $FF_0 \sim FF_n$ 等 4 部分组成。

1.电路组成

（1）积分器

积分器由集成运算放大器 A 和 RC 积分环节组成，它是整个转换器的核心部分。它的输入端接开关 S_1。S_1 由定时信号控制，以便将极性相反的被测模拟电压 u_1 和 V_{REF} 定时地加到积分器输入端，进行两次方向相反的积分，积分时间常数 $\tau = RC$。积分器的输出端接检零比较器的输入端。

（2）检零比较器

检零比较器用来检查积分器输出电压 u_O 过零的时刻。在图 7-2-17 中，当 $u_O \geqslant 0\text{V}$ 时，比较器输出 u_C 的状态为 0；而当 $u_O < 0\text{V}$ 时，u_C 为 1。由比较器输出的开关信号 0 或 1 作为门 G 的控制信号，以控制时钟脉冲 CP 能否通过。

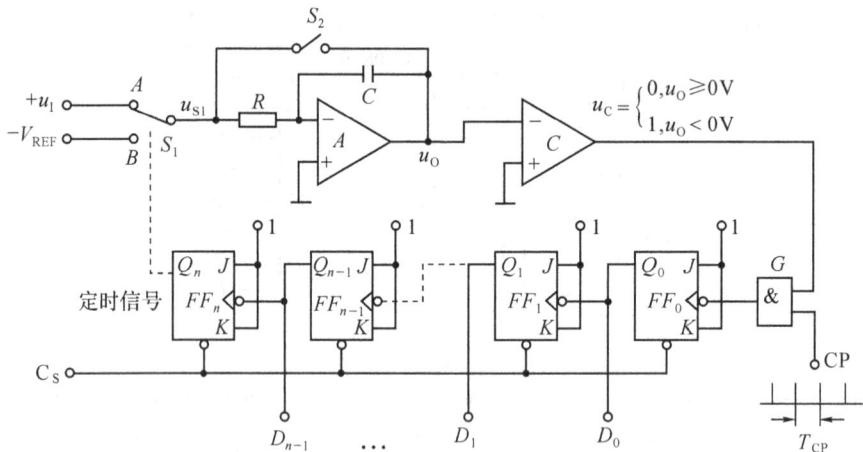

图 7-2-17 双积分型 A/D 转换器

（3）计数器和定时器

它由 $n+1$ 个主从 JK 触发器构成，这些触发器接成 $n+1$ 位异步二进制计数器。其中，前 n 级计数器用来计数，使与被测信号成正比的时间间隔变成数字信号保存下来，最后一级计数器产生控制开关 S_1 的控制信号。图中，当计数到 2^n 个时钟脉冲时，$FF_0 \sim FF_{n-1}$ 均回到 0 状态，而 FF_n 翻转到 1 状态，即 $Q_n=1$，发出定时信号使开关 S_1

从位置 A 转接到 B。

（4）时钟脉冲控制门

具有标准周期 T_{CP} 的时钟脉冲源 CP 接在门 G 的一个输入端，作为测量时间间隔的标准时间。门的另一个输入端接比较器的输出，以便由比较器的输出信号 u_C 控制门 G 的打开与关闭。当 $u_C=1$ 时，门 G 打开，时钟脉冲通过门 G 加到 FF_0 的 CP 输入端。

2.工作原理

输入模拟电压转换成数字量的过程分为两个阶段，即采样阶段和比较阶段。下面以 u_1 为正极性的直流电压来分析 A/D 转换过程。转换开始前首先将计数器清零，并接通开关 S_2 使电容 C 充分放电。

（1）采样阶段

转换开始时（$t=0$），开关 S_1 接于 A 端，开关 S_2 断开，正极性的被测电压 u_1 进入积分器。这时，$u_{S1}=u_1$，积分器从起始状态 0V 开始对 u_1 积分，则积分器的输出电压为

$$u_O=-\frac{1}{RC}\int_0^t u_1 dt$$

由于 u_1 为正值，使积分器输出电压 u_O 的变化如图 7-2-18 中虚线所示。

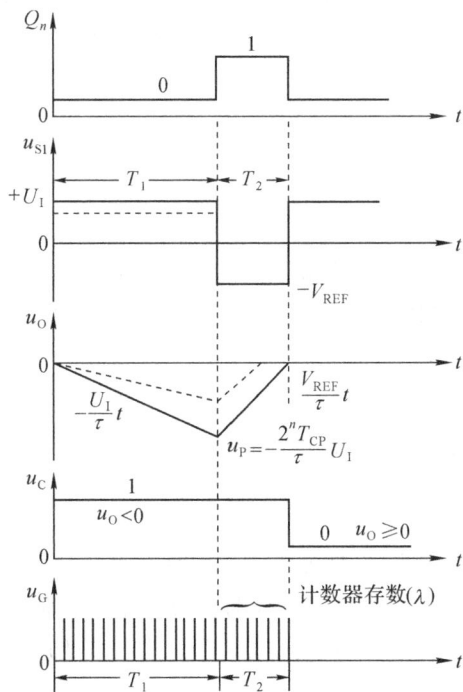

图 7-2-18 双积分型 A/D 转换器工作波形图

由于 $u_O<0$，检零比较器输出为 1，门 G 打开，于是，周期为 T_{CP} 的时钟脉冲通过门 G 加到 FF_0 的 CP 端。若计数器从 0 开始计数，一直计到时间为

$$t=T_1=2^n T_{CP}$$

时，触发器 $FF_0\sim FF_{n-1}$ 又翻转到 0 状态，即 $Q_0=Q_1=\cdots Q_{n-1}=0$，这时，触发器 FF_n 变

为 1 态,即 $Q_n=1$,使开关 S_1 由 A 点转接到 B 点。设 U_1 为输入电压在 T_1 时间间隔内的平均值,则 $t=T_1$ 时的积分输出电压为

$$u_P = u_O(T_1) = -\frac{1}{RC}\int_0^{T_1} u_1 \mathrm{d}t$$

$$= -\frac{2^n T_{CP}}{RC}U_1 = -\frac{2^n T_{CP}}{\tau} \cdot U_1 = -\frac{T_1}{\tau}U_1$$

(2)比较阶段

当 $t=T_1$ 时,采样结束,S_1 转接到 B 点,使与被测电压 u_1 极性相反的基准电压 $-V_{REF}$ 加到了积分器的输入端,积分器开始对基准电压积分,积分波形从负值 u_P 以固定斜率往正方向上升,若以 T_1 的结束时刻作为第 2 次积分的起点,则积分器的输出电压为

$$u_O = u_P - \frac{1}{\tau}\int_0^t (-V_{REF})\mathrm{d}t$$

$$= -\frac{2^n T_{CP}}{\tau}U_1 + \frac{V_{REF}}{\tau}t$$

设 $t=T_2=\lambda T_{CP}$ 时,输出电压 u_O 正好过零点,比较器输出 $u_C=0$,将时钟脉冲控制门 G 关闭,计数停止,而 λ 的值正好是计数器所累计的时钟脉冲个数。可见,在经过积分时间 $t=T_1+T_2$ 后,u_O 又重新回到 0V,T_1 和 T_2 两段时间的积分值正好等量而反向,即

$$\frac{V_{REF}}{\tau}T_2 = \frac{T_1}{\tau}U_1$$

将 $T_1=2^n T_{CP}$ 代入得

$$T_2 = \frac{T_1}{V_{REF}}U_1 = \frac{2^n T_{CP}}{V_{REF}}U_1$$

上式表明,第 2 次积分的时间间隔 T_2 与输入电压在 T_1 时间间隔内的平均值 U_1 成正比,即将输入电压的平均值转换成了时间间隔。输入电压越小,则 u_P 的数值就越小,从而时间间隔 T_2 就越短。

在 T_2 时间结束时,若 $FF_0 \sim FF_{n-1}$ 所组成的 n 级计数器的状态值正好是 T_2 时间间隔内的时钟脉冲个数 λ,即 $T_2=\lambda T_{CP}$,则

$$\lambda = \frac{T_2}{T_{CP}} = \frac{2^n}{V_{REF}}U_1$$

若取 $V_{REF}=2^n$,则 $\lambda=U_1$,可见,在两次积分结束时,计数器所计脉冲数 λ 对应的数字量 D_{n-1}、$\cdots$、D_1、D_0 正好等于输入电压在采样时间 T_1 内的平均值 U_1,这样就将模拟量转换成了相应的数字量。值得注意的是:应保证 $U_1 < V_{REF}$(即 $T_2 < T_1$),否则,计数结果会发生溢出。

比较阶段结束后,开关 S_2 闭合,使电容 C 放电,积分器归零,等待下次转换。被转换的输入信号也可为负值,这时只要将参考电压 V_{REF} 相应地变为正值即可。

从以上分析可知,由于这种转换电路采用了两次积分,所以转换结果不受积分时间常数的影响。另外,由于采用了输入电压在采样时间 T_1 内的平均值,因而具有很强的抗常态干扰的能力,尤其是对周期为 T_1 或 T_1 的几分之一的对称干扰信号,如交流电

网干扰等,由于在一个周期内的平均值为 0,因此,该电路对它也具有很强的抑制能力。

单片集成积分 A/D 转换器有 ADC-EK8B、ICL7109 以及 5G14433 等。

例 7-2-1 在双积分型 ADC 中,如果积分器上的电容电荷在初始状态时不能被放完,从而使积分器在 T_1 每次开始充电时有初始电压 U_1'。试问该初始电压 U_1' 是否会影响对模拟输入电压的测量结果? 为什么?

解 如果积分器上有初始电压 U_1',在 T_1 期间积分结束时,设积分器的输出电压为 u_{O1}',则

$$u_{O1}' = U_1' + \frac{1}{RC} T_1 U_1 (U_1 \text{ 为 ADC 的输入电压})$$

在转换结束时,由于仍存在初始电压 U_1',则

$$u_{O1}' - \left(\frac{1}{RC} \int_0^{T_2} V_{REF} \, dt + U_1' \right) = 0 \ (T_2 \text{ 为对 } V_{REF} \text{ 的积分时间})$$

则 $$T_2 = \frac{T_1}{V_{REF}} \cdot U_1$$

即 T_2 与积分器上的初始电压无关。积分器上存在的电压和电流偏移均不会引起任何转换误差,这也是双积分型 A/D 的优点之一。

例 7-2-2 在本教材介绍的双积分 A/D 转换器中,如输入信号的幅值大于参考电压 V_{REF},会出现什么现象?

解 如输入信号幅值大于 V_{REF},则对应的数字量将超出计数器所能计数的范围,使转换出现错误。

四、并联比较型 A/D 转换器

在如图 7-2-19 所示的电路中,V_{REF} 为已知的参考电压,比较器的输出电压为

$$u_O = \begin{cases} U_{Omax}, & u_1 > V_{REF} \\ U_{Omin}, & u_1 < V_{REF} \end{cases}$$

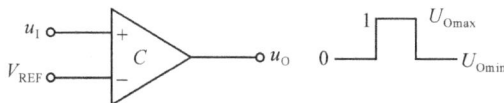

图 7-2-19 输出为一位的并行 A/D 转换器

随时间连续变化的 u_1 经一比较器 C 与 V_{REF} 比较后,输出 u_O 为只有两种数值的离散值,用 1 表示 U_{Omax},0 表示 U_{Omin},则可以认为该比较器就是输出为一位的 A/D 转换器。

为了使 A/D 转换器具有实用性,必须增加数字输出的位数。图 7-2-20 表示输出为三位的并行 A/D 转换的原理电路。由图可知,八个电阻将参考电压 V_{REF} 分成八个等级,其中七个等级的电压分别作为七个比较器 $C_1 \sim C_7$ 的参考电压,其数值分别为 $\frac{1}{14} V_{REF}$、$\frac{3}{14} V_{REF}$、$\cdots$、$\frac{13}{14} V_{REF}$。输入电压为 u_1,它的大小决定各比较器的输出状态。例如,

当 $0 \leqslant u_1 < \frac{1}{14}V_{REF}$ 时，$C_7 \sim C_1$ 的输出状态都为 0；当 $3V_{REF}/14 \leqslant u_1 < 5V_{REF}/14$ 时，比输器 C_6 和 C_7 的输出 $C_{O6} = C_{O7} = 1$，其余各比较器的状态均为 0。根据各比较器的参考电压值，可以确定输入模拟电压值与各比较器输出状态的关系。比较器的输出状态由 D-FF 存储，经优先编码器编码，得到数字输出量。根据优先编码器的逻辑功能，可得数字输出与模拟输入及比较器输出状态的关系如表 7-2-2 所示。

在上述 A/D 转换器中，输入电压同时加到所有比较器的输入端，从加入 u_1 到三位数字量的稳定输出所经历的时间为比较器、D-FF 和编码器延迟时间之和。

在不考虑各器件延迟误差的条件下，可认为三位数字量为同时获得，因此，又称之为并行 A/D 转换器。

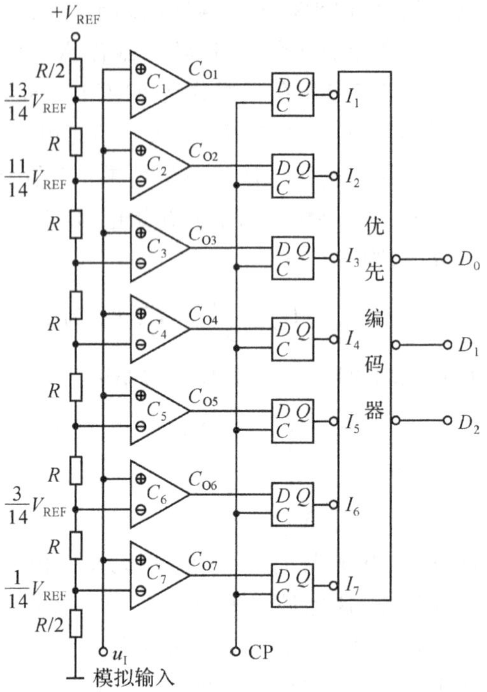

图 7-2-20　三位并行 A/D 转换器

表 7-2-2　三位并行 A/D 转换器输入与输出关系对照表

模拟输入	比较器输出状态							数字输出		
	C_{O1}	C_{O2}	C_{O3}	C_{O4}	C_{O5}	C_{O6}	C_{O7}	D_2	D_1	D_0
$0 \leqslant u_1 < \frac{1}{14}V_{REF}$	0	0	0	0	0	0	0	0	0	0
$\frac{1}{14}V_{REF} \leqslant u_1 < \frac{3}{14}V_{REF}$	0	0	0	0	0	0	1	0	0	1
$\frac{3}{14}V_{REF} \leqslant u_1 < \frac{5}{14}V_{REF}$	0	0	0	0	0	1	1	0	1	0
$\frac{5}{14}V_{REF} \leqslant u_1 < \frac{7}{14}V_{REF}$	0	0	0	0	1	1	1	0	1	1
$\frac{7}{14}V_{REF} \leqslant u_1 < \frac{9}{14}V_{REF}$	0	0	0	1	1	1	1	1	0	0
$\frac{9}{14}V_{REF} \leqslant u_1 < \frac{11}{14}V_{REF}$	0	0	1	1	1	1	1	1	0	1
$\frac{11}{14}V_{REF} \leqslant u_1 < \frac{13}{14}V_{REF}$	0	1	1	1	1	1	1	1	1	0
$\frac{13}{14}V_{REF} \leqslant u_1 < V_{REF}$	1	1	1	1	1	1	1	1	1	1

在图 7-2-20 中,八级分压网络中最上面与最下面两个电阻两端的电压值设置为 $V_{REF}/14$,其他六段均为 $2V_{REF}/14$。这样设置的理由可作如下解释:如果把数字输出量 $D_2D_1D_0=000$ 再转换成模拟量,其值应为 0V。由表 7-2-2 可知,实际上存在一误差,该误差的最大值为 $V_{REF}/14$,称之为量化误差。又如数字量 $D_2D_1D_0=001$ 转换成模拟量时,其值应为 $2V_{REF}/14$,则量化误差亦为 $V_{REF}/14$。因此,按前述设置偏压,保证了一致的量化误差。

并行 A/D 转换器的特点如下:

(1)由于转换是并行的,所以转换所需的时间是最短的。若采用 ECL 电路,转换时间可低于 20ns。

(2)随着分辨率的提高,元件数目将呈几何级上升。因此,制成分辨率较高的集成并行 A/D 是比较困难的。

(3)为了解决分辨率与元件数之间的矛盾,可采用分级并行转换的方法。如 $n=8$ 时,可用 4 位并行 A/D 转换得高四位数字量,再将高四位进行 D/A 转换得模拟量,将原输入电压与该模拟电压相减,得到的差再经 4 位 A/D 转换得低四位数字量。如此,虽牺牲了一点速度,但大大减少了元件数。

五、A/D 转换器的主要技术指标

1.分辨率

以输出二进制代码的位数来表示分辨率的高低。位数越多,说明量化误差越小,则转换的精度越高。

2.相对精度

在理想情况下,所有的转换点应当在一条直线上。相对精度的定义是指实际的各个转换点偏离理想特性的误差。

3.转换速度

通常用完成一次 A/D 转换操作所需时间来表示转换速度。转换时间是指从接到转换控制信号开始,到输出端得到稳定的数字输出信号所需要的时间。

其他参数与 D/A 转换器类似。

小　结

数控电流源的输出电流随输入数字信号的改变而改变,是实现电流源输出电流数字化控制的有效手段。本部分内容以数控电流源这个项目作为载体,引出了 D/A 和 A/D 内容的介绍。

A/D 和 D/A 转换器是现代数字系统中的重要组成部件,它是沟通数字量和模拟量之间的桥梁,也是模拟电路和数字电路的综合应用。

本项目讨论了 T 型电阻 D/A 转换器,由于其电阻网络只要求两种阻值的电阻,最适合于集成工艺,所以集成 D/A 转换器普遍采用了这种结构。逐次渐近型 A/D 转换器是一种直接 A/D 转换器,其转换速度不及并行比较型快,但要比双积分型快得多,而在位数较多时所用的器件却远比并行比较型少。双积分型 A/D 转换器则是一种间接 A/D 转换器,其转换精度较高,具有很强的抗工频干扰能力,在数字测量中得到广泛应用。转换精度和转换速度是衡量 A/D 和 D/A 转换器的重要技术指标,也是选择转换器的主要依据。

思考题与习题

7-1　D/A 转换器的位数与分辨率有什么关系?为什么?

7-2　在如图 7-2-1 所示电路中,设输入 $D_3D_2D_1D_0=0110$,$V_{REF}=-10V$,试求输出电压 u_O 的数值。

7-3　将如图 7-2-1 所示的 T 型电阻 D/A 转换器扩展为 8 位,已知 $V_{REF}=-10V$,测得输出电压 $u_O=7.03V$,试求输入二进制数 D。

7-4　题图所示为一权电阻 D/A 转换器电路,试推导出电压 u_O 与开关变量 S_i 的关系式。

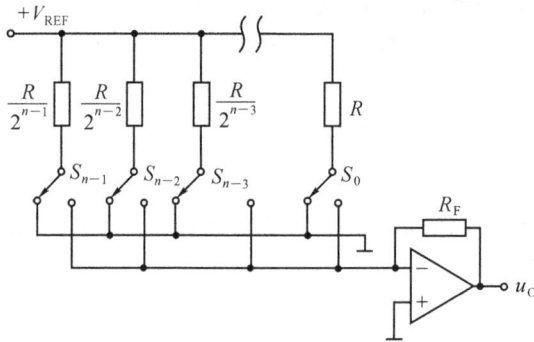

题 7-4 图

7-5　试计算 8 位单极性 D/A 转换器的数字输入量分别为 7FH、81H、F3H 时模拟输出电压的值,其满度电压为 +10V。

7-6*　D/A 转换器如题图所示,已知:$R=20k\Omega$,$R_F=10k\Omega$,$V_{REF}=-10V$。

(1)求 $r=96k\Omega$、$D=D_7D_6\cdots D_1D_0=00101010$ 时输出电压 u_O 的值;

(2)求 $r=160k\Omega$、$D=00101010$ 时输出电压 u_O 的值;

(3)说明 $r=8R$ 和 $r=4.8R$ 时 u_O 电路分别为何种码制的 D/A 转换器?

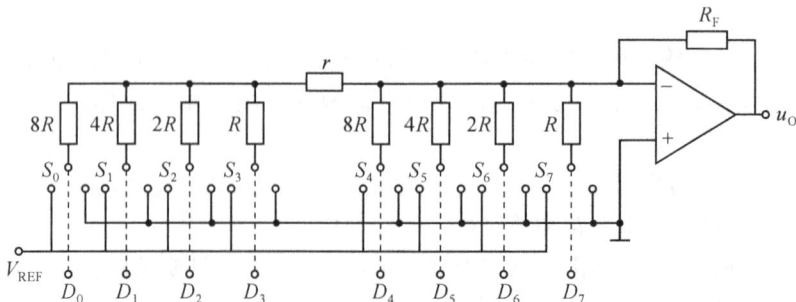

题 7-6 图

7-7　试比较并行比较型、逐次渐近型和双积分型三种 A/D 转换器的主要优缺点,指出它们各在什么情况下采用。

7-8　何谓量化、量化值、量化单位及量化误差?

7-9　在 10 位逐次渐近型 A/D 转换器中,设时钟信号频率为 1MHz,试计算完成一次转换所需要的时间。

7-10　说明图 7-2-20 所示的并行 A/D 转换器的工作原理。绝对精度是多少? 用与非门设计出编码器,要求以自然二进制码输出。

7-11　双积分型 A/D 转换器如图 7-2-17 所示,其中计数器为 8 位(由 $FF_0 \sim FF_7$ 组成),时钟脉冲的频率为 1MHz,$V_{\mathrm{REF}} = -10\mathrm{V}$。

　　(1)计算 $u_1 = 3.75\mathrm{V}$ 时,第 1 次和第 2 次积分的时间 T_1、T_2。说明转换完成后,计数器的状态。

　　(2)计算 $u_1 = 2.5\mathrm{V}$ 时的 T_1、T_2。说明转换完成后,计数器的状态。

　　(3)计算当 $u_1 = 11.25\mathrm{V}$ 时的 T_1、T_2。说明转换完成后计数器的状态,此时转换器的工作正常吗?

　　(4)若将 V_{REF} 改为 $+6\mathrm{V}$,CP 的频率仍为 1MHz,试问当 $u_1 = 3.75\mathrm{V}$ 时,T_1、T_2 应各是多少微秒? 计数器的状态应如何?

7-12　试用 4 位同步二进制计数器 CT74LS161、D/A 转换器 DAC0832、二输入与非门、运算放大器设计一个能产生如题图所示的 10 阶梯形波发生器。

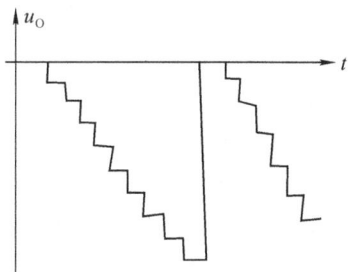

题 7-12 图

用存储器和 PLD 实现组合逻辑功能

本项目典型工作任务

▲ 典型工作任务一:用存储器实现组合逻辑功能

▲ 典型工作任务二:用 PLD 实现组合逻辑功能

本项目配套知识

▲ 只读存储器

▲ 随机存储器

▲ 可编程序逻辑器件(PLD)

本项目建议学时数

▲ 8 学时

本项目的任务及目标

▲ 了解只读存储器 ROM 的性能特点,了解不同 ROM 在实际中的应用。

▲ 认识随机存储器 RAM 的性能特点,了解不同 RAM 在实际中的应用。

▲ 学会用存储器实现组合逻辑功能电路。

▲ 认识可编程序逻辑器件(PLD),了解 PLD 使用常识。

▲ 学会用 PLD 实现组合逻辑功能。

8.1 典型工作任务

8.1.1 典型工作任务一:用存储器实现组合逻辑功能

一、所需知识

1.只读存储器 ROM 的性能特点,不同 ROM 在实际中的应用,详见 8.2.1 小节。

2.随机存储器 RAM 的性能特点,不同 RAM 在实际中的应用,详见 8.2.2 小节。

二、所需能力

1.分析组合逻辑功能的能力。

2.逻辑功能与各类逻辑表达式之间转换的能力。

3.逻辑图识读的能力。

三、参考工作过程

1.资料及知识预备:教师下发典型工作任务书,讲解 ROM 的基本性能特点、不同 ROM 及其特点,实际应用举例,典型 ROM 逻辑图的识读。

2.计划与方案的制订:学生人员分工,制订工作计划,列出所需元器件和仪器仪表清单;教师审核工作计划与实施方案,引导学生确定可行的最终工作计划与实施方案。

3.实施:学生进行元器件的测试,绘制电路安装图,做好安装测试工作,分析排除电路故障。

4.汇报与评估:

① 学生汇报计划与方案的实施过程,回答同学与教师的相关提问。

② 教师与同学共同分析评价工作任务的计划与实施过程,重点检查电路的识读能力。

③ 自评、互评、教师点评相结合:本组学生在汇报前先进行自评,并把自评小结进行全班汇报;以小组为单位分别对其他组的工作计划、过程与结果进行评价,并提出建议;教师对自评和互评结果进行评价,指出每个小组成员完成计划、方案及所得结果的优点,并提出改进意见。

四、参考任务方案简介

任务目标:用 ROM 实现下列组合逻辑函数

$Y_1 = A \oplus B \oplus C = \bar{A}\,\bar{B}C + \bar{A}B\bar{C} + A\bar{B}\bar{C} + ABC$

$Y_2 = AB + AC + BC$

$Y_3 = AB\bar{D} + BCD + \bar{B}\,\bar{C}D$

$Y_4 = \bar{A}\,\bar{C} + B\bar{C} + \bar{B}D + A\bar{B}C$

分析:按 A、B、C、D 排列变量,并将 Y_1、Y_2 扩展成为 4 变量的逻辑函数,得最小项表达式如下:

$Y_1 = \sum m(2,3,4,5,8,9,14,15)$

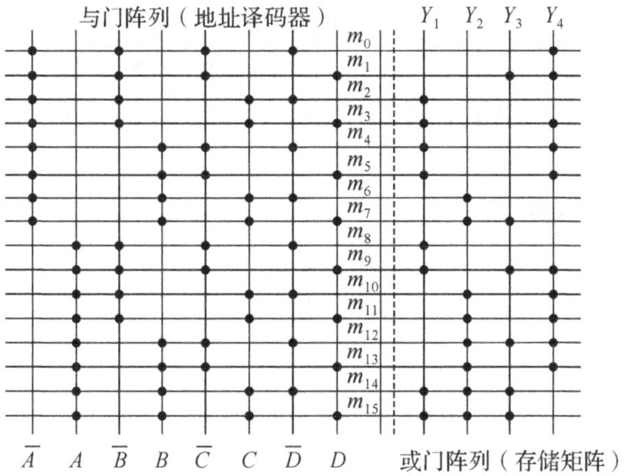

图 8-1-1　用 ROM 实现逻辑电路功能

$$Y_2 = \sum m(6,7,10,11,12,13,14,15)$$

$$Y_3 = \sum m(1,7,9,12,14,15)$$

$$Y_4 = \sum m(0,1,3,4,5,9,10,11,12,13)$$

选择 ROM,画阵列图见图 8-1-1。

8.1.2 典型工作任务二:用 PLD 实现组合逻辑功能

一、所需知识

1. 可编程序逻辑器件(PLD),PLD 使用常识,详见 8.2.3 小节。

2. 逻辑问题的描述方法。

二、所需能力

1. 分析组合逻辑功能的能力。

2. 逻辑功能与各类逻辑表达式之间转换的能力。

3. 逻辑图识读的能力。

三、参考工作过程

1. 资料及知识预备:教师下发典型工作任务书,讲解 PLD 的基本性能特点、不同 PLD 及其特点,实际应用举例,典型 PLD 逻辑图的识读。

2. 计划与方案的制订:学生人员分工,制订工作计划,列出所需元器件和仪器仪表清单;教师审核工作计划与实施方案,引导学生确定可行的最终工作计划与实施方案。

3. 实施:学生进行元器件的测试,绘制电路安装图,做好安装测试工作,分析排除电路故障。

4. 汇报与评估:

① 学生汇报计划与方案的实施过程,回答同学与教师的相关提问。

② 教师与同学共同分析评价工作任务的计划与实施过程,重点检查电路的识读能力。

③ 自评、互评、教师点评相结合:本组学生在汇报前先进行自评,并把自评小结进行全班汇报;以小组为单位分别对其他组的工作计划、过程与结果进行评价,并提出建议;教师对自评和互评结果进行评价,指出每个小组成员完成计划、方案及所得结果的优点,并提出改进意见。

四、参考任务方案简介

任务目标:用 PLD 实现下列组合逻辑函数

$$Y_1 = A \oplus B \oplus C = \overline{A}\,\overline{B}C + \overline{A}B\overline{C} + A\overline{B}\,\overline{C} + ABC$$

$$Y_2 = AB + AC + BC$$

$$Y_3 = AB\overline{D} + BCD + \overline{B}\,\overline{C}D$$

$$Y_4 = \overline{A}\,\overline{C} + B\overline{C} + \overline{B}D + A\overline{B}C$$

分析:选择 PLD,画阵列图见图 8-1-2。

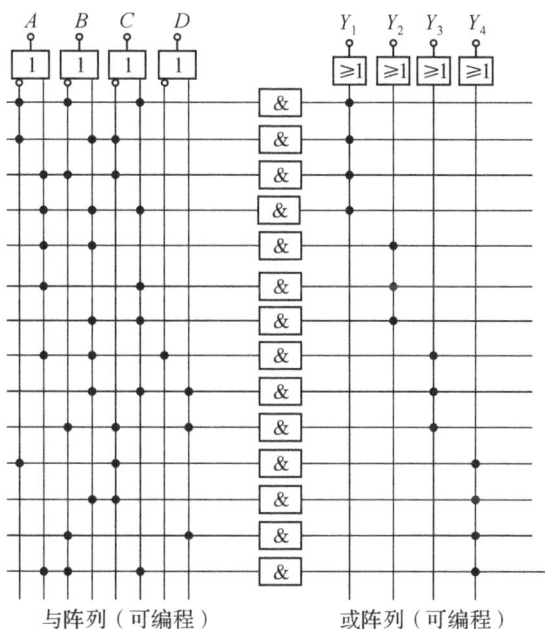

图 8-1-2　用 PLD 实现逻辑电路功能

8.2　相关配套知识

8.2.1　只读存储器

存储器是用来储存程序和数据等信息的器件,也是电子计算机不可缺少的组成部分。按照读写功能的不同,半导体存储器可以分为只读存储器(ROM)和随机存储器(RAM)。

只读存储器 ROM 是存放固定信息的存储器。在制造时,把信息写入存储器,正常使用时只能对其读取操作,不能写入。在断电时,存储器中的信息也不会丢失,即 ROM 具有非易失性的特点。

根据制造工艺的不同,ROM 分为二极管 ROM、双极型 ROM 和 MOS 型三种。根据编程方法的不同,ROM 可分为固定 ROM 和可编程 ROM。可编程序 ROM 又可分为一次可编程序的 PROM、光电可擦除可编程序的 EPROM、电可擦除可编程序的 E^2 PROM 和快闪存储器等。

一、固定 ROM

固定 ROM 在制造时,采用掩膜技术把数据写入存储器,因此,固定 ROM 又称为掩膜 ROM,一旦 ROM 制造成功,其数据也就固定不变。

ROM 的结构图如图 8-2-1 所示,它由地址译码器、存储矩阵、输出电路三部分组成。

地址译码器有 n 个输入端,有 2^n 个输出信息,每个输出信息对应一个信息单元,而每个单元存放一个字,共有 2^n 个字(W_0、W_1、$\cdots$、W_{2^n-1} 称为字线)。每个字有 m 位,每位对应

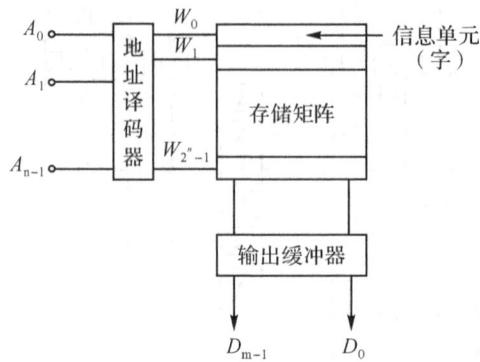

图 8-2-1　ROM 结构方框图

从 D_0、D_1、$\cdots$、D_{m-1} 输出(称为位线)。所以存储器的容量是 $2^n \times m$(字线×位线)。

　　存储矩阵由许多存储单元组成,每个存储单元存放 1 位二进制码。存储单元可以由二极管、晶体管或者场效应管组成,分别构成二极管 ROM 电路、晶体管 ROM 电路和场效应晶体管 ROM 电路。

　　输出缓冲器的作用是提高带负载的能力,并将存储矩阵输出的高低电平转换为标准的逻辑电平输出。输出缓冲器通常由三态门或者 OC 门组成。

　　一个 $2^2 \times 4$ 位二极管 ROM 的电路如图 8-2-2 所示,通常 A_1、A_0 作为地址线,W_0 $\sim W_3$ 称为字线,$D_0 \sim D_3$ 称为位线。输入两条地址线,决定它有四个地址单元,经过地

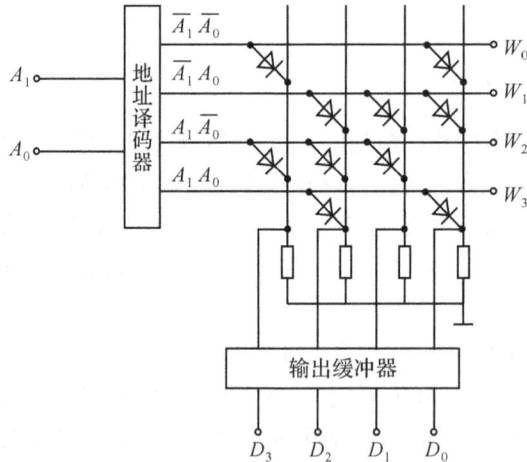

图 8-2-2　二极管 ROM

址译码器输出后对应有 4 位数据 $W_0 \sim W_3$。地址译码器构成的与门电路,其中 $W_0 \sim$ W_3 输出和输入 A_1、A_0 为与逻辑关系,即

$$W_0 = \overline{A_1}\,\overline{A_0} \quad W_1 = \overline{A_1}A_0 \quad W_2 = A_1\overline{A_0} \quad W_3 = A_1 A_0$$

　　存储矩阵电路由二极管构成的或门电路组成。其位线的输出 $D_0 \sim D_3$ 和字线 W_0 $\sim W_3$ 为或逻辑关系,即

$$D_3 = W_0 + W_2 \quad D_2 = W_1 + W_2 + W_3 \quad D_1 = W_1 + W_2 \quad D_3 = W_0 + W_1 + W_3$$

从图中可以看出对应的字的读出方法如图 8-2-3 所示。

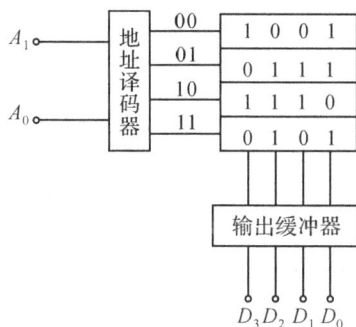

图 8-2-3　字的读出方法

在二极管 ROM 电路图中,如果用晶体管或者 MOS 管来代替存储矩阵电路中的二极管,那么就变成了晶体管 ROM 或 MOS 管 ROM 电路,其电路原理图和工作原理,请读者自己分析。

二、可编程只读存储器(PROM)

由于固定 ROM 采用掩膜技术,其数据固定,不能修改。为了能自己修改 ROM 中的数据,出现了可编程序 ROM(PROM)。PROM 是在固定 ROM 上发展起来的,其存储单元的结构仍然是用二极管、晶体管作为受控开关,不同的是在等效开关电路中串接了一个熔丝,如图 8-2-4 所示。

在 PROM 中,每个字线和位线的交叉点都接有一个这样的熔丝开关电路,在编程前,存储矩阵中的全部存储单元的熔丝都是连通的,即每个单元存储的都是 1。用户可根据需要,借助一定的编程工具,将某些存储单元上的熔丝用大电流烧断,该单元存储的内容就变为 0。熔丝烧断后不能再接上,故 PROM 只能进行一次编程,也就是说,存储器芯片经编程后,只能读出,不能再写入。

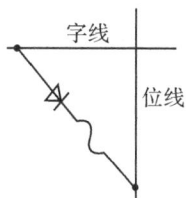

图 8-2-4　PROM 的可编程序存储单元

三、可擦可编程 ROM(EPROM)

为了能多次改写 ROM 所存储的内容,又出现了可擦除可编程只读存储器,也称为 EPROM。

最早出现的是用紫外线照射擦除的 EPROM。它的存储单元结构是用一个特殊的浮置栅 MOS 管(N 沟道或 P 沟道)来替代熔丝,这种浮置栅 MOS 管又称为 FAMOS 管。如图 8-2-5 所示。

当浮置栅带负电荷时,FAMOS 管处于导通状态,源极-漏极可看成短路,所存信息是 0。若浮置栅上不带有电荷,则 FAMOS 管截止,源极-漏极间可视为开路,所存信息是 1。浮置栅 EPROM 出厂时,所有存储单元的 FAMOS 管浮置栅都不带电荷,FAMOS 管处于截止状态。写入信息时,在对应单元的漏极与衬底之间加足够高的反向电压,使漏极与衬

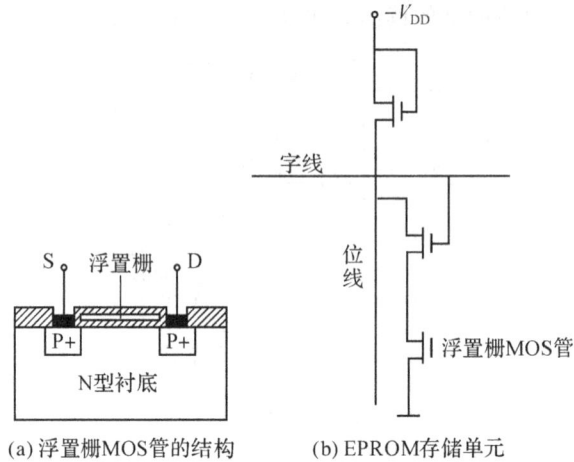

(a) 浮置栅MOS管的结构　　(b) EPROM存储单元

图 8-2-5　浮置栅 EPROM

底之间的 PN 结产生击穿,雪崩击穿产生的高能电子堆积在浮置栅上,使 FAMOS 管导通。当去掉外加反向电压后,由于浮置栅上的电子没有放电回路能长期保存下来,在正常的环境温度下,70%以上的电荷能保存 10 年以上。如果用紫外线照射 FAMOS 管 10～30 分钟,浮置栅上积累的电子形成光电流而泄放,使导电沟道消失,FAMOS 管又恢复为截止状态。为便于擦除,芯片的封装外壳装有透明的石英盖板。

四、其它 ROM 简介

1. EEPROM

用电气方法在线擦除和编程的只读存储器称为 EEPROM。存储单元通常采用浮栅隧道氧化层 MOS 管。写入的数据在常温下至少可以保存十年,擦除/写入次数为 1 万次～10 万次。

2. 快闪存储器 Flash Memory

采用与 EPROM 中的浮置栅 MOS 管相似的结构,同时保留了 EEPROM 用隧道效应擦除的快捷特性,是一种电子式可清除程序化只读存储器。理论上属于 ROM 型存储器;功能上相当于 RAM(Static Random Access Memory,半导体内存的一种,属 RAM)。单片容量已达 64MB,可重写编程的次数已达 100 万次。现在已越来越多取代 EPROM,并广泛应用于通信设备、办公设备、医疗设备,工业控制等领域。

3. 非易失性静态读写存储器 NVSRAM

是由美国 Dallas 半导体公司推出,为封装一体化的电池后备供电的静态读写存储器。它以高容量长寿命锂电池为后备电源,在低功耗的 SRAM 芯片上加上可靠的数据保护电路构成,其性能和使用方法与 SRAM 一样。在断电情况下,所存储的信息可保存 10 年。其缺点主要是体积稍大,价格较高。此外,还有一种 NVSRAM 不需电池作后备电源,它的非易失性是由其内部机理决定的。

4. 串行存储器

串行存储器是为适应某些设备对元器件的低功耗和小型化的要求而设计的。主要特点:所存储的数据是按一定顺序串行写入和读出的,故对每个存储单元和访问与它在存储器中的位置有关。

5. 多端口存储器 MPRAM

多端口存储器是为适应更复杂的信息处理需要而设计的一种在多处理机应用系统中使用的存储器。主要特点:有多套独立的地址机构(即多个端口),共享存储单元的数据。多端口 RAM 一般可分为双端口 SRAM、VRAM、FIFO、MPRAM 等几类。

表 8-2-1 为常见存储器的规格和型号。

表 8-2-1　常见存储器规格型号

类型	SRAM	EPROM	EEPROM	FLASH	NVSRAM	双口 RAM
2K×8	6116	2716	2816		DS1213B	7132/7136
4K×8		2732			DS1213B	
8K×8	6264	2764	2864		DS1213B	
16K×8		27128				
32K×8	62256	27256	28256	28F256	DS1213D	
64K×8		27512	28512	28F512		
128K×8	628128	27010	28010	28F010	DS1213D	
256K×8	628256	27020	28020	28F020		
512K×8	628512	27040	28040	28F040	DS1650	
1M×8	6281000	27080	28080	28F080		

8.2.2　随机存储器

随机存取存储器又叫随机读/写存储器,简称 RAM,指的是可以从任意选定的单元读出数据,或将数据写入任意选定的存储单元。停电后,RAM 里存储的所有信息都将丢失,所以 RAM 是易失性存储器。

按照工作方式的不同,RAM 分为静态 RAM(SRAM)和动态 RAM(DRAM)两种。按照所使用器件的不同,RAM 又分为双极型 RAM 和 MOS 型 RAM 两种。双极型 RAM 的工作速度快、功耗大、价格高、集成度低、用于速度要求高的场合;MOS 型 RAM 的功耗低、价格低、集成度高、工作速度比较慢,使用比较普及。

一、RAM 的基本结构

RAM 的基本结构如图 8-2-6 所示,它由地址译码器、存储矩阵和输入/输出控制电路三个部分组成。从图中可以看出,RAM 电路中有地址线、控制线和数据线三类信号线。

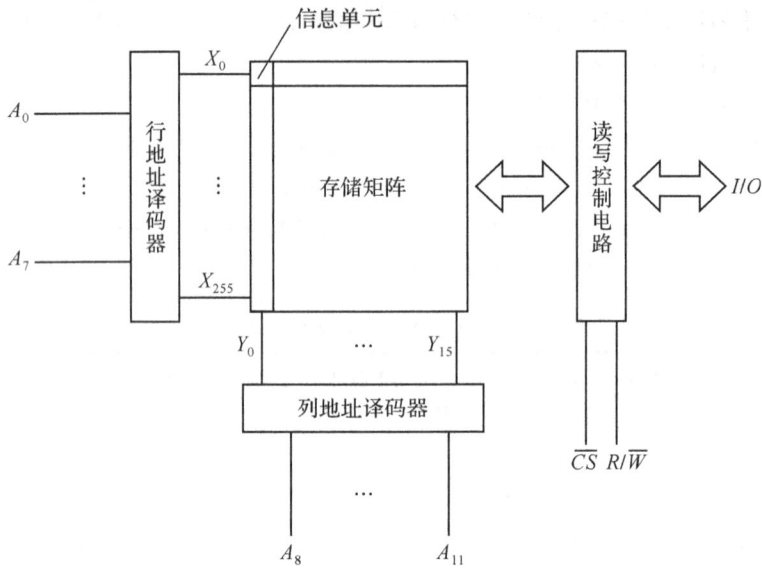

图 8-2-6　RAM 的基本结构框图

1. 存储矩阵

存储矩阵由许多存储单元构成,存储单元通常排成矩阵的形式,每个存储单元存放 1 位二进制数据。存储器以字为单位组织内部结构,一个字含有若干个存储单元,1 个字所包含存储单元的个数称为字长,存储器的字长也叫存储器的位数。字数与字长的乘积叫做存储器的容量,存储器的容量越大,存储的信息就越多。如图 8-2-7 中共有 2^5 行×2^5 列共 2^{10}(1024)个信息单元。

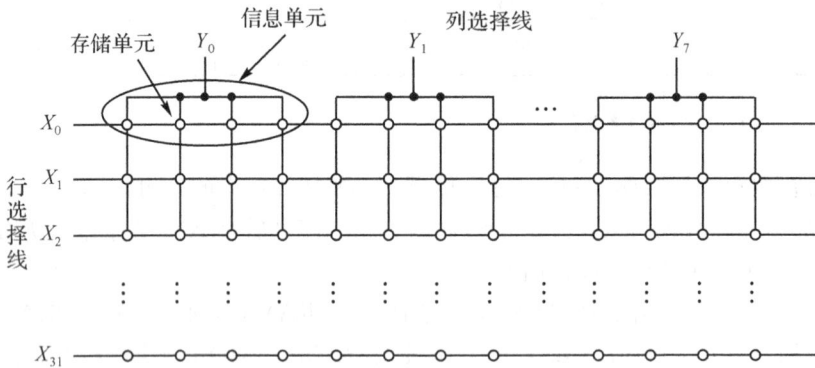

图 8-2-7　RAM 存储矩阵示意图

RAM 有多字一位和多字多位两种结构形式。在多字一位结构中,存储器的容量就是字数的大小,例如一个容量为 1024×1 位的 RAM,总共有 1024 个存储单元。在多字多位结构中,每个存储器都有多位,例如一个 256×4 位的 RAM,总共有 1024 个存储单元,这些存储单元可以排成 32 行×32 列的矩阵形式,其存储矩阵的电路如图 8-2-7 所示。图中每行有 32 个存储单元,可存储 8 个字;每 4 列存储单元连接在相同的列地址译码线上,组成一个字列,每个字列可存储 32 个字。每一根行地址线选中一行,每一根列地址线选中一个字列,这样就有 32 根行地址选择线,有 8 根列地址选择线。

2. 地址译码器

存储器以字为单位进行访问,为了区分不同的字单元,将每一个字单元赋一个代号,称为地址。不同的存储单元具有不同的地址。在进行读、写操作过程中,要将外部输入的地址经过译码器译码后,再找到对应的地址单元进行读、写操作。

地址译码器的作用是将输入的地址译成相应的控制信号,这些控制信号通过输出缓冲器访问存储矩阵中的存储单元。RAM 译码器一般采用两级译码,即行地址译码器和列地址译码器。行、列地址译码器的输出作为存储矩阵的行、列地址选择线,行、列地址选择线的交点就是要选择的地址单元。

3. 输入/输出控制电路

输入/输出控制电路用来对电路的工作状态进行控制,一般电路中有读写控制信号 $R/\overline{W}$ 和片选信号 $\overline{CS}$ 两种控制信号。片选信号 $\overline{CS}$ 决定芯片是否被选中,即是否工作;读写控制信号 $R/\overline{W}$ 决定电路是处于读取状态还是处于写入状态。如图 8-2-6,当 $\overline{CS}=0$ 时,RAM 被选中工作。若 $A_{11}A_{10}A_9A_8A_7A_6A_5A_4A_3A_2A_1A_0=000000000000$ 表示选中列地址为 $A_{11}A_{10}A_9A_8=0000$、行地址为 $A_7A_6A_5A_4A_3A_2A_1A_0=00000000$ 的存储单元。此时只有 X_0 和 Y_0 为有效,则选中第一个信息单元的 k 个存储单元,可以对这 k 个存储单元进行读出或写入。若此时 $R/\overline{W}=1$,则执行读操作,将所选存储单元中的数据送到 I/O 端上。若此时 $R/\overline{W}=0$ 时,进行写入数据操作。当 $CS=1$ 时,不能对 RAM 进行读写操作,所有输出端均为高阻态。

二、RAM 的存储单元

RAM 的存储单元按工作原理分为静态和动态两种类型。静态存储单元利用基本 RS 触发器存储信息,保存的信息不易丢失。动态存储单元利用 MOS 的栅极电容来存储信息,由于电容的容量很小,以及漏电流的存在,为了保持信息,必须定时给电容充电,通常称为刷新。

三、常用芯片 6264 简介

Intel6264 芯片引脚图如 8-2-8 所示。它是 8K×8 位的 SRAM,它采用 CMOS 工艺制成,+5V 单电源供电,额定功耗为 200mW,典型读取时间为 200ns,封装形式为 DIP28,其中有 13 条地址线 $A_0\sim A_{12}$;8 条双向数据线 $D_0\sim D_7$;$\overline{CS_1}$ 为片选信号线 1,低电平有效;CS_2 为片选信号 2,高电平有效,$\overline{OE}$ 为读允许信号线,低电平有效,$\overline{WE}$ 为写允许信号线,低电平有效。表 8-2-2 所示为 6264 的工作方式。

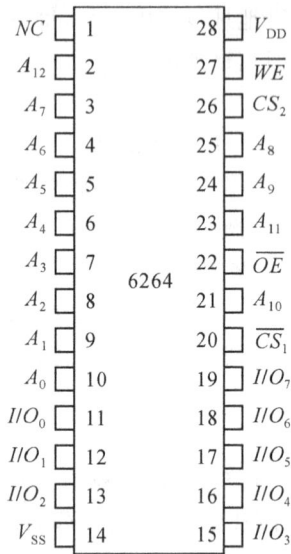

图 8-2-8 中 6264 引脚图（左侧从上到下）：

引脚	编号	编号	引脚
NC	1	28	V_{DD}
A_{12}	2	27	$\overline{WE}$
A_7	3	26	CS_2
A_6	4	25	A_8
A_5	5	24	A_9
A_4	6	23	A_{11}
A_3	7	22	$\overline{OE}$
A_2	8	21	A_{10}
A_1	9	20	$\overline{CS_1}$
A_0	10	19	I/O_7
I/O_0	11	18	I/O_6
I/O_1	12	17	I/O_5
I/O_2	13	16	I/O_4
V_{SS}	14	15	I/O_3

（中间标注 6264）

图 8-2-8　6264 引脚图

表 8-2-2　6264 的工作方式表

$\overline{WE}$	$\overline{CS_1}$	CS_2	$\overline{OE}$	$I/O_0 \sim I/O_7$	工作状态
×	H	×	×	高阻	未选中
×	×	L	×	高阻	未选中
H	L	H	H	高阻	输出禁止
H	L	H	L	数据输出	读操作
L	L	H	H	数据输入	写操作
L	L	H	L	数据输入	写操作

8.2.3　可编程序逻辑器件（PLD）

可编程序逻辑器件（PLD）是厂家作为一种通用型器件生产的半导体电路，用户可以利用软、硬件开发工具对器件进行设计和编程，使之实现所需要的逻辑功能。它不仅速度快、集成度高，而且几乎能随心所欲完成定义的逻辑功能，还可以加密和重新编程，其编程次数最大可达 1 万次以上。PLD 自 20 世纪 70 年代面世以来，得到了迅猛的发展，很快受到了电子设计者的青睐。现已广泛用于计算机硬件、工业控制、智能仪表、通讯设备和医疗电子仪器等多个领域。

一、PLD 基础

1. PLD 的基本结构

PLD 电路的基本结构可以用组合逻辑电路的基本结构来表示，如图 8-2-9 所示。它由输入电路、与阵列、或阵列和输出电路四部分组成。

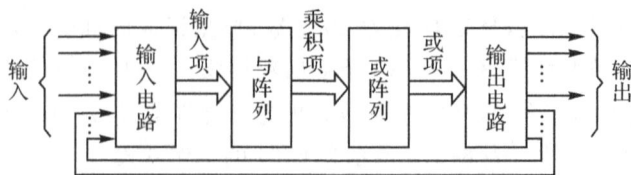

图 8-2-9　PLD 的基本结构框图

与阵列的每个输入端都有输入缓冲电路，从而使输入信号具有足够的驱动能力，并产生原变量和反变量两个互补信息。有些 PLD 的输入电路还包含锁存器，甚至是一些可以组态的输入宏单元，可对输入信号进行预处理。PLD 的输出方式有多种，可以是或阵列直接输出，也可以通过寄存器输出，输出可以是低电平有效，也可以是高电平有效;不管采用什么方式,在输出端口上往往带有三态电路,且有内部通路可以将输出信号反馈到与阵列输入端。

2. PLD 的表示方法

几种常见的 PLD 逻辑符号表示方法如图 8-2-10 所示。

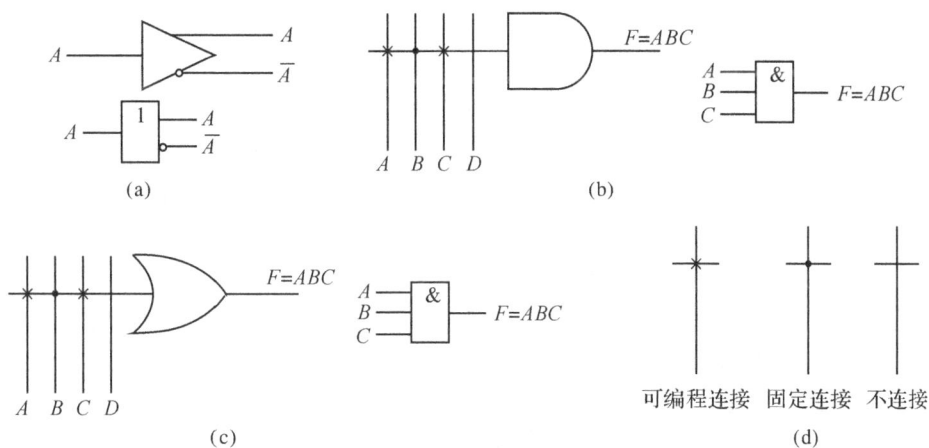

图 8-2-10 几种常用逻辑符号表示方法

3. PLD 的分类

PLD 主要有两大阵列组成,按各阵列是固定阵列还是可编程阵列,以及输出电路是固定还是可组态来划分,可以分为以下几类。

①可编程只读存储器 PROM PROM 的基本结构包含一个固定的与阵列,其输出加到一个可编程的或阵列上。大多用来存储计算机程序和数据,此时固定的输入用作存储器地址,输出是存储器单元的内容,如图 8-2-11 所示。

②可编程逻辑阵列 PLA PLA 是由可编程的与阵列和可编程的或阵列构成,在实现逻辑函数时有极大的灵活性,然而这种结构编程困难,且造价昂贵,如图 8-2-12 所示。

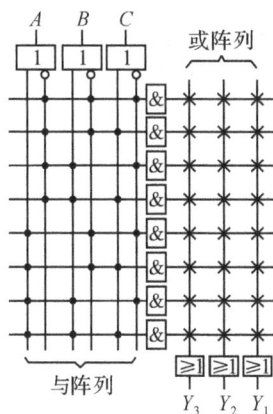

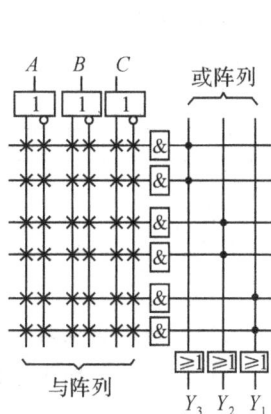

图 8-2-11 PROM 的阵列结构   图 8-2-12 PLA 的阵列结构   图 8-2-13 PAL 的阵列结构

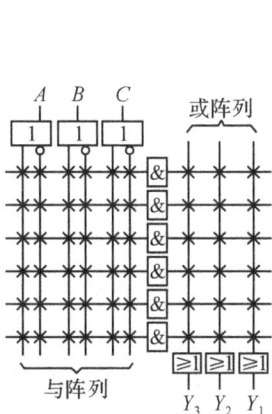

③可编程阵列逻辑 PAL　PAL 器件结合了 PLA 的灵活性和 PROM 的廉价和易于编程的特点,其基本结构是包含一个可编程的与阵列和一个固定的或阵列,如图 8-2-13 所示。

④通用逻辑阵列 GAL　GAL 器件是在其他 PLD 器件的基础上发展起来的逻辑芯片,它的结构继承了 PAL 器件的与—或结构,并在这一基础上有了新的突破,增加了输出逻辑宏单元结构,见本节"三"相关内容。

各种结构的主要区别如表 8-2-3 所示。

表 8-2-3　PLD 的分类

分　类	与阵列	或阵列	输出电路
PROM	固定	可编程	固定
PLA	可编程	可编程	固定
PAL	可编程	固定	固定
GAL	可编程	固定	可组态

二、可编程阵列逻辑 PAL

1.PAL 的基本结构

PAL 是可编程序与阵列、固定或陈列。

2.PAL 的命名规则

PAL 的型号很多,命名规则如图 8-2-14 所示。

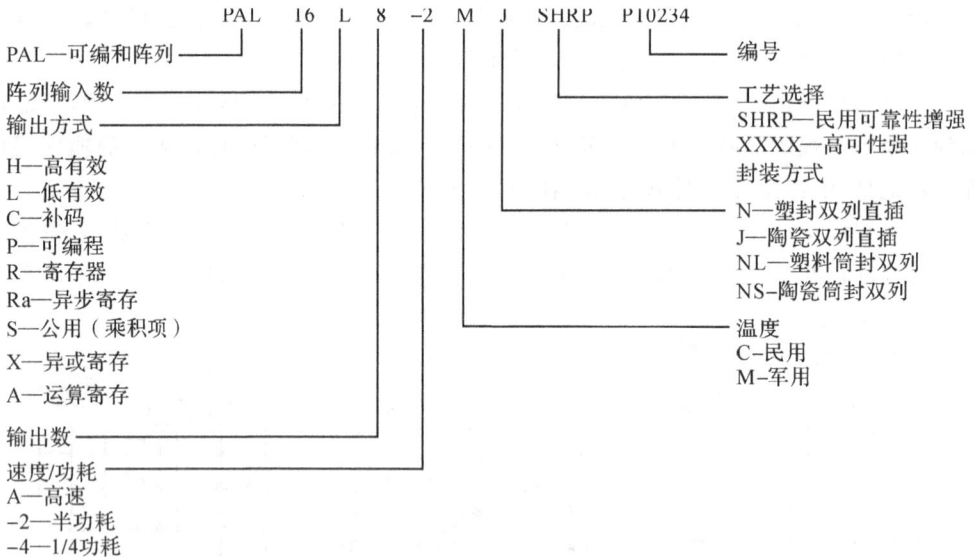

图 8-2-14　PAL 的命名

3.PAL 的输出电路

PAL 器件按其输出电路的结构分,常用的有四种形式:

①专用输出结构。

图 8-2-15 所示为一个专用输出电路的逻辑图。输出端只能输出信号,不能兼作输

入,且只能实现组合逻辑函数。目前常用的产品有 PAL10L8 等。

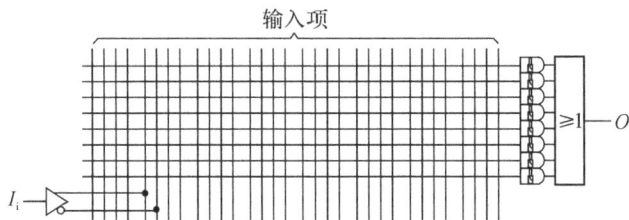

图 8-2-15　PAL 专用输出结构

②可编程 I/O 结构。

图 8-2-16 所示为一个可编程 I/O 输出电路逻辑图。输出端有一个三态缓冲器,三态门受一个乘积项的控制。当三态门禁止,输出呈高阻状态时,I/O 引脚作输入用;当三态门未被禁止时,I/O 引脚作输出用。

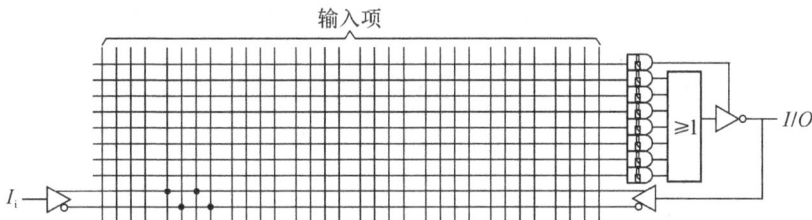

图 8-2-16　PAL 可编程 I/O 结构

③图 8-2-17 所示为一个寄存器输出电路逻辑图。输出端有一个 D 触发器,在使能端的作用下,触发器的输出信号经三态门缓冲输出。因而能记忆原来的状态,从而实现时序逻辑功能。

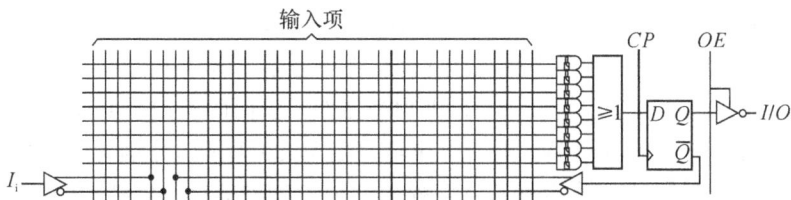

图 8-2-17　寄存器输出结构

④异或—寄存器型输出结构。

图 8-2-18 所示为一个异或—寄存器型输出电路逻辑图。输出部分有两个或门,它们的输出经异或门后再经 D 触发器和三态缓冲器输出,这种结构便于对与或逻辑阵列输出的函数求反。

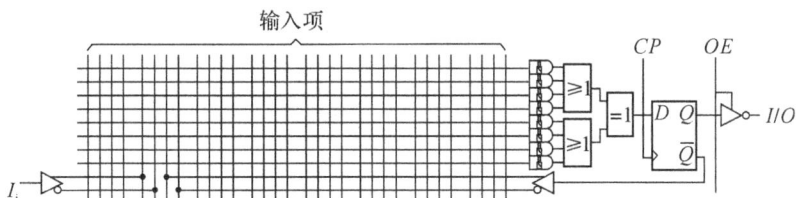

图 8-2-18　异或—寄存器型输出结构

4.PAL 的优点

①提高了功能密度,节省了空间。通常一片 PAL 可以代替 4～12 片 SSI 或 2～4 片 MSI。同时,虽然 PAL 只有 20 多种型号,但可以代替 90% 的通用器件,因而进行系统设计时,可以大大减少器件的种类。

②提高了设计的灵活性,且编程和使用都比较方便。

③有上电复位功能和加密功能,可以防止非法复制。

三、通用可编程逻辑器件 GAL

GAL 器件是 20 世纪 80 年代初美国 Lattice 半导体公司研制的一种可电擦写、可重复编程、可设置加密的新型的 PLD 器件。GAL 和 PAL 有着类似的可编程与阵列和固定或阵列,它们的区别在于:①PAL 是 PROM 熔丝工艺,为一次编程器件,而 GAL 是 E^2PROM 工艺,可重复编程;②PAL 的输出是固定的,而 GAL 用一个可编程的输出逻辑宏单元(OLMC)作为输出电路。GAL 比 PAL 更灵活,功能更强,应用更方便,几乎能替代所有的 PAL 器件。

目前市场上供应最多的是 GAL16V8 和 GAL20V8 两种系列的产品。现以 GAL16V8 为例,画出 GAL 的逻辑电路如图 8-2-19 所示。

GAL16V8 有五部分组成:

①输入端:GAL16V8 有 8 个固定的输入端 2～9 脚,每个输入端接有一个互补输出的缓冲器,输出两个互补的信号到与阵列。

②与阵列部分:由 8×8 个与门构成的与阵列,共形成 64 个乘积项,每个与门有 32 个输入项,由 8 个输入的原变量、反变量和 8 个反馈信号的原变量、反变量组成,故可编程与阵列共有 32×8×8=2048 个可编程单元。

③系统时钟:GAL16V8 的 1 脚为系统时钟输入端,与每个输出宏单元中 D 触发器时钟端相连,因此 GAL 可实现同步时序电路,但不能实现异步时序电路。

④输出三态控制端:GAL16V8 的 11 脚为器件三态门的控制公共端。

输出逻辑宏单元:GAL16V8 共有 8 个输出宏单元 OLMC,分别对应于集成块的 12～19 脚。每个宏单元的电路均可通过编程的方法,实现 PAL 输出结构的所有功能。

OLMC 的结构如图 8-2-20 所示,它有四个部分组成。

①或门:有 8 个输入端,和来自与阵列的 8 个乘积项(PT)相对应。

②异或门:用于选择输出信号的极性。

③D 触发器:使 GAL 适用于时序逻辑电路。

④4 个多路开关(MUX):在结构控制字段作用下设定输出逻辑宏单元的状态。

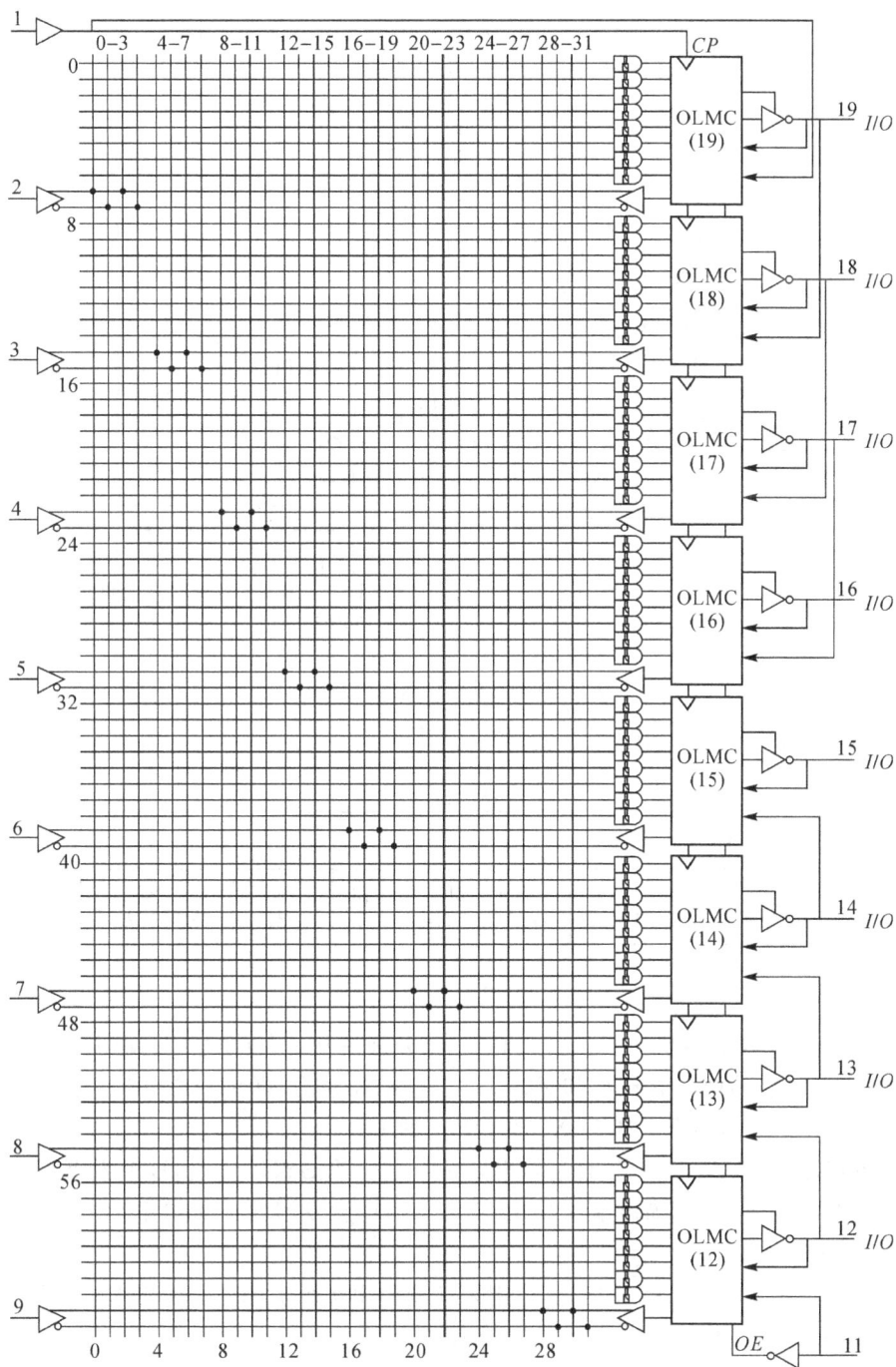

图 8-2-19   GAL16V8 的逻辑图

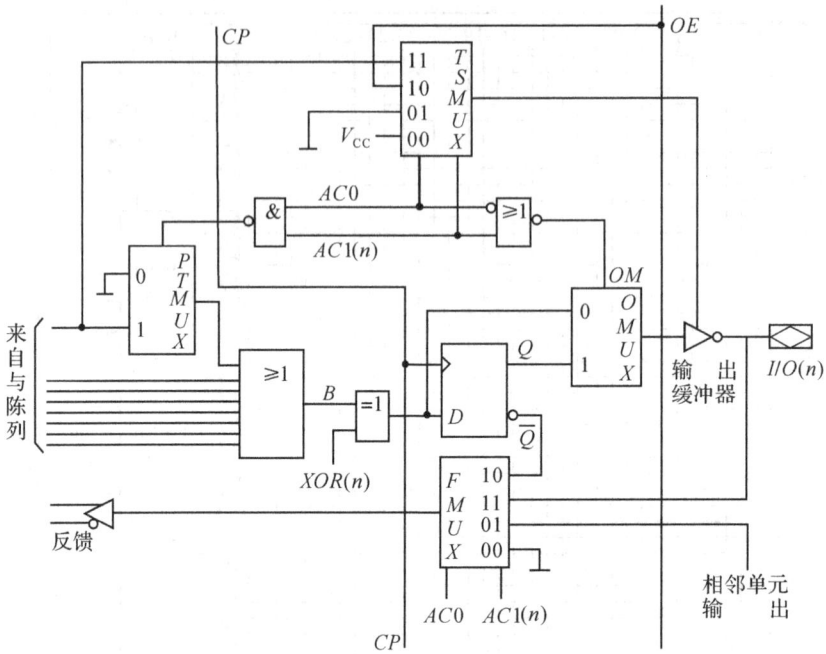

图 8-2-20　OLMC 的逻辑结构图

GAL 的结构控制字如图 8-2-21 所示。

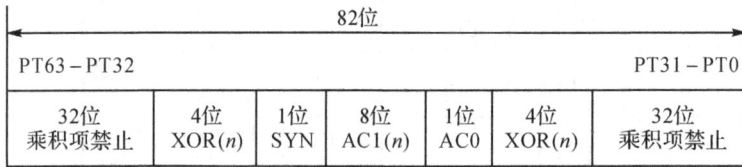

82位						
PT63－PT32						PT31－PT0
32位 乘积项禁止	4位 XOR(n)	1位 SYN	8位 AC1(n)	1位 AC0	4位 XOR(n)	32位 乘积项禁止

图 8-2-21　GAL 的结构控制字

①XOR(n)：输出极性选择位。共有 8 位,分别控制 8 个 OLMC 的输出极性。异或门的输出 D 与它的输入信号 B 和 XOR(n) 之间的关系为：$D=B\oplus XOR$

当 XOR＝0 时,即 $D=B$；当 XOR＝1 时,即 $D=\overline{B}$

②SYN：时序逻辑电路/组合逻辑电路选择位。当 SYN＝0 时,D 触发器处于工作状态,OLMC 可为时序逻辑电路；当 SYN＝1 时,D 触发器处于非工作状态,OLMC 只能是组合逻辑电路。

③AC0、AC1(n)：与 SYN 相配合,用来控制输出逻辑宏单元的输出组态。

GAL 有 5 种工作模式,如表 8-2-4 所示。

表 8-2-4　GAL 的 5 种工作模式

SYN	AC0	AC1	XOR	功　能	输出极性
1	0	1	×	组合逻辑专用输入方式	输出三态门禁止
1	0	0	0	组合逻辑专用输出	低有效
			1		高有效
1	1	1	0	组合逻辑带反馈双向 I/O 输出（带选通）	低有效
			1		高有效
0	1	1	0	时序逻辑组合 I/O 输出	低有效
			1		高有效
0	1	0	0	时序逻辑寄存器输出	低有效
			1		高有效

　　GAL 通过设置不同的结构控制字,可以得到不同类型的输出电路结构,使用非常灵活。且可反复编程,具有仿真功能,可加密,保护了知识产权。所以 GAL 曾被认为是最理想的可编程器件。

小　　结

　　存储器是用来储存程序和数据等信息的器件,也是电子计算机不可缺少的组成部分。按照读写功能的不同,半导体存储器可以分为只读存储器(ROM)和随机存储器(RAM)。

　　只读存储器 ROM 是存放固定信息的存储器,存储信息不能随意改写。ROM 工作可靠,断电时,信息不会丢失。根据编程方法的不同,ROM 可分为固定 ROM 和可编程 ROM。可编程序 ROM 又可分为一次可编程序的 PROM、光电可擦除可编程序的 EPROM、电可擦除可编程序的 E^2PROM 和快闪存储器等。

　　随机存取存储器 RAM 可以从任意选定的单元读出数据,或将数据写入任意选定的存储单元。停电后,RAM 里存储的所有信息都将丢失。按照工作方式的不同,RAM 分为静态 RAM(SRAM)和动态 RAM(DRAM)两种。按照所使用器件的不同,RAM 又分为双极型 RAM 和 MOS 型 RAM 两种。

　　PLD 由一个可编程的“与”阵列和一个固定连接的“或”阵列组成,是在 ROM 和 PLA 的基础上发展起来的一种可编程逻辑器件。目前常用的 PLD 有四种主要类型:编程只读存储器 PROM;可编程逻辑阵列 PLA;可编程阵列逻辑 PAL;通用阵列逻辑 GAL。

　　PAL 是可编程序与阵列、固定或阵列和固定输出的可编程器件。GAL 器件是在 PAL 器件的基础上综合了 E^2ROM 和 CMOS 技术发展起来的一种新型技术。

思考题与习题

8-1 什么是 RAM,它有哪几部分组成？各有什么作用？

8-2 什么是静态 RAM？什么是动态 RAM？它们有哪些区别？

8-3 RAM 和 ROM 有什么区别,它们各适合于什么场合？

8-4 用 4×3 位的 ROM 实现下列函数。

$$Y_2=\overline{A}+B \quad Y_1=A+\overline{B} \quad Y_0=\overline{AB}$$

8-5 PLD 器件有哪几部分组成？

8-6 PAL 输出有哪几种类型？各用于什么场合？

8-7 GAL 的输出逻辑宏单元有哪几部分组成？各有什么作用？

8-8 比较 GAL 和 PAL 器件在电路结构形式上的异同点。

参考答案

项目一

1-1 (1) $(101001)_2$

(2) $(11111110)_2$

(3) $(111100111011)_2$

1-2 (1) $(10010010)_{8421BCD码}$

(2) $(10011.0101)_{8421BCD码}$

(3) $(1001010011)_{8421BCD码}$

1-3 $(100)_{10} = (1100100)_2 = (144)_8$

1-4 (1) $\overline{F} = \overline{A} + (\overline{B} \cdot \overline{C})$

(2) $\overline{F} = (\overline{A} + \overline{B}) \cdot \overline{\overline{C}} \cdot \overline{\overline{D}}$

(3) $\overline{F} = \overline{\overline{\overline{A} + \overline{B}}(\overline{A} + \overline{B} + \overline{D})} + \overline{B}(C + \overline{D})$

1-7 (1) $F(A,B,C) = \sum m(0,4,5,6,7)$

(2) $F(A,B,C) = \sum m(0,1,2,3,4,5,6,7)$

(3) $F(A,B,C) = \sum m(1,2,3,6)$

1-8 (1) $F = \overline{A}C + AB$

(2) $F = \overline{A} + B + C$

(3) $F = A + B\overline{C}$

(4) $F = \overline{A} \cdot \overline{B} + D$

(5) $F = A + C + BD + \overline{B}EF$

1-9 (1) $F = BC + A\overline{C}$,电路略。

(2) $F = \overline{B} + \overline{C}$,电路略。

(3) $F = \overline{B} + \overline{C}$,电路略。

(4) $F = \overline{C} + \overline{D}$,电路略。

1-10 (1) $F = \overline{\overline{C \cdot \overline{D}} \cdot \overline{\overline{B} \cdot \overline{D}}}$

(2) $F = \overline{\overline{\overline{A} \cdot \overline{B}} \cdot \overline{\overline{B} \cdot \overline{C}}}$

(3) $F = \overline{\overline{AB} \cdot \overline{\overline{A} \cdot \overline{B} \cdot D}}$

(4) $F = \overline{\overline{CD} \cdot \overline{A} \overline{B} D \cdot \overline{A} \overline{B} C \overline{D}}$

(5) $F=\overline{\overline{\overline{A}\cdot\overline{D}}\cdot\overline{\overline{B}\cdot\overline{D}}}$

1-11　$F=BD+\overline{A}CD+A\overline{C}D$

$G=B+\overline{D}+\overline{A}C+A\overline{C}$

1-13　除(d)和(f)外,其余均接错,改正部分略。

1-15　$F=\overline{\overline{AC}+\overline{BC}}$,图略

1-16　$F_1=\overline{A\oplus B}$

$F_2=\overline{\overline{AB}\cdot\overline{CD}\cdot E}$

1-17　$F_1=A\overline{B}C$

$F_2=\overline{A\oplus B}\cdot C+B\overline{C}$

$=(A\oplus B)C+B\overline{C}$

$=\overline{A}B+B\overline{C}+A\overline{B}C$

$F_3=\overline{A\,\overline{B}}\cdot\overline{C}+\overline{A}C$

$=\overline{A}+B\overline{C}$

项目二

2-1　三变量是否取值一致判别电路。

2-2　$F_1=\overline{\overline{ABC}\overline{D}}$, $F_2=A\overline{B}$, $F_3=A\overline{B}+BC$(图略)

2-3　$F_1=ABC+(A+B)\cdot\overline{(AB+AC+BC)}=ABC+A\overline{B}\,\overline{C}+\overline{A}B\,\overline{C}$, $F_2=AB+AC+BC$

真值表如下:

A	B	C	F_1	F_2
0	0	0	0	0
0	0	1	0	0
0	1	0	1	0
0	1	1	0	1
1	0	0	1	0
1	0	1	0	1
1	1	0	0	1
1	1	1	1	1

2-4　$Y_1=\overline{A}\,\overline{B}C\,\overline{D}$, $Y_2=A\overline{B}C\,\overline{D}$, $Y_3=ABC\overline{D}$

2-5　分别设 A,B,C 为输入变量,表示甲、乙、丙 3 名裁判。当输入为 1 时表示裁判认为运动员上举合格;否则不合格。设输出变量为 F,表示最终的裁判结果。当判定运动员上举成功时,输出为 1,否则为 0。

$F=AB+AC=\overline{\overline{AB}\cdot\overline{AC}}$

逻辑图略。

2-6 提示:

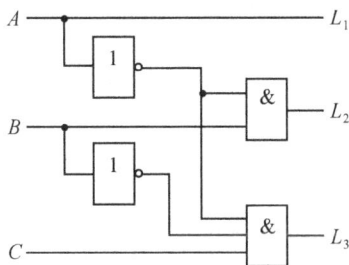

2-7 (1)提示:$F = AD + BC\overline{D} + \overline{B}CD + \overline{A}\,\overline{B}\,\overline{C}\,\overline{D}$

(2)提示:$F = \overline{A}D + \overline{B}C$

(3)提示:$F = A\overline{B} + BC$

2-8 提示:$A_2 = I_0 + I_1 + I_2 + I_3 = \overline{\overline{I_0} \cdot \overline{I_1} \cdot \overline{I_2} \cdot \overline{I_3}}$

$A_1 = I_0 + I_1 + I_4 + I_5 = \overline{\overline{I_0} \cdot \overline{I_1} \cdot \overline{I_4} \cdot \overline{I_5}}$

$A_0 = I_0 + I_2 + I_4 = \overline{\overline{I_0} \cdot \overline{I_2} \cdot \overline{I_4}}$

2-9 $F = \overline{A}\,\overline{C} + AC$

2-11 (1)提示:选择 A, B 作为地址输入端,C 通过数据输入端送入,数据输入端的取值为

$D_0 = 1, D_1 = D_2 = D_3 = C$

(2)提示:选择 A, B 作为地址输入,C 由数据输入端输入。数据输入端的取值为

$D_0 = D_2 = C, D_1 = 1, D_3 = 0$

2-12 提示:$ABCD$ 为 8421BCD 码输入信号,2421 码输出为 $Y_3 Y_2 Y_1 Y_0$ 的表达式为

$Y_3 = A + BC + BD$,$Y_2 = A + BC + B\overline{D}$,$Y_1 = A + \overline{B}C + B\overline{C}D$,$Y_0 = D$

2-13 提示:$F = \overline{A}\,\overline{B}C + \overline{A}B\overline{C} + A\overline{B}\,\overline{C} + ABC = A \oplus B \oplus C$

2-15 提示:$F = \overline{A}\,\overline{B}\,\overline{C}D + \overline{A}\,\overline{B}C\overline{D} + \overline{A}B\overline{C}\,\overline{D} + A\overline{B}\,\overline{C}\,\overline{D} + \overline{A}BCD + A\overline{B}CD + AB\overline{C}D + ABC\overline{D}$

选择 1 片 4 选 1 数据选择器 CT74153 实现。选择 A, B 作为地址输入变量,C, D 经异或门和同或门由数据输入端输入,确定数据输入端取值为

$D_0 = D_3 = C \oplus D$,$D_1 = D_2 = \overline{C \oplus D}$

也可用 2 片 4 选 1 数据选择器 CT74153 实现,合理选择地址码和数据输入端电位,不用异或门和同或门也可实现该功能。

项目三

3-1 一次翻转

3-2 基本触发器:输入信号电平直接控制,抗干扰能力差。

同步触发器:时钟电平控制。

主从触发器:主从控制,脉冲触发,但存在一次翻转现象。

边沿触发器:边沿控制,瞬间触发,抗干扰能力强。

3-3　(1)D　$CP=1$

　　(2)$A \oplus \overline{Q^n}$　上升沿　保持原状态

　　(3)A　$Q_3^n \oplus Q_4^n$　下降沿　下降沿

3-10　提示:$Q_1^{n+1}=D=A \oplus B$

　　　$Q_2^{n+1}=D=\overline{Q_2^n}$,并注意$\overline{R_D}$的有效电平;

　　　$Q_3^{n+1}=J\overline{Q_3^n}+\overline{K}Q_3^n=\overline{Q_3^n}$,并注意$R_D$的有效电平;

　　　$Q_4^{n+1}=\overline{B+Q_4^n}$。

3-11　提示:对于两级触发器,且第二级输出没有反馈回第一级,可以先画出第一级触发器的输出波形,根据第一级触发器的波形再画第二级触发器的输出波形。

项目四

4-2　8

4-3　(4)(5)(6)(7)

4-4　提示:状态方程为 $Q_0^{n+1}=\overline{Q_0^n}\,\overline{Q_1^n}\,\overline{Q_2^n}$,$Q_1^{n+1}=Q_0^n$,$Q_2^{n+1}=Q_1^n$

4-5　带进位端的模5同步加法计数器,可以自启动。

4-6　模5同步计数器,进位信号为低电平脉冲,可以自启动。

项目五

5-1　可选用3个CP上升沿触发的D触发器。

　　无效状态为110、111。

5-5　提示:用三个D-FF组成移位寄存器,判断三个D-FF的输出:都为1时Y为1,否则为0。

5-6　提示:用三个触发器产生A、B、C信号;分别求出$G=1$和$G=0$时的状态方程;求出三个触发器最终的状态方程;再求出驱动方程等。

5-8　能自启动的十进制8421码加法计数器。

5-9　能自启动的五进制加法计数器。

5-10　七十九进制加法计数器。

5-11　$N=10 \times 9=90$进制计数器。

5-12　(1)10,异步。

　　(2)两片。

　　(3)$R_{0(1)}R_{0(2)}$是置0控制端,当$R_{0(1)}R_{0(2)}=11$时,复位;

　　$S_{9(1)}S_{9(2)}$是置1控制端,当$S_{9(1)}S_{9(2)}=11$时,置位。

项目六

6-3 (3)$t_{po} \approx 0.21 \mu s$

6-5 (3)$0.7RC$

6-7 (1)$T = 2nt_{pd}$ (2)$n = 5$

6-10 $R = 350\Omega$

6-11 (2)U_{TH}

6-12 (1)$U_{T+} = \dfrac{U_{TH}}{R_{e2}}(R_{e1} + R_{e2}) + 0.7V$, $U_{T-} = U_{TH} + 0.7V$

(3)$\Delta U_T = U_{T+} - U_{T-} = \dfrac{R_{e1}}{R_{e2}} U_{TH}$

6-14 $q \approx 75\%$

6-15 $2V$

6-16 (1)$0.7(R_1 + R_2)C$ (2)$R_1 = R_2$

6-17 $\dfrac{2}{3}C \dfrac{(R_1 + R_2)Re}{R_1}$

项目七

7-2 3.75V

7-3 10110100

7-5 4.98V,5.06V,9.53V。

7-6 (1)$\dfrac{15}{8}$V (2)$\dfrac{105}{64}$V

7-9 $t = 12\mu s$

7-11 (1)01100000 (2)01000000 (3)不正常 (4)$T_1 = 256\mu s$,转换器不能正常工作。

参考文献

［1］杨志忠主编.数字电子技术基础.北京:高等教育出版社,2004

［2］康华光主编.电子技术基础.数字部分.北京:高等教育出版社,2000

［3］赵玉铃主编.数字电子技术及应用.杭州:浙江大学出版社,2008

［4］谢云等编.现代电子技术实践课程指导.北京:机械工业出版社,2003

［5］国家示范性高职院校建设项目成果.基于工作过程的高职(电机与电器电气自动化
　　应用电子技术)专业人才培养方案与核心课程标准.北京:高等教育出版社,2008